ヴァン・リント＆ウィルソン

組合せ論 ㊦

神保雅一 監訳

澤 正憲／萩田真理子 訳

丸善出版

目　次

上巻の目次

下巻刊行にあたって

上巻を刊行してから，1 年以上が過ぎた．

Wilson 氏はすでにカリフォルニア工科大学を退職し，van Lint 氏は 2004 年に他界しており，組合せ論の講義は，次世代の教員たちに引き継がれているが，本書の内容はいまの時代においても色あせておらず，生きいきとした組合せ論の基盤となる広いテーマを扱っている．

また，その記述は，通常の教科書とは異なり，互いのトピックの関連性を重視して記されている．上巻の第 1 版へのまえがきにもあるように，著者たちは，組合せ論を学ぶ学生や若手研究者が研究集会に参加した際に，まるで異邦人が未知の言語を聞くような理解できない事態に陥ることがないようにという意図をもって本書のもととなった講義を計画したと述べている．

上巻，下巻を通して，本書に含まれている内容は，いわゆる組合せ理論において，研究対象となっているテーマが多く取り入れられている．下巻の内容は，強正則グラフ，直交ラテン方格，射影幾何，アフィン幾何など上巻に組み入れることができなかった基礎的内容に加えて，上巻の内容を基礎とする，さらに進んだトピックが含まれている．組合せ幾何と束の関係，差集合と自己同型写像・群環および符号の関係，また，それらを含むアソシエーションスキームなどの概念に関する内容が第 30 章までにまとめられている．第 31 章から第 36 章までは，グラフの代数的側面，位相幾何学的側面，彩色問題，マトロイドなどとの関連が相互の関係を俯瞰しながら述べられており，電気回路のネットワークとの関係にも言及している．第 37, 38 章は，数え上げに関するポリアの定理，Baranyai の定理などが述べられている．

訳出の途中でその内容の詳細を吟味した結果，上巻に記載した際の下巻の目次とは訳語が異なってしまった章題も少なくないことをご容赦いただきたい．また，数学用語の訳についても，できる限り数学辞典などの訳語に従ったが，定まった訳語がないと思われる場合は，英語表記のままとしたり，新たな訳語を用いた．たとえば，第21章の偏均衡幾何 (partial geometry) は，当初，部分幾何と訳していたが，subgeometry との混同を避けること，および第21章の章題に英語をそのまま用いるのがためらわれたため，偏均衡幾何という新たな訳語を用いた．

上巻と同様に，注が必要と思われる箇所には，脚注として，訳者の注を記した．原著のタイプミスを修正するとともに，定理の番号が跳んでいる箇所は，定理番号を付けなおした．また，本文中の問題番号と付録の問題のヒントとの番号の不整合がある箇所は，原著者の一人である Richard M. Wilson 氏にも協力を得て，問題とヒントの対応などの修正を行った．

第21, 22, 27, 28, 29 章は萩田が，第23, 24, 25, 26, 30 章は神保が，第31章から38章は澤が，それぞれ翻訳を担当し，互いの訳出部分のチェックを行った．全体のとりまとめは上巻と同様，神保が行った．

お茶の水女子大学の大学院生，学部生の石井夏海，野月麻衣，森下奈保子，松村恵里，濱島有沙，三輪華子，森島佑美の各氏には，萩田が担当した章の一部の訳および TeX 入力などを手伝っていただいた．また，神戸大学の大学院生の佐竹翔平，吉田和輝の両氏には，原稿の内容の読みやすさなどのチェックをしていただいた．

丸善出版の立澤正博氏および編集部の皆様には，本書の翻訳に関して原稿の詳細な校正をはじめ，さまざまな支援をいただき，また，出版に至るまで忍耐強く対応していただいたことに感謝する．

訳者
神保　雅一
澤　正憲
萩田　真理子

第21章　強正則グラフと偏均衡幾何

頂点数 v，次数 k の正則グラフが，以下の二つの性質をもつとき，**強正則グラフ**といい，$\mathrm{srg}(v,k,\lambda,\mu)$ と表す．

(1) すべての隣接する 2 頂点 x，y は，ちょうど λ 個の x，y 両方に隣接する頂点をもつ．
(2) すべての非隣接の 2 頂点 x，y は，ちょうど μ 個の x，y 両方に隣接する頂点をもつ．

強正則グラフの自明な例として，五角形 $\mathrm{srg}(5,2,0,1)$ が挙げられる．おそらく最も有名は例は，図 1.4 の Petersen グラフで，$\mathrm{srg}(10,3,0,1)$ である．

完全グラフ K_k の m 個の和からなるグラフは，明らかに $\mathrm{srg}(km,k-1,k-2,0)$ である．自明な例を除くために，強正則グラフとその補グラフはともに**連結**であると仮定することがある．つまり，

$$0<\mu<k<v-1 \tag{21.1}$$

と仮定する．（$\mu=0$ のとき，その強正則グラフは完全グラフの和である．後の式 (21.4) を見るとわかりやすいであろう．）G を $\mathrm{srg}(v,k,\lambda,\mu)$ としたとき，その補グラフ $\overline{G}$ が，

$$\mathrm{srg}(v,v-k-1,v-2k+\mu-2,v-2k+\lambda) \tag{21.2}$$

となることを示すのは難しくない．さらに，それぞれのパラメータは非負であるので，パラメータに関する簡単な条件

$$v - 2k + \mu - 2 \geq 0 \tag{21.3}$$

が得られる．パラメータ間のもう一つの関係も以下のように簡単に導かれる．任意の頂点 x に対し，x 以外の頂点を x に隣接している頂点の集合 $\Gamma(x)$ と，x に隣接していない頂点の集合 $\Delta(x)$ に分割する．強正則グラフの定義より，$\Gamma(x)$ は k 個の頂点から構成され，それぞれの頂点は λ 個の $\Gamma(x)$ 内の頂点と隣接している．$\Delta(x)$ のそれぞれの頂点は，μ 個の $\Gamma(x)$ 内の頂点と隣接している．ここで，端点の一方が $\Gamma(x)$ で，他方が $\Delta(x)$ であるような辺を2通りの方法で数えると，

$$k(k - \lambda - 1) = \mu(v - k - 1) \tag{21.4}$$

とわかる．

問題 21A　強正則グラフは，次のような意味で極値的であることを示せ．G を，頂点数が v で，それぞれの頂点の次数が k 以下であるようなグラフとする．任意の隣接した2頂点は少なくとも λ 個の，任意の隣接していない2頂点は少なくとも μ 個の共通の隣接点をもつとする．このとき，

$$k(k - \lambda - 1) \geq \mu(v - k - 1)$$

が成り立ち，等号は G が強正則であることを意味する．

強正則グラフの興味深い理論に入る前に，いくつかの例を紹介する．

例 21.1　大きさ m (≥ 4) の集合の2元部分集合を頂点とし，二つの異なる頂点はその共通部分が空でないときに限り隣接するグラフ $T(m)$ を，**三角形グラフ**という．$T(m)$ は，$\mathrm{srg}(\binom{m}{2}, 2(m-2), m-2, 4)$ である．また，Petersen グラフは $\overline{T(5)}$ である．（問題1A を参考にせよ．）

例 21.2　S を大きさ m (≥ 2) の集合とする．$S \times S$ を頂点集合とし，二つの異なる頂点は共通の座標をもつときに限り隣接するグラフ $L_2(m)$ を**束グラフ** (lattice graph) という．$L_2(m)$ は，$\mathrm{srg}(m^2, 2(m-1), m-2, 2)$ である．$L_2(2)$ は，四角形であり，その補グラフは連結ではないことから自明な例である．

例 21.3　q を，$q \equiv 1 \pmod 4$ の素数冪とする．$\mathbb{F}_q$ の元を頂点とし，二つの異なる頂点はそれらの差が $\mathbb{F}_q$ で 0 以外の平方数のときに限り隣接するグラフ $P(q)$ を，**Paley グラフ**という．式 (18.4) より，このグラフが $\mathrm{srg}(q, \frac{1}{2}(q-1), \frac{1}{4}(q-5), \frac{1}{4}(q-1))$ であることを示すことができる．しかし，後述するように，式 (18.5) の行列 Q を用いた方がより簡単に示すことができる．また，$P(5)$ は五角形である．

例 21.4　集合 $\{1, 2, 3, 4, 5\}$ の大きさが偶数の部分集合を頂点とし，二つの異なる頂点は，その対称差が大きさ 4 のときに限り隣接するグラフを，Clebsch グラフという．このグラフは，$\mathrm{srg}(16, 5, 0, 2)$ である．別の表現をすれば，頂点を $\mathbb{F}_2^5$ の偶数重みの元とし，距離が 4 の 2 頂点間に辺が存在するようなグラフともいえる．任意の頂点 x に対して，その $\Delta(x)$ 上の誘導部分グラフは，Petersen グラフとなる．下の図 21.1 を参照せよ．

v 個の頂点 $1, \ldots, v$ をもつグラフ G の**隣接行列** A を，頂点 i と j が隣接しているときに限り $a_{ij} = a_{ji} = 1$ であるような $v \times v$ $(0,1)$ 行列と定義する．明らかに，A は対称行列で，対角成分は 0 である．G が $\mathrm{srg}(v, k, \lambda, \mu)$ であるということは，

$$AJ = kJ, \quad A^2 + (\mu - \lambda)A + (\mu - k)I = \mu J \tag{21.5}$$

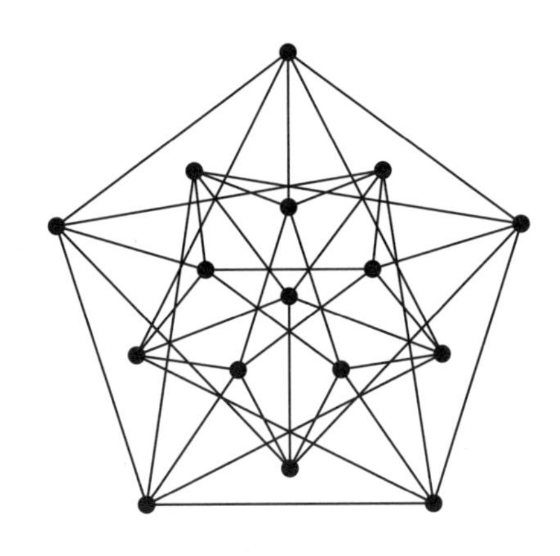

図 21.1

が成り立つことと同値である．Q を式 (18.5) の行列 Q とすると，式 (18.4) より $Q^2 = qI - J$ が得られ，例 21.3 で定義されたグラフ $P(q)$ の隣接行列は，$A = \frac{1}{2}(Q + J - I)$ となる．よって，A は式 (21.5) を満たし，$k = \frac{1}{2}(q-1)$, $\lambda = \frac{1}{4}(q-5)$, $\mu = \frac{1}{4}(q-1)$ となる．

強正則グラフといままでの章で扱ってきたトピックとの関係を一つ見たが，さらにいくつか紹介しよう．強正則グラフの理論は，第 1, 2, 3, 4, 8 章で学んだグラフ理論のまったく異なる側面を見せている．いまは代数的方法に頼っているが，この理論で用いられている面白い数え上げの議論についても紹介したい．

強正則グラフ G の Bose–Mesner 代数 $\mathfrak{A}$ を，I, J, A の線形結合の 3 次元代数 $\mathfrak{A}$ と定義する．これは実は式 (21.5) から得られる代数である．この代数は対称可換行列の集合なので，直交行列で同時に対角化できる．このことは式 (21.5) からも導くことができる．実際に次の定理で，A が三つの異なる $\mathbb{R}^v$ の固有空間をもち，それぞれが $\mathfrak{A}$ の任意の元の固有空間になっていることがわかる．

定理 21.1　$\mathrm{srg}(v,k,\lambda,\mu)$ が存在するならば，

$$f := \frac{1}{2}\left\{v - 1 + \frac{(v-1)(\mu-\lambda)-2k}{\sqrt{(\mu-\lambda)^2+4(k-\mu)}}\right\},$$
$$g := \frac{1}{2}\left\{v - 1 - \frac{(v-1)(\mu-\lambda)-2k}{\sqrt{(\mu-\lambda)^2+4(k-\mu)}}\right\}$$

はともに負でない整数である．

証明　$\mathrm{srg}(v,k,\lambda,\mu)$ の隣接行列を A とする．式 (21.5) より，すべての成分が 1 であるベクトル $\boldsymbol{j} := (1,1,\ldots,1)^{\mathrm{T}}$ は A の固有ベクトルで，固有値 k をもち，これは I と J の固有ベクトルにもなっている．式 (21.5) から式 (21.4) を得ることができる．グラフは連結であるから，固有値 k の重複度は 1 である．他のどの固有ベクトル（固有値を x とおく）も $\boldsymbol{j}$ と直交するので，式 (21.5) より，

$$x^2 + (\mu-\lambda)x + (\mu-k) = 0$$

が得られる．この等式は，二つの解

$$r, s = \frac{1}{2}\left\{\lambda - \mu \pm \sqrt{(\lambda - \mu)^2 + 4(k - \mu)}\right\} \tag{21.6}$$

をもつ．r, s は A の固有値で，その重複度を f, g とすると，

$$1 + f + g = v, \quad \mathrm{tr}(A) = k + fr + gs = 0$$

とわかる．この二つの線形方程式を解けば，定理が証明される． □

また，重複度は，

$$f = \frac{-k(s+1)(k-s)}{(k+rs)(r-s)}, \quad g = \frac{k(r+1)(k-r)}{(k+rs)(r-s)} \tag{21.7}$$

と表すこともできる．

式 (21.6) から，さらに驚くべき結果が得られる．$f \neq g$ のとき，f と g の式の分母の平方根は整数になる．すなわち，$(\mu - \lambda)^2 + 4(k - \mu)$ は完全平方である．このとき，式 (21.6) から，固有値 r, s は整数であることもわかる！

$f = g$ の場合は，ハーフケース (half-case) とよばれる．このときは，$\mathrm{srg}(4\mu + 1, 2\mu, \mu - 1, \mu)$ となる．Paley グラフは，ハーフケースの一例である．第 18 章で述べたように，Belevitch は電話通信についての論文で，オーダーが n のカンファレンス行列（conference 行列）が存在するためには $n - 1$ が二つの平方数の和で表せることが必要であることを示した．問題 19M を参照せよ．$v = 21$, $k = 10$, $\lambda = 4$, $\mu = 5$ というパラメータは，上で述べたような強正則グラフが存在するための必要条件をすべて満たしている．しかし，式 (18.5) を用いれば，オーダー 22 のカンファレンス行列が存在するが，21 は二つの平方数の和でないので，そのようなグラフは存在しないことがわかる．

定理 21.1 の条件は，**整数条件** (integrality condition) として知られている．パラメータの集合 $\mathrm{srg}(v, k, \lambda, \mu)$ で，定理 21.1 と前に出てきた必要条件を満たすものを，**feasible set** とよぶ．

問題 21B　$\mathrm{srg}(k^2 + 1, k, 0, 1)$ が存在するならば，$k = 1, 2, 3, 7, 57$ のいずれかであることを示せ．（第 4 章のノートを参考にせよ．）

srg(v, k, λ, μ) の隣接行列には三つの固有値があり，その一つは k であることがわかった．その逆が部分的に成り立つ．すなわち，G が次数 k の連結正則グラフで，その隣接行列 A が三つの異なる固有値をもつならば，G は強正則グラフである，ということが成り立つ．これは第31章の問題31Fである．

さらにいくつかの強正則グラフの例を得るために，デザインとの関係を考える．このアイデアは，J.-M. Goethals と J. J. Seidel (1970) によるものである．2-デザインの二つの異なるブロックの共通部分の要素数が異なる二つの値（$x > y$ とする）のみであるとき，そのデザインを**準対称** (quasisymmetric) であるとよぶ．頂点がデザインのブロックで，二つの頂点はその共通部分の要素数が y であるときだけ隣接するようなグラフを，そのデザインの**ブロックグラフ**とよぶ．

定理 21.2　準対称デザインのブロックグラフは強正則グラフである．

証明　N をデザインの $v \times k$ 結合行列，A をそのブロックグラフ G の隣接行列とする．2-デザインのパラメータ v, k, b, r, λ を用いて，

$$NN^{\mathrm{T}} = (r - \lambda)I + \lambda J,$$
$$N^{\mathrm{T}}N = kI + yA + x(J - I - A)$$

を得ることができる．（1番目の等式は式 (19.7)，2番目の等式は A の定義による．）NN^{T} も $N^{\mathrm{T}}N$ も固有値は kr で，すべての成分が1の固有ベクトル $\boldsymbol{j}$ をもつ（長さは異なる！）．NN^{T} は $\boldsymbol{j}^{\perp}$ 上に固有値 $r - \lambda$ のみをもち，その重複度は $v - 1$ である．それゆえ，$N^{\mathrm{T}}N$ もこの同じ固有値を同じ重複度でもち，残り $b - v$ 個の固有値は0となる．$x \neq y$ より，A は I, J, $N^{\mathrm{T}}N$ の一次結合となる．よって A は固有ベクトル $\boldsymbol{j}$ と，空間 $\boldsymbol{j}^{\perp}$ 上に固有値を二つだけもつ．それは，重複度 $v - 1$ の $(r - \lambda + k + x)/(y - x)$ と，重複度 $b - v$ の $(x - k)/(y - x)$ である．以上のことから，G は強正則グラフとなる．　□

G が強正則グラフということがわかったので，パラメータを計算するのは簡単である．

例 21.5　第 20 章の $S(5,8,24)$ を考える．2 点を固定し，これらに対する剰余デザインを考えると，3-$(22,6,1)$ デザインとなる．問題 20F より，このデザインの任意の点を含む 21 個のブロックは $PG_2(4)$ の直線であり，その点を含まない 56 個のブロックはこの平面上にある超卵形 (hyperoval) である．それらは，2-$(21,6,4)$ デザインをなす．$S(5,8,24)$ の性質より，これらの超卵形の任意の 2 点は 0 個か 2 個の点で交わる．よって，このようにして作られたデザインは準対称デザインである．定理 21.2 より，このデザインのブロックグラフは $\mathrm{srg}(56,k,\lambda,\mu)$ になる．ここで，与えられた超卵形と 2 点で交わる超卵形は $45=(4-1)\cdot\binom{6}{2}$ 個あるので，$k=10$ となる．デザインの性質や，強正則グラフの条件より，簡単に $\lambda=0$, $\mu=2$ とわかる．このようなグラフは，**Gewirtz グラフ**として知られている．A が Gewirtz グラフの隣接行列のとき，式 (21.5) より $(I+A)^2=9I+2J$ となり，それは $N:=I+A$ が 2-$(56,11,2)$ デザインの結合行列となっていることを意味することに注意しよう．よって，このような場合は，強正則グラフから新しいデザインを見つけることができる．

問題 21C　$\mathcal{D}:=(\mathcal{P},\mathcal{B},\boldsymbol{I})$ を上で述べた 3-$(22,6,1)$ デザインとする．これは一意に定まる．頂点集合が $\mathcal{P}\cup\mathcal{B}\cup\{\infty\}$ のグラフを作る．このグラフでは，頂点 ∞ は $\mathcal{P}$ のすべての頂点（要素）と隣接している．また，デザインで $\mathcal{P}$ の点が $\mathcal{B}$ のブロックに含まれているとき，グラフで対応する 2 頂点を隣接させる．最後に，デザインで $\mathcal{B}$ の二つのブロックが共通部分をもたないときに限り，グラフで対応する 2 頂点は隣接しているとする．このようなグラフは，$\mathrm{srg}(100,22,0,6)$ であることを示せ．これは，**Higman–Sims グラフ**とよばれる．

ここまでの条件だけで，強正則グラフが存在する可能性のあるパラメータ集合のリストを作ったとしても，そのリストは対応するグラフがないような集合を多く含んでしまうであろう．それらの集合を除くための，いくつかの定理を示す．ここでも代数的な手法を用いる．準備として，読者は次の問題を純粋に組合せ論の議論で解いてみるとよい．

問題 21D　$\mathrm{srg}(28,9,0,4)$ は存在しないことを示せ．

このグラフが存在しないことは，次の定理の結果であり，Krein 条件として知られている．

定理 21.3　G を強正則グラフとし，その隣接行列を A が固有値 k, r, s をもつとする．このとき，

$$(r+1)(k+r+2rs) \leq (k+r)(s+1)^2,$$
$$(s+1)(k+s+2sr) \leq (k+s)(r+1)^2$$

が成り立つ．

証明　$B := J - I - A$ とおく．$\mathfrak{A}$ の行列は次元がそれぞれ 1, f, g であるような共通の三つの固有空間をもつ．これらの空間を V_0, V_1, V_2 とよぶ．ここで，V_0 は $\boldsymbol{j}$ で張られる空間で，V_1 と V_2 は A の固有値 r, s に対応している．$i = 0$, 1, 2 について，E_i を V_i の上への射影行列とする．つまり，E_i は V_i 上で固有値 1 をもち，他の二つの固有空間上では固有値 0 をもつとする．これらの行列は $\mathfrak{A}$ の原始冪等基底 (basis of minimal idempotents) とよばれる．次に，同じ集合 $\mathfrak{A}$ で乗算としてアダマール積を考える．（問題 21E を参照せよ．）明らかに，I, A, B の任意の二つの積は O である．すべての $(0,1)$-行列はアダマール積に対して冪等である．よって，$\mathfrak{A}$ はアダマール積で閉じていて，行列 I, A, B は原始冪等基底である．

E_i $(i=0,1,2)$ の定義より，

$$I = E_0 + E_1 + E_2, \quad A = kE_0 + rE_1 + sE_2,$$
$$B = (v-k-1)E_0 + (-r-1)E_1 + (-s-1)E_2$$

が成り立つ．このことより，E_i を I, A, B で表すことができる．

行列 E_i のアダマール積のもとでの振る舞いを考える．これらは $\mathfrak{A}$ の基底をなすので，

$$E_i \circ E_j = \sum_{k=0}^{2} q_{ij}^k E_k$$

を得る．ただし，q_{ij}^k は V_k 上の $E_i \circ E_j$ の固有値である．これは面倒な計算だが，q_{ij}^k は上で与えられた関係を用いることで G のパラメータで表すこと

ができる．

ここで，問題 21E の結果が必要になる．アダマール積 $E_i \circ E_j$ はクロネッカー積 $E_i \otimes E_j$ の主部分行列である．この行列は冪等であるから，その固有値は 0 と 1 になる．問題 21E が暗に示している定理より，その固有値 q_{ij}^k は 0 と 1 の間になくてはならない．すべてを計算してみれば，この方法で見つけた不等式は，二つを除いてすべて満たすことがわかる．その二つとは $q_{11}^1 \geq 0$ と $q_{22}^2 \geq 0$ である．これらは定理の二つの不等式である． □

問題 21E　A と B を $n \times n$ の対称行列で，固有値がそれぞれ $\lambda_1, \ldots, \lambda_n$ と $\mu_1, \ldots, \mu_n$ であるものとする．$A \otimes B$ の固有値を求めよ．また，A と B のアダマール積 $A \circ B$ を成分が $a_{ij}b_{ij}$ の行列とする．$A \circ B$ が $A \otimes B$ の主小行列であることを示し，$A \circ B$ の固有値を求めよ．

次の定理のよさを知るために，まず $(50, 21, 4, 12)$ が，強正則グラフが存在する可能性のあるパラメータ集合で，Krein 条件も満たすことを確認せよ．それにも関わらず，このパラメータ集合に対応する強正則グラフが存在しないことをどのようにして示せばよいのだろうか．

定理 21.4　$\mathrm{srg}(v, k, \lambda, \mu)$ の隣接行列 A の固有値を k, r, s とし，その重複度を 1, f, g とする．このとき，

$$v \leq \frac{1}{2}f(f+3), \quad v \leq \frac{1}{2}g(g+3)$$

が成立する．

証明　$B = J - I - A$ とし，行列 E_i $(i = 0, 1, 2)$ を前の定理の証明と同様に定める．

$$E_1 = \alpha I + \beta A + \gamma B$$

とおく．E_1 は対称なので，ある直交行列 $(H_1 \ K_1)$ を用いて，

$$E_1 = (H_1 \ K_1) \begin{pmatrix} I & O \\ O & O \end{pmatrix} \begin{pmatrix} H_1^{\mathrm{T}} \\ K_1^{\mathrm{T}} \end{pmatrix} = H_1 H_1^{\mathrm{T}}$$

と表すことができる．ここで，H_1 は $n \times f$ 行列で $H_1^{\mathrm{T}} H_1 = I$ である．H_1

の行を $\mathbb{R}^f$ の v 個のベクトルと見なす．これらのベクトルの長さはすべて $\alpha^{\frac{1}{2}}$ で，この集合（S とよぶ）のどの二つの異なるベクトルの内積も β か γ になる．このような集合は，S を点どうしの距離が 2 種類だけとなるような球面上の点集合と見なせることから，球面上の 2-距離集合とよばれる．S の大きさは高々 $\frac{1}{2}f(f+3)$ であることを示さなくてはいけない．

正規化することで，$\mathbb{R}^f$ における単位球 Ω で，内積が b か c のどちらかの値をとるような v 個のベクトルからなる集合 S' を得る．すべての $\boldsymbol{v} \in S'$ に対して，関数 $f_{\boldsymbol{v}} : \Omega \to \mathbb{R}$ を

$$f_{\boldsymbol{v}}(\boldsymbol{x}) := \frac{(\langle \boldsymbol{v}, \boldsymbol{x} \rangle - b)(\langle \boldsymbol{v}, \boldsymbol{x} \rangle - c)}{(1-b)(1-c)}$$

と定義する．これらの関数は $\boldsymbol{x}$ の座標の，次数 2 の多項式である．$\boldsymbol{v} \in S$, $\boldsymbol{w} \in S$, $\boldsymbol{v} \neq \boldsymbol{w}$ のとき，$f_{\boldsymbol{v}}(\boldsymbol{v}) = 1$ かつ $f_{\boldsymbol{v}}(\boldsymbol{w}) = 0$ である．よって，これらの関数は線形独立である．Ω 上の 1 次斉次多項式と二次形式（2 次斉次多項式）は，それぞれ次元が f と $\frac{1}{2}f(f+1)$ である．Ω 上で $x_1^2 + \cdots + x_f^2 = 1$ であることより，次数が 2 または 1 の形式で定数を表すことができる．関数 $f_{\boldsymbol{v}}$ たちは一次独立であるから，それらは高々 $f + \frac{1}{2}f(f+1) = \frac{1}{2}f(f+3)$ しかない． □

この定理は **absolute bound** として知られている．absolute bound は，$q_{11}^1 = 0$ でない限り，

$$v \leq \frac{1}{2}f(f+1)$$

と改良できるということを A. Neumaier (1980) が示した．（他の不等式についても同様である．）

強正則グラフとある結合構造の関係に戻る前に，この分野で役に立つ数え上げに関する定理を紹介する．

定理 21.5　G を $T(n)$ と同じパラメータの強正則グラフ，すなわち $G = \mathrm{srg}(\binom{n}{2}, 2(n-2), n-2, 4)$ とする．$n > 8$ のとき，G は $T(n)$ と同型である．

証明　頂点 x を固定し，Γ で $\Gamma(x)$ 上の誘導部分グラフを表す．Γ は $2(n-$

2) 頂点で次数 $n-2$ の正則グラフである．y, z を Γ の隣接していない頂点とし，Γ に y と z 両方に隣接する頂点が m 個あるとする．$\mu=4$ で x は y, z と隣接しているので，$m \leq 3$ である．グラフ Γ で，y に隣接し，z に隣接していない頂点が $n-2-m$ 個あり，z に隣接し，y に隣接していない頂点が $n-2-m$ 個ある．よって，y にも z にも隣接していない頂点が $m-2$ 個あるので，$m \geq 2$ である．$m=3$ と仮定する．ちょうど一つの Γ の頂点 w が y にも z にもつながっていない．w と隣接する Γ のどの頂点も，y か z と隣接するので $n-2 \leq 3+3=6$ となり矛盾する．よって，$m=2$ で，補グラフ $\overline{\Gamma}$ に三角形がないことがわかる．

次に，$\overline{\Gamma}$ が二部グラフであることを示す．成り立たないと仮定して，このグラフに長さが奇数の閉路があると仮定する．そのような閉路 $C=(x_0, x_1, \ldots, x_k=x_0)$ の中で，k が極小なものを選ぶ．上の議論より，$k \neq 3$ である．グラフ Γ で頂点 x_0 と x_1 は隣接せず，どちらも $x_3, \ldots, x_{k-2}$ に隣接している．また，上の議論より $k \leq 6$ で k は奇数であることから，$k=5$ である．頂点 x_0 は $\overline{\Gamma}$ で次数 $n-3$，つまり x_1, x_4 を除く $n-5$ 頂点と隣接している．これらは $\overline{\Gamma}$ で x_1 とも x_4 とも隣接しない．x_2 に対しても同様のことがいえて，C の外の $n-5$ 頂点は，$\overline{\Gamma}$ で x_1 とも x_3 とも隣接しない．x_1 と隣接していない C の外の頂点はちょうど $n-4$ 個であるから，少なくとも $n-6$ 個の頂点が $\overline{\Gamma}$ で x_3 と x_4 の両方に隣接していない．すなわち，x_3 と x_4 の両方に Γ で隣接している頂点が x_1 を含めて $n-5$ 頂点以上あり，$n-5 \leq m=2$ であるので，$n \leq 7$ となり矛盾する．よって $\overline{\Gamma}$ は二部グラフである．

二つ目の段落の結果から，Γ は二つの位数（頂点数）$n-2$ の交わらないクリーク（どの 2 頂点も隣接しているような頂点の集合）に分けることができる．頂点 x を任意に選べるので，任意の頂点は二つの位数（頂点数）$n-1$ のクリーク（この大きさのクリークをグランドクリークとよぶ）に含まれる．同じ議論により，任意の辺が一つのグランドクリークに入っていることもわかる．グランドクリークの数は $2\binom{n}{2}/(n-1)=n$ 個である．どの二つのグランドクリークも高々 1 頂点を共通にもつので，このような共通部分の頂点の数を数えると，$n(n-1)-\binom{n}{2}=\binom{n}{2}$ となる．よって，どの二つのグランドクリークもちょうど 1 頂点を共通にもつことがわかる．グランドクリークを「点」と見て，頂点を「ブロック」と見れば，これらの点とブロックは 2-$(n,2,1)$ デザインとなっている．つまり，n 元集合のすべてのペアの自明なデザインである．G はこのデザインのブロックグラフであるから，$T(n)$ と同型である． □

この定理は $n<8$ の場合も証明することができる．$n=8$ のときは $T(8)$ のパラメータをもつグラフが他に三つあり，これは Chang グラフとよばれている．

問題 21F　G を $L_2(n)$ と同じパラメータをもつ強正則グラフとする．つまり，$G = \mathrm{srg}(n^2, 2(n-1), n-2, 2)$ とする．$n>4$ のとき，G は $L_2(n)$ と同型であることを示せ．

R. C. Bose (1963) は，より一般的な強正則グラフの大きなクリークについて研究した．ここから，偏均衡幾何 (partial geometry) の概念が導かれた．**偏均衡幾何** $\mathrm{pg}(K,R,T)$ とは，点と直線の結合構造で，次の性質を満たすものである．

(1) すべての直線上には K 個の点があり，すべての点は R 本の直線上にある．
(2) 任意の 2 点は多くとも 1 本の直線上にしか同時に含まれない．
(3) 点 p が直線 L 上にないとき，p を通り L と交わる直線がちょうど T 本ある．

2 点 x, y がある直線上にあるとき，それらは共線的 (colinear) であるとよび，$x \sim y$ と書く．

問題 21G　偏均衡幾何 $\mathrm{pg}(K,R,T)$ の点と直線の数を求めよ．

$\mathrm{pg}(K,R,T)$ の点と直線の決め方を入れ替えることで，双対偏均衡幾何とよばれる $\mathrm{pg}(R,K,T)$ を得る．

偏均衡幾何の点を頂点とし，$x \sim y$ のときに限り $\{x,y\}$ を辺としたグラフを偏均衡幾何の**点グラフ** (point graph) とよぶ．

問題 21H　$\mathrm{pg}(K,R,T)$ の点グラフは次の式を満たす $\mathrm{srg}(v,k,\lambda,\mu)$ である

ことを示せ.

$$v = K(1 + \frac{(K-1)(R-1)}{T}), \quad k = R(K-1),$$
$$\lambda = (K-2) + (R-1)(T-1), \quad \mu = RT,$$
$$r = K-1-T, \quad s = -R.$$

強正則グラフのパラメータがある偏均衡幾何の点グラフになり得るとき，そのグラフは**擬幾何的** (pseudo-geometric) とよばれ，さらに実際に偏均衡幾何の点グラフであるとき，**幾何的** (geometric) であるとよばれる．上で述べたような，グランドクリークを導入し，グランドクリークとその頂点がデザインをなすというアイデアを用いて，Bose は次の定理を示した．

定理 21.6　強連結グラフが $\mathrm{pg}(K, R, T)$ に対応する擬幾何的グラフで，

$$2K > R(R-1) + T(R+1)(R^2 - 2R + 2)$$

であれば，そのグラフは幾何的である．

ここでは証明は与えない．この証明のアイデアは A. Neumaier (1979) によって拡張され，さらに A. E. Brouwer によって改良が加えられ，最終的に次の結果が得られた．（クロー限界式 (claw bound) として知られている．）

定理 21.7　強正則グラフ $\mathrm{srg}(v, k, \lambda, \mu)$ が，$\mu \neq s^2$, $\mu \neq s(s+1)$ ならば，$2(r+1) \leq s(s+1)(\mu+1)$ である．

この定理の証明のアイデアは，r が大きいとき，グラフが偏均衡幾何の点グラフとなることを示すことである．これは数え上げの手法を用いて示された．そして，absolute bound と Krein 条件は，双対偏均衡幾何の点グラフに用いられた．これらのことから，上の不等式は r があまり大きくはなれないということを示していることがわかる．

パラメータ $(2058, 242, 91, 20)$ は強正則グラフをもつ可能性があり，他のこの章のすべての必要条件を満たすが，クロー限界式を満たさない．よっ

て，このようなパラメータのグラフは存在しない．

問題 21I　$\mathrm{srg}(v,k,\lambda,1)$ を考える．$\Gamma(x)$ 上の誘導部分グラフはクリークの和であることを示せ．また，グラフの $(\lambda+2)$-クリークの個数を数え，$k/(\lambda+1)$ と $vk/\{(\lambda+1)(\lambda+2)\}$ がどちらも整数であることを示せ．これを $(209,16,3,1)$ に当てはめてみよ．

偏均衡幾何は以下の四つのクラスに分類することができる．

(1) $T=K$ の偏均衡幾何は，2-$(v,K,1)$ デザインである．
(2) $T=R-1$ の偏均衡幾何は，**ネット** (net) とよばれる．また，$T=K-1$ のとき，**横断デザイン** (transversal design) とよばれる．
(3) $T=1$ のとき，**generalized quadrangle** とよばれる．$\mathrm{pg}(K,R,1)$ を $GQ(K-1,R-1)$ とも書く．
(4) $1<T<\min\{K-1,R-1\}$ のときは，その偏均衡幾何を**真偏均衡幾何**であるという．

例 21.6　アフィン平面 $AG_2(n)$ を考える．問題 19K より，その直線集合はそれぞれが n 個の直線を含むような平行直線の同値類に分けられる．これが $\mathrm{pg}(n,m,m-1)$ をなす，つまりネットとなることは明らかである．

例 21.7　次数 n のラテン方格を考える．n^2 個のセルをグラフの頂点とし，2 頂点は同じ行または同じ列にあるか，同じシンボルをもつときだけ隣接するとする．このグラフは正則で，次数は $3(n-1)$ である．2 頂点が隣接しているとき，一般性を失うことなくそれらは同じ行にあるとしてよい．（ラテン方格を $OA(n,3)$ のように考えることで入れ替えられる．）このとき，それらは共通な隣接する頂点を $n-2$ 個もつ．2 頂点が隣接していないとき，明らかに共通な隣接する頂点を 6 個もつ．よって，これは $\mathrm{srg}(n^2,3(n-1),n-2,6)$ である．これを**ラテン方格グラフ**とよび，例 21.2 での表記に従って $L_3(n)$ と書く．これの一般化については後の章で扱う．グラフ $L_3(n)$ は幾何的で，偏均衡幾何 $\mathrm{pg}(n,3,2)$，つまりネットに対応している．もちろん直線はラテン方格の行，列，シンボルに対応する．第 22 章で，実はネットと直交配列は等価な概念であることを見る．

例 21.8 四角形は偏均衡幾何の条件を満たしている．それは generalized quadrangle という名前の由来になった pg$(2,2,1)$ である．

$PG_2(4)$ の超卵形 O を考える．点集合として，O 上にない平面の 15 点をとる．直線は，O の割線となる．このとき，各直線は 3 個の点をもち，各点は 3 本の直線上にある．実は，これは pg$(3,3,1)$，つまり $GQ(2,2)$ となっている．

$PG_2(q)$ に同じことをすると，q が偶数のとき，pg$(q-1,\frac{1}{2}(q+2),\frac{1}{2}(q-2))$ となる．

例 21.9 q を偶数として，$PG_2(q)$ を考える．例 19.7 のように，これは $\mathbb{F}_q^3$ の 1 次元部分空間と 2 次元部分空間の結合構造である．また，O をこの射影平面の超卵形とする．O 上の 1 次元部分空間全体とそれらの $\mathbb{F}_q^3$ 上の剰余類を直線とし，ベクトル空間の点を点とする．各直線は q 個の点をもち，各点は $q+2$ 本の直線上にある．O は超卵形なので，直線 L 上にないすべての点 p に対して，p を通り L と交わるような直線がただ一つ存在する．よって，$GQ(q-1,q+1)$ が定義された．

例 21.10 元 $(1,1,1,1,1,1)$ で生成される $\mathbb{Z}_3^6$ の部分群 G を考える．各剰余類 $\boldsymbol{a}+G$ について，点の座標の和はある定数 i となる．このような剰余類をタイプ i とよぶ．$\mathcal{A}_i$ をタイプ i の G の剰余類の集合とする．ただ一つの 0 でない座標をもつそれぞれの $\boldsymbol{b}$ に対して，剰余類 $\boldsymbol{a}+G$ と剰余類 $\boldsymbol{a}+\boldsymbol{b}+G$ を隣接させ，三部グラフ Γ を作る．明らかに，$\mathcal{A}_i$ の各元は $\mathcal{A}_{i+1}$ に 6 個，$\mathcal{A}_{i+2}$ に 6 個の隣接頂点をもつ．ある $\mathcal{A}_i$ を点集合とし，他の二つのクラスのうちの一つ $\mathcal{A}_j$ を直線集合として，偏均衡幾何を作る．結合関係は隣接関係に対応させる．$K=R=6$ は明らかで，$T=2$ も簡単に示すことができる．これは pg$(6,6,2)$ を定義している．

ここで，定理 21.5 の面白い応用を与える．第 19 章で証明せずに扱った，$\lambda=2$ の準剰余デザインは剰余デザインであるという定理を示す．$k\leq 6$ のときは場合分けが必要となるので，ここではブロックの大きさが 6 より大きい場合に限る．

定理 21.8 $\mathcal{D}$ を 2-$(v,k,2)$ デザインで，$k>6$, $v=\frac{1}{2}k(k+1)$ とする．（よ

って，$\mathcal{D}$ は準剰余デザインである.）このとき，$\mathcal{D}$ は対称 2-デザインの剰余である.

証明　B をブロックとし，a_i を B と i 点で交わるブロック $(\neq B)$ の数とする．定理 19.9 と同様に，

$$\sum a_i = \frac{1}{2}k(k+3), \quad \sum ia_i = k(k+1), \quad \sum i(i-1)a_i = k(k-1)$$

である．上の等式は $\sum(i-1)(i-2)a_i = 0$ であることを意味するので，どの二つの異なるブロックも 1 点か 2 点を共通にもつ．つまり，$\mathcal{D}$ は準対称である．定理 21.2 より，$\mathcal{D}$ のブロックグラフ G は強正則グラフである．そのパラメータを計算すると，G は $T(k+2)$ と同じパラメータをもつことがわかる．よって，定理 21.5 より G は $T(k+2)$ と同型である．これは，$\mathcal{D}$ のブロックを $S := \{1, 2, \ldots, k+2\}$ の 2-元部分集合で，そのラベルが $2-i$ 点 $(i = 1, 2)$ で交わるときに二つのブロックが i 点で交わるようにラベル付けできることを意味する．集合 S を $\mathcal{D}$ の点集合に隣接させ，各ブロックにそのラベル（S の 2 元部分集合）を隣接させる．最後に，S を新しいブロックと見なす．このようにすると，$\lambda = 2$ の対称デザインで，$\mathcal{D}$ をブロック S についての剰余として含むものを作ることができる． □

$v < 30$ における可能なパラメータ集合と，この章で学んできたことを以下の表に記す．読者の課題として残されているものは，次の表の No.14，つまり構造が与えられていない $GQ(2, 4)$ である．対応するグラフは，Schläfli グラフとよばれている．

No.	v	k	λ	μ	例
1	5	2	0	1	$P(5)$
2	9	4	1	2	$L_2(3)$
3	10	3	0	1	Petersen, $\overline{T(5)}$
4	13	6	2	3	$P(13)$
5	15	6	1	3	$GQ(2,2)$
6	16	5	0	2	Clebsch
7	16	6	2	2	$L_2(4)$
8	17	8	3	4	$P(17)$
9	21	10	3	6	$T(7)$
10	21	10	4	5	存在しない，カンファレンス行列
11	25	8	3	2	$L_2(5)$
12	25	12	5	6	$L_3(5)$
13	26	10	3	4	$STS(13)$，定理 21.2
14	27	10	1	5	$GQ(2,4)$
15	28	9	0	4	存在しない，定理 21.3，定理 21.4
16	28	12	6	4	$T(8)$
17	29	14	6	7	$P(29)$

有向強正則グラフとそれに関連するいくつかの問題についても紹介しておく．

強正則グラフの定義において，長さ 2 の道上の条件は，

$$AJ = kJ, \quad A^2 = kI + \lambda A + \mu(J - I - A) \tag{21.5$'$}$$

というように式 (21.5) を書き換えるとよい．A. Duval (1988) によって，定義は有向グラフに一般化された．ループや多重辺のない有向グラフ G を考える．a から b への辺が存在するとき，$a \to b$ のように書く．両方向の辺の存在も許し，そのようなときは $a \leftrightarrow b$ と書く．この場合，(a,b) は無向辺とよぶ．式 (21.5$'$) の一般化は長さ 2 の道に関しては同じになるが，それぞれ

の頂点は入次数 k，出次数 k であり，これらの辺の間に t 本の無向辺が存在する必要がある．（1 頂点から自分自身に長さ 2 の道を作る．）よって，G の隣接行列 A が，

$$AJ = JA = kJ, \quad A^2 = tI + \lambda A + \mu(J - I - A) \tag{21.8}$$

を満たすとき，G は有向強正則グラフとよばれる．頂点数 v の有向強正則グラフを $\mathrm{dsrg}(v; k, t; \lambda, \mu)$ と表す．

例 21.11　G を頂点数 6 で，有向三角形 $1 \to 2 \to 3 \to 1$ と $1' \to 3' \to 2' \to 1'$ と，無向辺 (i, i') $(i = 1, 2, 3)$ からなるグラフとする．C が 3×3 の巡回行列で，$(i, j) = (1, 2), (2, 3), (3, 1)$ に対して $c_{ij} = 1$，それ以外の i, j に対しては $c_{ij} = 0$ とする．このとき，G の隣接行列 A は，

$$A = \begin{pmatrix} C & I \\ I & C^2 \end{pmatrix}$$

となる．A が，$k = 2$, $t = 1$, $\lambda = 0$, $\mu = 1$ を代入した式 (21.8) を満たすことは簡単にわかる．よって，G は $\mathrm{dsrg}(6; 2, 1; 0, 1)$ である．

問題 21J　定理 21.1 を有向強正則グラフの場合に書き換え，それを証明せよ．

問題 21K　隣接行列が $J - A$ となる強正則グラフとグラフを除外する．$(\mu - \lambda)^2 + 4(t - \mu)$ が平方数でないならば，問題 21J で計算した固有値はハーフケースとなることを示せ．この場合，dsrg の隣接行列 A は，式 (18.5) の Q のタイプと等しくなることを証明せよ．

問題 21L　$\mu = 1$, $\lambda = 0$, $t = k - 1$ の場合を考える．v はただ三つの値しかとらないことを証明せよ．二つ目の場合で，$K_{3,3}$ の頂点を有向三角形によって，辺を例 21.11 のグラフのコピーによって置き換えれば，その例が得られることを示せ．

近傍正則グラフについて言及しておく．強正則グラフ G において，頂点 x の近傍を，G では $\Gamma(x)$，補グラフ $\overline{G}$ では $\Delta(x)$ とすると，これらは正則

グラフになる．C. D. Godsil と B. D. McKay (1979) は，このような性質をもつ任意のグラフを**近傍正則グラフ** (neighborhood regular graph) とよんだ．近傍正則かつ正則であるグラフは強正則グラフになることの証明は難しくない．G または $\overline{G}$ が非連結ならば自明である．以下の問題では，G は近傍正則であるが正則ではなく，G と $\overline{G}$ がともに連結であるとする．

問題 21M (1) $\Gamma(x)$ の次数は x に依存しないことを示せ．この数を a とする．

(2) ある数 $\overline{a}$ で，各頂点 x について $\overline{\Delta(x)}$ の次数が $\overline{a}$ となるものが存在することを示せ．

問題 21N X, Y が G の頂点集合の部分集合のとき，$x \in X$ かつ $y \in Y$ である G の辺 (x, y) の数を $|XY|$ と表す．x_1 と x_2 を G の非隣接な 2 頂点とし，それぞれの次数は k_1 と k_2 で，$k_1 \neq k_2$ とする．$d_i := \deg \Delta(x_i)$ $(i = 1, 2)$ とすると，$d_1 \neq d_2$ である．G の頂点集合の部分集合，$A := \Gamma(x_1) \cap \Delta(x_2)$, $B := \Gamma(x_2) \cap \Delta(x_1)$, $C := \Gamma(x_1) \cap \Gamma(x_2)$, $D := \Delta(x_1) \cap \Delta(x_2)$ を考える．

(1) X と Y が，B, C, D のいずれかであるとき，$|XY|$ と $|X|$ の関係を見出せ．

(2) 次の式を導け．

$$|DD| = (a + \overline{a} + 1)d_1 - d_1^2 - a|C| + |CC|$$

(3) $d_1 + d_2 = a + \overline{a} + 1$ を証明せよ．

(4) G のすべての頂点は次数が k_1 または k_2 であることを示せ．

例 21.12 G を頂点 $1, \ldots, 8$ と，2 本の対角線 (15), (26) をもつ八角形とする．これは，$k_1 = 2$, $k_2 = 3$, $a = 0$, $\overline{a} = 2$, $d_1 = 1$, $d_2 = 2$ の近傍正則グラフである．

問題 21O n 点上のシュタイナー三重系 $\mathcal{S}$ が与えられたとき，グラフ G の頂点を $\mathcal{S}$ の 3 点集合族 $\mathcal{A}$ とし，$A, B \in \mathcal{A}$ は $|A \cap B| = 1$ のとき隣接すると

する.

(1) 基礎的な方法で（つまり，定理21.2や行列を用いずに），Gが強正則グラフであることを示せ．また，そのパラメータを計算せよ．

(2) CがGに含まれるクリークで，$|C| > 7$のとき，Cは$\mathcal{S}$のある特定の一つの頂点xを含む3点集合の部分集合であることを示せ．

(3) これを用い，二つの$n > 15$のシュタイナー三重系から生成されたグラフG_1とG_2が同型ならば，その二つの系も同型であることを示せ．（R. M. Wilson (1973/74) は，$n = 25$では163929929318400個以上の非同型なシュタイナー三重系が存在するため，少なくともその数の非同型な100頂点の強正則グラフがあることを示した．）

問題21P　問題4Hの等式は，$n = 3$のとき以外では成り立たないことを示せ．

問題21Q　n人$(n > 3)$が参加しているパーティで，どの二人もちょうど一人の共通の友達がいるとする．このとき，自分以外のすべての人と友達であるような人がただ一人だけ存在することを示せ．問題1Jを利用せよ．（これは，友達定理 (friendship theorem) とよばれている．）

ノート

強正則グラフと偏均衡幾何は，R. C. Boseによって1963年に導入された．しかし，より一般的な概念，すなわちアソシエーションスキームは，1952年にBoseとShimamotoによって導入されていた．この本の第30章と，Cameron, Van Lint (1991) の第17章を参照せよ．

強正則グラフの構成法についての研究は，Hubaut (1975) とBrouwer, Van Lint (1982) を参照せよ．

Clebschグラフは，Clebsch 4次曲面の16本の直線から定義される．ここでは，ねじれの位置にある直線の組が隣接している．Alfred Clebsch (1833–1872) は，数学者および物理学者であり，Karlsruhe, Giessen, Göttingenで働いていた．彼は，*Mathematische Annalen*という有名な雑誌の創始者の一人である．

代数$\mathfrak{A}$は，R. C. Bose と D. M. Mesner によって 1959 年に導入された．

定理 21.2 に加えて，Goethals と Seidel の 1970 年の論文も，強正則グラフと他の組合せ論やデザインとの興味深い関連性を含んでいる．この定理には，アダマール行列，シュタイナー系，Golay 符号がすべて関係している．これらの関連性についても，Cameron, Van Lint (1991) で見ることができる．

Higman–Sims グラフは有名な有限単純群に関連している．Higman, Sims (1968) を参照せよ．

定理 21.3 の特殊な場合について，有限群の問題の位相群に関する M. G. Krein の結果を利用して，L. L. Scott が証明したために，この定理は Krein 条件として知られるようになった．この章で紹介したシンプルな証明は，D. G. Higman (1975) と P. Delsarte (1973) によるものである．Krein 条件の等号成立の場合については，Delsarte, Goethals, Seidel (1977) や，Cameron, Goethals, Seidel (1978) で扱われている．

定理 21.4 の証明のアイデアは，T. H. Koornwinder (1976) による．

定理 21.5 は，複数の方法で証明された．たとえば，L. C. Chang (1959), W. S. Connor (1958), A. J. Hoffman (1960) などである．$n = 8$ のときの三つの例外的なグラフは，Chang グラフとして知られている．

偏均衡幾何に関する研究は，Van Lint (1983), De Clerck–Van Maldeghem (1995), De Clerck (2000) を参照せよ．

ネットは，1951 年に R. H. Bruck によって導入された．擬幾何的グラフに関する Bose の結果は，Bruck の研究（グランドクリークのアイデア）から影響を受けた．

Generalized quadrangle および関連する話題については，1984 年の S. E. Payne と J. A. Thas の著書 *Finite Generalized Quadrangles* を参考にした．

$T = 2$ の真偏均衡幾何が三つだけ知られている．これは，例 21.9 の偏均衡幾何 $\mathrm{pg}(6,6,2)$ であり，この構成法は Van Lint–Schrijver (1981) で最初に紹介された．この本で紹介した構成法は，Cameron, Van Lint (1982) によるものである．それ以外の知られている例は，Haemers による $\mathrm{pg}(5,18,2)$ や，Mathon によるコンピュータを利用して計算した $\mathrm{pg}(8,20,2)$ がある．

位数10の射影平面が存在しないことは第19章で触れたが，$\mathrm{pg}(6,9,4)$ が存在しないという証明は，位数10の射影平面が存在しないことの証明への大きな一歩であった．例21.8からもわかるように，もし位数10の平面が存在すれば，どのような超卵形も存在しないのである．

参考文献

[1] R. C. Bose (1963), Strongly regular graphs, partial geometries, and partially balanced designs, *Pacific J. Math.* **13**, 389–419.

[2] R. C. Bose and D. M. Mesner (1959), On linear associative algebras corresponding to association schemes of partially balanced designs, *Ann. Math. Stat.* **30**, 21–38.

[3] A. E. Brouwer and J. H. van Lint (1982), Strongly regular graphs and partial geometries, in: *Enumeration and Design*(D. M. Jackson and S. A. Vanstone, eds.), Academic Press.

[4] R. H. Bruck (1951), Finite nets I, *Canad. J. Math.* **3**, 94–107.

[5] R. H. Bruck (1963), Finite nets II, *Pacific J. Math.* **13**, 421–457.

[6] P. J. Cameron (1978), Strongly regular graphs, in: *Selected Topics in Graph Theory*(L. W. Beineke and R. J. Wilson, eds.), Academic Press.

[7] P. J. Cameron, J.-M. Goethals, and J. J. Seidel (1978), The Krein condition, spherical designs, Norton algebras and permutation groups, *Proc. Kon. Ned. Akad. v. Wetensch.* **81**, 196–206.

[8] P. J. Cameron and J. H. van Lint (1991), *Designs, Graphs, Codes and their links*, London Math. Soc. Student Texts **22**, Cambridge University Press.

[9] P. J. Cameron and J. H. van Lint (1982), On the partial geometry $\mathrm{pg}(6,6,2)$, *J. Combinatorial Theory* (A) **32**, 252–255.

[10] L. C. Chang (1959), The uniqueness and nonuniqueness of triangular association schemes, *Sci. Record Peking Math.* **3**, 604–613.

[11] F. De Clerck and H. Van Maldeghem (1995), Some classes of rank 2 geometries. In F. Buekenhout (editor)*Handbook of Incidence geometry, Buildings and Foundations*, North-Holland.

[12] F. De Clerck (2000), Partial and semipartial geometries: an update, Combinatorics 2000 (Gaeta, Italy).

[13] W. S. Connor (1958), The uniqueness of the triangular association scheme, *Ann. Math. Stat.* **29**, 262–266.

[14] P. Delsarte (1973), An algebraic approach to the association schemes of

coding theory, *Philips Res. Repts. Suppl.* **10**.

[15] P. Delsarte, J.-M. Goethals and J. J. Seidel (1977), Spherical codes and designs, *Geometriae Dedicata* **6**, 363–388.

[16] A. M. Duval (1988), A Directed Graph Version of Strongly Regular Graphs, *J. Combinatorial Theory* (A) **47**, 71–100.

[17] A. Gewirtz (1969), The uniqueness of $g(2,2,10,56)$, *Trans. New York Acad. Sci.* **31**, 656–675.

[18] C. D. Godsil and B. D. McKay (1979), Graphs with Regular Neighborhoods, *Combinatorial Mathematics VII*, 127–140, Springer.

[19] J.-M. Goethals and J. J. Seidel (1970), Strongly regular graphs derived from combinatorial designs, *Canad. J. Math.* **22**, 597–614.

[20] D. G. Higman (1975), Invariant relations, coherent configurations and generalized polygons, in: *Combinatorics* (M. Hall, Jr. and J. H. van Lint, eds.), D. Reidel.

[21] D. G. Higman and C. C. Sims (1968), A simple group of order 4,352,000, *Math. Z.* **105**, 110–113.

[22] A. J. Hoffman (1960), On the uniqueness of the triangular association scheme, *Ann. Math. Stat.* **31**, 492–497.

[23] X. Hubaut (1975), Strongly regular graphs, *Discrete Math.* **13**, 357–381.

[24] T. H. Koornwinder (1976), A note on the absolute bound for systems of lines, *Proc. Kon. Ned. Akad. v. Wetensch.* **79**, 152–153.

[25] J. H. van Lint (1983), Partial geometries, *Proc. Int. Congress of Math.*, Warsaw.

[26] J. H. van Lint and A. Schrijver (1981), Construction of strongly regular graphs, two-weight codes and partial geometries by finite fields, *Combinatorica.* **1**, 63–73.

[27] J. H. van Lint and J. J. Seidel (1969), Equilateral point sets in elliptic geometry, *Proc. Kon. Ned. Akad. v. Wetensch.* **69**, 335–348.

[28] A. Neumaier (1979), Strongly regular graphs with smallest eigenvalue $-m$, *Archiv der Mathematik.* **33**, 392–400.

[29] A. Neumaier (1980), New inequalities for the parameters of an association scheme, in: *Combinatorics and Graph Theory*, Lecture Notes in Math. **885**, Springer-Verlag.

[30] S. E. Payne and J. A. Thas (1984), *Finite Generalized Quadrangles*, Pitman.

[31] R. M. Wilson (1973/74), Nonisomorphic Steiner triple systems, *Math. Z.* **135**, 303–313.

第22章　直交ラテン方格

同じ行集合，列集合上の二つのラテン方格 $L_1 : R \times C \to S$, $L_2 : R \times C \to T$ は，各順序対 $(s, t) \in S \times T$ について

$$L_1(x, y) = s \quad \text{かつ} \quad L_2(x, y) = t$$

を満たすセル $(x, y) \in R \times C$ がただ一つ存在するとき，**直交**するという．

「直交」という用語は数学では他の意味ももっているので不適切かもしれないが，すでに一般的に使われているためここで変えようとすることは差し控える．

たとえば，$R = C = \{1, 2, 3, 4\}$, $S = \{A, K, Q, J\}$, $T = \{\spadesuit, \heartsuit, \diamondsuit, \clubsuit\}$ として，下記の直交ラテン方格

$$A := \begin{bmatrix} A & K & Q & J \\ Q & J & A & K \\ J & Q & K & A \\ K & A & J & Q \end{bmatrix}, \quad B := \begin{bmatrix} \spadesuit & \heartsuit & \diamondsuit & \clubsuit \\ \clubsuit & \diamondsuit & \heartsuit & \spadesuit \\ \heartsuit & \spadesuit & \clubsuit & \diamondsuit \\ \diamondsuit & \clubsuit & \spadesuit & \heartsuit \end{bmatrix}$$

図 22.1

を考えよう．A と B の直交性は，二つのラテン方格を重ね合わせてみれば，以下のように $S \times T$ の各要素がちょうど 1 回現れることから示される．

$$\begin{bmatrix} A\spadesuit & K\heartsuit & Q\diamondsuit & J\clubsuit \\ Q\clubsuit & J\diamondsuit & A\heartsuit & K\spadesuit \\ J\heartsuit & Q\spadesuit & K\clubsuit & A\diamondsuit \\ K\diamondsuit & A\clubsuit & J\spadesuit & Q\heartsuit \end{bmatrix}$$

直交性は，用いられている文字集合に依存しない．この例のトランプのスーツを任意の四つの文字を任意の順序で並べたものに置き換えて得られるラテン方格もまた，A に直交する．A の文字としてラテン文字を使用し，B をギリシャ文字にすると，二つの直交ラテン方格の重ね合わせが，しばしば**グレコ・ラテン方格**とよばれていることの理由がわかるであろう．

トランプの例は，**オイラーの 36 人の将校の問題**として知られている問題に似ている．オイラーは 6 個の軍隊に属する 6 個の階級の 36 人の将校を各行各列に各軍隊，各階級を 1 度ずつ含むように 6 行 6 列に配列するようにエカテリーナ 2 世に頼まれたといわれている．この解はまさに，互いに直交する二つの 6 次ラテン方格である．

驚くべきことに，この問題の解はない．オイラーが本当にエカテリーナ 2 世に頼まれたかどうかはわからないが，彼は 1779 年にこの問題を考え，それは不可能であると結論付けた．オイラーは膨大な量の計算をした可能性はあるが，彼が本当にすべてのケースを検討していたかどうかは明らかではない．これは，1900 年に G. Tarry によって体系的に確認された．今日では，コンピュータを用いてより簡単に証明することができる．非存在の短い証明は，やはり，いくつかの場合分けを必要とするが D. R. Stinson (1984) によって与えられた．

オイラーは n が奇数もしくは $n \equiv 0 \pmod 4$ であれば，互いに直交する n 次のラテン方格の組が存在することを見出していた（以下の定理 22.3 を参照せよ）．奇数 n について，G を任意の位数 n の群とし，行，列，文字の集合 G として配列 L_1 と L_2 を次のように定義すれば，互いに直交する n 次のラテン方格の例となる．

$$L_1(x,y) := xy, \quad L_2(x.y) := x^{-1}y$$

互いに直交する 2 次のラテン方格の組が存在しないことは自明である．

オイラーは，$n = 2, 6$ では互いに直交する n 次のラテン方格の組は存在せず，$n = 10, 14, 18, \ldots$ つまり次数 $n \equiv 2 \pmod 4$ についても存在しないと予想した．この予想は，Bose–Parker–Shrikhande によって，完全に反証されたが，それまでの 177 年間，「オイラー予想」として知られていた．$n = 2, 6$ を除くすべての次数 n について直交ラテン方格の組が存在するという定理を本章の中で証明する．

より一般的に，どの二つも直交するようなラテン方格の集合（相互直交ラテン方格ともよばれる）が存在するか？ という問題を考える．互いに直交する n 次のラテン方格の個数 k の最大値を $N(n)$ で表す．たとえば，図 22.1 に

$$C := \begin{bmatrix} 0 & \alpha & \beta & \gamma \\ \alpha & 0 & \gamma & \beta \\ \beta & \gamma & 0 & \alpha \\ \gamma & \beta & \alpha & 0 \end{bmatrix}$$

（クラインの 4 元群の演算表）を加えると，三つの互いに直交する 4 次のラテン方格の集合が得られ，$N(4) \geq 3$ とわかる．$n = 1$ と $n = 0$ については直交性の定義は意味をなさないため，$N(1) = N(0) = \infty$ と定義する．

q が素数冪の場合には $N(q) \geq q - 1$ となることを示すために $q - 1$ 個の互いに直交するラテン方格の構成法を挙げる．行，列，文字集合を，いずれも体 $\mathbb{F}_q$ の要素全体の集合とする．$\mathbb{F}_q$ の任意の元 a $(\neq 0)$ について $L_a(x, y) := ax + y$ と定義する．このとき，これらの $q - 1$ 個のラテン方格は互いに直交する．連立方程式

$$ax + by = s$$
$$cx + dy = t$$

は，$ad - bc \neq 0$ のとき，ただ一つの解 (x, y) をもつことはよく知られている．よって，上のような 1 次式で定義される二つのラテン方格が直交することは簡単にわかる．下記は $q = 5$ のときのラテン方格である．

$$
\begin{bmatrix} 0 & 1 & 2 & 3 & 4 \\ 1 & 2 & 3 & 4 & 0 \\ 2 & 3 & 4 & 0 & 1 \\ 3 & 4 & 0 & 1 & 2 \\ 4 & 0 & 1 & 2 & 3 \end{bmatrix}, \quad
\begin{bmatrix} 0 & 1 & 2 & 3 & 4 \\ 2 & 3 & 4 & 0 & 1 \\ 4 & 0 & 1 & 2 & 3 \\ 1 & 2 & 3 & 4 & 0 \\ 3 & 4 & 0 & 1 & 2 \end{bmatrix}
$$

$$
\begin{bmatrix} 0 & 1 & 2 & 3 & 4 \\ 3 & 4 & 0 & 1 & 2 \\ 1 & 2 & 3 & 4 & 0 \\ 4 & 0 & 1 & 2 & 3 \\ 2 & 3 & 4 & 0 & 1 \end{bmatrix}, \quad
\begin{bmatrix} 0 & 1 & 2 & 3 & 4 \\ 4 & 0 & 1 & 2 & 3 \\ 3 & 4 & 0 & 1 & 2 \\ 2 & 3 & 4 & 0 & 1 \\ 1 & 2 & 3 & 4 & 0 \end{bmatrix}.
$$

定理 22.1　$n \geq 2$ のとき，$1 \leq N(n) \leq n-1$ が成り立つ．

証明　k 個の互いに直交するラテン方格の集合 $\{L_i\}_{i=1}^{k}$ について，すべての行，列，文字集合を（表記の便宜上）$\{1, 2, \ldots, n\}$ とする．また，必要なら文字集合の名前を付け替えて，各ラテン方格の最初の行を順に $1, 2, \ldots,$ n とする．ここで，2 行 1 列の要素

$$L_1(2,1),\ L_2(2,1),\ \ldots,\ L_k(2,1)$$

を考える．1 列目には 1 がすでに現れているので，これらの元はどれも 1 ではない．また，これらの元はすべて異なる．なぜならば，もし $L_i(2,1) = L_j(2,1) = s$ ならば，$L_i(1,s) = L_j(1,s) = s$ であることから，L_i と L_j の直交性に矛盾する．よって不等式の上限が示された．□

上の簡単な定理と有限体を用いた構成法から，以下が得られる．

$$q \text{ が素数冪のとき} \quad N(q) = q - 1 \tag{22.1}$$

ここで，直交ラテン方格の概念が，以前の章で見た，ある組合せ構造と等価であることを示したい！ ラテン方格の定義が，直交性の言葉で記述されていることに気付けば，定理の主張はよりわかりやすいものとなるだろう．たとえば，5×5 の配列がラテン方格であることと，それらが次の二つの配

列

$$\begin{bmatrix} 0 & 0 & 0 & 0 & 0 \\ 1 & 1 & 1 & 1 & 1 \\ 2 & 2 & 2 & 2 & 2 \\ 3 & 3 & 3 & 3 & 3 \\ 4 & 4 & 4 & 4 & 4 \end{bmatrix} \quad \text{および} \quad \begin{bmatrix} 0 & 1 & 2 & 3 & 4 \\ 0 & 1 & 2 & 3 & 4 \\ 0 & 1 & 2 & 3 & 4 \\ 0 & 1 & 2 & 3 & 4 \\ 0 & 1 & 2 & 3 & 4 \end{bmatrix}$$

と直交することは同値である．

定理 22.2 k 個の互いに直交する n 次ラテン方格の集合が存在するための必要十分条件は $(n, k+2)$-ネットが存在することである．

証明 $L_i := R \times C \to S_i$ $(1 \leq i \leq k)$ を互いに直交するラテン方格と仮定する．n^2 個のセルの集合を $\mathcal{P} = R \times C$ とする．大雑把にいうと，各ラテン方格の行，列，文字が等しい成分を直線と考える．正確には，

$$\mathcal{A}_1 = \{\{(x,b) \mid b \in C\} \mid x \in R\},$$

$$\mathcal{A}_2 = \{\{(a,y) \mid a \in R\} \mid y \in C\},$$

$$\mathcal{A}_{i+2} = \{\{(x,y) \mid L_i(x,y) = c\} \mid c \in S_i\} \quad (1 \leq i \leq k),$$

$\mathcal{B} = \bigcup_{i=1}^{k+2} \mathcal{A}_i$ とする．このとき，$(\mathcal{P}, \mathcal{B})$ が $(n, k+2)$-ネットであることは，ラテン方格と直交性の定義から導ける．

一方，$(\mathcal{P}, \mathcal{B})$ を $(n, k+2)$-ネットとし，$\mathcal{B} = \bigcup_{i=1}^{k+2} \mathcal{A}_i$ を平行類への分割とする．$L_i : \mathcal{A}_1 \times \mathcal{A}_2 \to \mathcal{A}_{i+2}$ を $L_i(A, B)$ が A と B の交点を含む $\mathcal{A}_{i+2}$ の直線となるように定義する．これらの行列がラテン方格であることおよび，直交性の詳細な確認は読者に任せる． □

系 $N(n) = n - 1$ であることと，位数 n の射影（またはアフィン）平面が存在することは同値である．

あいまいで根拠があるわけではないが，$N(n)$ の値から位数 n の射影平面が存在する可能性がどのくらい高いかどうかがわかるといえるかもしれない．しかし，この関数の値についてはほとんど知られていない．素数幂以外で $N(n)$ の値が知られている n は $n = 6$ しかない．

問題 22A　(1)　(n,n)-ネットの補グラフを考え，$N(n) \geq n-2$ ならば $N(n)=n-1$ であることを証明せよ．

(2)　問題 21F の結果を用いて，$n>4$ のとき，$N(n) \geq n-3$ ならば $N(n)=n-1$ であることを証明せよ．

定理 22.3　(1)　$N(nm) \geq \min\{N(n), N(m)\}$.

(2)　n が $n=p_1^{e_1}p_2^{e_2}\cdots p_r^{e_r}$ と素因数分解されるとき，

$$N(n) \geq \min_{1\leq i\leq r}(p_i^{e_i}-1)$$

が成り立つ．

証明　(2) は (1) と式 (22.1) から帰納的に示せる．

(1) を証明するために，ラテン方格のクロネッカー積に類似する演算を下記のように自然に定義する．$L_i : R_i \times C_i \to S_i$ $(i=1,2)$ について

$$L_1 \otimes L_2 : (R_1 \times R_2) \times (C_1 \times C_2) \to (S_1 \times S_2)$$

を

$$(L_1 \otimes L_2)((x_1,x_2),(y_1,y_2)) := (L_1(x_1,y_1), L_2(x_2,y_2))$$

と定義する．

$\{A_i\}_{i=1}^k$ が互いに直交する n 次のラテン方格で，$\{B_i\}_{i=1}^k$ が互いに直交する m 次のラテン方格であるならば，$\{A_i \otimes B_i\}_{i=1}^k$ が互いに直交する mn 次のラテン方格であることを証明するのは簡単である．この証明は読者に残しておくが，まずは続きを読み進めよう．　□

定理 22.3 は MacNeish の定理として知られている．MacNeish は定理 22.3 (2) の等号が成立することを 1922 年に予想した．これはオイラー予想を含んでいるが，この種の組合せ論の問題がこのような単純な解をもつことは少ない．

MacNeish の予想はまず $n=21$ について，21 点からなる位数 4 の射影平面を用いて三つの 21 次のラテン方格が構成され反証された．下記の例 22.1

を参照されたい．この方法はオイラー予想 ($n = 22$) の最初の反例を与えた**合成法**である．互いに直交する 10 次のラテン方格は Parker により**差による構成法** (difference method) を用いて初めて見出された．ここではまず，大きな n についてより有効な手法である合成法を見ていく．

Bose–Parker–Shrikhande は直交ラテン方格の構成法を多数与えた．ここでは準群を用いた二つの基本的でエレガントな構成法を紹介しよう．

準群は行，列，文字集合が同じ集合 X のラテン方格であることを思い出そう．準群 L はすべての $x \in X$ について $L(x,x) = x$ のとき**冪等**であるという．たとえば，X が位数 q の有限体 $\mathbb{F}_q$ のとき，

$$L_a(x,y) := ax + (1-a)y$$

は $a \neq 0, 1$ について冪等な準群 L_a を定義する．この形のラテン方格はどの二つも直交する．

問題 22B 素数冪 $q \geq 4$ について，行，列が $\mathbb{F}_q$ からなる q 次ラテン方格 A, S で，A は A の転置と S に直交し，S は S の転置と A に直交しているものを作れ．さらに，q が奇数のとき S は冪等で，q が偶数のとき S は「冪単」である．つまり等しい対角成分をもつことを証明せよ．

点集合 X で直線集合 $\mathcal{A}$ の線形幾何を考える（第 19 章参照）．$\mathcal{A}$ 上の各直線 A について，集合 A 上の k 個の互いに直交する冪等な準群 L_1^A, L_2^A, ..., L_k^A があると仮定する．このとき，各 $i = 1, 2, \ldots, k$ について，任意の $x \in X$ については $L_i(x,x) := x$ とし，異なる $x, y \in X$ については，x と y を両方含む $\mathcal{A}$ のただ一つの直線 A について $L_i(x,y) := L_1^A(x,y)$ とすれば，全体集合 X 上の k 個のどの二つも直交する冪等な準群 L_1, L_2, ..., L_k を構成することができる．L_1, L_2, ..., L_k がラテン方格であり，どの二つも直交することは簡単に確かめられる．たとえば，i, j, s と $t, s \neq t$ が与えられたとき

$$L_i(x,y) = s \quad かつ \quad L_j(x,y) = t$$

を満たす (x,y) が存在し，L_i^B と L_j^B の直交性より，x, y は s と t を含む直線 B 上で見つかるであろう．

定理 22.4　n 点集合 X 上の直線集合 $\mathcal{A}$ からなるすべての線形幾何に対して，

$$N(n) \geq \min_{A \in \mathcal{A}} \{N(|A|) - 1\}$$

が成り立つ．

証明　k を右辺の最小値とする．これは，各 $A \in \mathcal{A}$ 上に少なくとも $k+1$ 個の互いに直交する準群があることを意味する．各 A 上の k 個の互いに直交する冪等な準群をどのように得るかを述べる．それが得られれば，$N(n) \geq k$ は上の構成法により示される．

一般に，m 点集合 B 上の互いに直交する準群を H_1, H_2, ..., H_{k+1} とおく．任意の $b \in B$ を選ぶ．$H_{k+1}(x, y) = b$ となる m 個のセル (x, y) が各行各列に一つずつある．これらのセルが $k+1$ 個目のラテン方格の対角成分になるように，すべてのラテン方格の列を同時に入れ換える．直交性から，各 $i \leq k$ について，m 個のすべての文字が i 個目の方格の対角成分に現れる．最後に，得られるラテン方格が冪等になるように最初の k 個の各ラテン方格の文字を独立に入れ換える．　□

定理 22.5　$\mathcal{A}$ を n 点集合 X 上の線形幾何の直線集合とし，$\mathcal{B} \subseteq \mathcal{A}$ をどの二つも交わらない直線の集合とする．このとき

$$N(n) \geq \min\bigl(\{N(|A|) - 1 \mid A \in \mathcal{A} \setminus \mathcal{B}\} \cup \{N(|B|) \mid B \in \mathcal{B}\}\bigr)$$

が成り立つ．

証明　k を右辺の最小値とする．前の証明で見たように，各 $A \in \mathcal{A} \setminus \mathcal{B}$ 上の互いに直交する冪等な準群 L_i^A が k 個存在する．必要ならば，$\mathcal{B}$ が X の分割になるように，$\mathcal{B}$ に 1 点集合を加える．各 $B \in \mathcal{B}$ 上に k 個の互いに直交する準群 L_i^B（必ずしも冪等とは限らない）がある．各 $i = 1, 2, \ldots, k$ に対して，x を含む $\mathcal{B}$ の一意に決まる B について $L_i(x, x) := L_i^B(x, x)$ とし，異なる x, y に対して，x と y を両方含む $\mathcal{A}$ の一意に決まる A について $L_i(x, y) := L_i^A(x, y)$ とすることにより，全体集合 X 上の L_1, L_2, ..., L_k を定義する．準群 L_i は直交するので（詳細な確認は簡単であるので読者に

残しておく）$N(n) \geq k$ である． □

例 22.1 $n = 21$ として点数 5 の 21 本の直線をもつ位数 4 の射影平面を考える．定理 22.4 は $N(21) \geq 3$ を意味し，MacNeish の予想を否定している．ここで，同一直線上にない 3 点を削除すると，このとき，点数 5, 4, 3 の直線からなり，点数 3 の 3 本の直線が互いに交わらない線形幾何が得られる．定理 22.5 は $N(18) \geq 2$ を意味し，オイラー予想の反例を与えている．

例 22.2 オイラー予想がどの程度見当はずれだったのかを見るために，さらに二つの $n \equiv 2 \pmod 4$ の値について考える．70 個の点，点数 9, 8 の直線と，どの 2 本も互いに交わらない点数 7 の直線からなる線形幾何を得るために，位数 8 の射影平面から，同一直線上にない 3 点を削除する．定理 22.5 より $N(70) \geq 6$．$\mathbb{F}_8$ から構成される平面において，どの 3 点も同一直線上にないような 7 点を見つけることができ（10 点見つけることもできる．問題 19I を参照），これらを削除することにより，定理 22.4 で $n = 66$ とすると $N(66) \geq 5$ を示すことができる．

次に示す構成法は**横断デザイン**を用いずに説明するのは難しい．横断デザインを用いれば，互いに直交するラテン方格の集合を簡潔でわかりやすい概念に置き換えることができる．（横断デザインにより，他の組合せ論的デザインやさらに多くの直交ラテン方格の構成に有用な多くの線形幾何を得ることができる．）TD(n, k) は (n, k)-ネットの双対結合構造，つまり，$(n, k, k-1)$-偏均衡幾何として定義することができる．よって nk 個の点と n^2 個のブロックがある．（横断デザインについて議論するときは，「直線」ではなく「ブロック」という）．各点は n 個のブロックに含まれ，各ブロックは k 個の点を含む．点集合は，k 個のサイズ n の同値類（まぎらわしいが同値類はここではグループとよばれる）に分けられ，同じグループ内の 2 点はどのブロックにも含まれず，別のグループの 2 点はちょうど一つのブロックに属する．とくに，各ブロックは各グループの点をちょうど一つずつ含む．横断デザインでは，グループを明示するために，横断デザインの表記にそれらを組み込み，点集合，グループ集合，ブロック集合を並べて

$(X, \mathcal{G}, \mathcal{A})$ と表記する．$(X, \mathcal{G} \cup \mathcal{A})$ はブロックサイズ k と n の線形幾何である．

例 22.3　下記は TD(2, 3) である：

グループ：　$\{a_1, a_2\}$, $\{b_1, b_2\}$, $\{c_1, c_2\}$

ブロック：　$\{a_1, b_1, c_1\}$, $\{a_1, b_2, c_2\}$, $\{a_2, b_1, c_2\}$, $\{a_2, b_2, c_1\}$

定理 22.2 の観点から，TD$(n, k+2)$ の存在は k 個の互いに直交するラテン方格の存在と同値である．少し退屈かもしれないが，TD$(n, k+2)$ からラテン方格を得る方法を記述しておこう．グループ $\{G_1, G_2, \ldots, G_{k+2}\}$ について $L_i(x, y)$ を G_{i+2} と x, y を含むブロックとの交点として $L_i : G_1 \times G_2 \to G_{i+2}$ を定義する．

ブロックの集合 $\mathcal{A}$ が n 個の平行なクラス $\mathcal{A}_1$, $\mathcal{A}_2$, $\ldots$, $\mathcal{A}_n$ に分解できるとき，つまり，各 $\mathcal{A}_i$ はサイズ k の n 個のブロックの集合で，点集合 X の分割であるとき，TD(n, k) は**分解可能**という．TD(n, k) $(X, \mathcal{G}, \mathcal{A})$ から，あるグループ $G_0 = \{x_1, x_2, \ldots, x_n\}$ の n 点を削除すると，各ブロックからちょうど 1 点を削除することになり，各 i ごとに削除された x_i が含まれていたブロックがなす平行類が得られ，これらを集めると，点集合 $X \setminus G_0$ 上の分解可能な TD$(n, k-1)$ を構成することができる．（逆に，分解可能な TD$(n, k-1)$ は TD(n, k) に拡張できる．）

定理 22.6　$0 \leq u \leq t$ ならば，

$$N(mt + u) \geq \min\{N(m), N(m+1), N(t) - 1, N(u)\}$$

が成り立つ．

証明　上式の右辺 $+2$ を k とおく．これは，横断デザイン TD(m, k), TD$(m+1, k)$, TD$(t, k+1)$, TD(u, k) が存在することを意味している．定理を証明するために，TD$(mt + u, k)$ を構成する．

その構成はかなりテクニカルなので，TD(t, k) と複数の TD(m, k)（同型でなくてもよい）から TD(mt, k) を構成する方法を最初に記述することによって扱いに慣れておこう．これは定理の $u = 0$ のケースである．構成には TD$(m+1,k)$ や TD$(t,k+1)$ は必要ない．したがって，これは定理 22.3 (1) の別証明でもある．

$(X,\mathcal{G},\mathcal{A})$ を TD(t,k) とする．各 $x\in X$ に対して m 個の新しい要素からなる集合 M_x，つまりどの二つの集合 M_x も互いに排反となるような集合を対応させる．$S\subseteq X$ について，$M_S:=\bigcup_{x\in S}M_x$ とする．

グループ $\{M_G\mid G\in\mathcal{G}\}$（それぞれのサイズは mt）についてサイズ kmt の点集合 M_X 上の TD(mt,k) を構成する．ブロック $\mathcal{B}$ は以下のようにして得られる．各 $A\in\mathcal{A}$ について，$\mathcal{B}_A$ を

$$(M_A,\{M_x\mid x\in A\},\mathcal{B}_A)$$

が TD(m,k) になるように選び，$\mathcal{B}=\bigcup_{A\in\mathcal{A}}\mathcal{B}_A$ とする．確認は簡単である．

一般的なケースに戻るために，TD$(t,k+1)$ の存在は，分割可能な TD(t,k) の存在を意味することを思い出そう．したがって，$\mathcal{A}$ が平行類 $\mathcal{A}_1$，$\mathcal{A}_2$，…，$\mathcal{A}_t$ に分割できるなら，TD(t,k) $(X,\mathcal{G},\mathcal{A})$ が得られる．以下では，ある方法で u 個の平行類のブロックを構成し，別の方法で $\mathcal{B}:=\bigcup_{i=u+1}^{t}\mathcal{A}_i$ のブロックを構成する．

$(U,\mathcal{H},\mathcal{C})$ を TD(u,k) とする．また，U の u 個の k 元部分集合 $\{K_1,K_2,\dots,K_u\}$ への分割で，それぞれは各 $H\in\mathcal{H}$ からのちょうど 1 点からなっているものを考える．ただし，これらの k 元部分集合は $\mathcal{C}$ のブロックである必要はない．

$\mathcal{G}=\{G_1,G_2,\dots,G_k\}$ と $\mathcal{H}=\{H_1,H_2,\dots,H_k\}$ でグループのラベル付けを行う TD$(mt+u,k)$ を点集合 $Y:=M_X\cup U$ とグループ

$$\mathcal{J}:=\{M_{G_1}\cup H_1,M_{G_2}\cup H_2,\dots,M_{G_k}\cup H_k\}$$

で構成する．ブロックは以下のようにして得られる．各ブロック $B\in\mathcal{B}$ について

$$\bigl(M_B,\{M_x\mid x\in B\},\mathcal{D}_B\bigr)$$

を TD(m,k) とする．各ブロック $A\in\mathcal{A}_i$ について，

$$\bigl(M_A \cup K_i, \{(M_A \cap M_{G_j}) \cup (K_i \cap H_j) \mid j = 1, 2, \ldots, k\}, \mathcal{D}_A\bigr)$$

を TD$(m+1, k)$ とする．ここで，K_i はブロックとなり，$\mathcal{D}'_A$ で残りの $(m+1)^2 - 1$ 個のブロックを表すとする．このとき，

$$\mathcal{E} := \mathcal{C} \cup \left(\bigcup_{B \in \mathcal{B}} \mathcal{D}_B\right) \cup \left(\bigcup_{A \in \mathcal{A}_1 \cup \cdots \cup \mathcal{A}_u} \mathcal{D}'_A\right)$$

とおくと $(Y, \mathcal{J}, \mathcal{E})$ が求める TD$(mt+u, k)$ である．証明にはいくつかの場合分けが必要となる．□

例 22.4　定理 22.6 で $m = 3$ とすると，

$$0 \leq u \leq t, N(t) \geq 3, N(u) \geq 2 \quad のとき， \quad N(3t+u) \geq 2 \tag{22.2}$$

であることがわかる．$(t, u) = (5, 3), (7, 1), (7, 5), (9, 3)$ とすれば，$n = 18$, 22, 26, 30 について，$N(n) \geq 2$ であることがわかる．

定理 22.7　任意の $n \neq 2, 6$ について $N(n) \geq 2$.

証明　$n \equiv 2 \pmod 4$ の場合のみ考えればよい．$n = 10$, 14 については例 22.6 と例 22.7 で後述する．$n = 18$, 22, 26, 30 については，すでに例 22.4 で見た．以下，$n \geq 34$ とする．

$$n-1,\ n-3,\ n-5,\ n-7,\ n-9,\ n-11$$

のうち一つは 3 で割り切れて 9 で割り切れないので，$u \in \{1, 3, 5, 7, 9, 11\}$ と 3 で割り切れない t を用いて $n = 3t + u$ と書ける．n は偶数なので，t は奇数で，定理 22.3 (2) より $N(t) \geq 4$ である．$n \geq 34$ より $t \geq 11$．よって $0 \leq u \leq t$ で，式 (22.2) より $N(n) \geq 2$.　□

定理 22.8　$n \to \infty$ のとき $N(n) \to \infty$.

証明　x を正の整数とする．

$$n \geq 2\left(\prod_{p \leq x} p\right)^{2x+1} \tag{22.3}$$

のときいつでも $N(n) \geq x-1$ であることを示す．ただし，積はすべての素数 $p \leq x$ についてとるものとする．

式 (22.3) を満たす n について，中国の剰余定理を用いて，m を，$0 \leq m \leq (\prod_{p \leq x} p)^x$ で，すべての素数 $p \leq x$ について

$$m \equiv \begin{cases} -1 \pmod{p^x} & p \text{ が } n \text{ を割り切るとき,} \\ \ \ 0 \pmod{p^x} & p \text{ が } n \text{ を割り切らないとき} \end{cases}$$

となるように選ぶ．このとき，

$$0 \leq u := n - mt < \left(\prod_{p \leq x} p\right)^{x+1}$$

を満たすように整数 $t \equiv 1 \pmod{\prod_{p \leq x} p}$ を選ぶ．証明の残りは下の問題 22C で与えられる． □

問題 22C 上述の m, t, u について，$u \leq t$ が成り立つことを示せ．また，定理 22.3 (2) を用いて，$N(mt+u) \geq x-1$ が成り立つことを示せ．

* * *

第 19 章で差による構成法とよばれる構成法を見た．ここでは，ラテン方格の構成にこのアイデアを用いる．**直交配列**を用いて説明するのが便利である．$OA(n,k)$ は n 個の文字からなる集合 S 上の $k \times n^2$ 配列（もしくはここでは，長さ k の n^2 個の列ベクトルの集合と考える方がよいかもしれない）で，任意の異なる i, j $(1 \leq i, j \leq k)$ と，任意の S の二つの文字 s, t に対して，i 番目の成分が s，j 番目の成分が t である列がただ一つ存在するものである．これは第 17 章で紹介した $OA(n,3)$ の一般化である．

直交性と同値なもう一つの定式化を考えよう．すなわち，$OA(n,k+2)$ の存在は k 個のどの二つも直交するラテン方格の存在と同値である．たとえば，ラテン方格 L_1, L_2, $\ldots$, L_k から配列を得るには，すべての行，列，

文字集合が同一の集合 S であると仮定しても一般性を失わないので，列ベクトルの集合を以下のようにとればよい．

$$[i, j, L_1(i,j), L_2(i,j), \ldots, L_k(i,j)]^{\mathrm{T}} \quad (i, j \in S)$$

読者は図 22.2 の $OA(3,4)$ から二つの直交するラテン方格を簡単に書き出せるであろう．（もちろん，ラテン方格の座標を表すのにどの 2 行を用いてもよい．）

$$\begin{bmatrix} x & x & x & y & y & y & z & z & z \\ x & y & z & x & y & z & x & y & z \\ x & y & z & z & x & y & y & z & x \\ x & y & z & y & z & x & z & x & y \end{bmatrix}$$

図 22.2

例 22.5　下記の $\mathbb{Z}_{15}$ の元からなる行列は Schellenberg, Van Rees, Vanstone (1978) によって計算機を用いて見つけられた．

$$\begin{bmatrix} 0 & 0 & 0 & 0 & 0 & 0 & 0 & 0 & 0 & 0 & 0 & 0 & 0 & 0 & 0 \\ 0 & 1 & 2 & 3 & 4 & 5 & 6 & 7 & 8 & 9 & 10 & 11 & 12 & 13 & 14 \\ 0 & 2 & 5 & 7 & 9 & 12 & 4 & 1 & 14 & 11 & 3 & 6 & 8 & 10 & 13 \\ 0 & 6 & 3 & 14 & 10 & 7 & 13 & 4 & 11 & 2 & 8 & 5 & 1 & 12 & 9 \\ 0 & 10 & 6 & 1 & 11 & 2 & 7 & 12 & 3 & 8 & 13 & 4 & 14 & 9 & 5 \end{bmatrix}$$

この配列は，任意の二行についてその二つの行ベクトルの差の成分は $\mathbb{Z}_{15}$ のすべての元を一つずつ含むという性質をもつ．この行列の各列を $\mathbb{Z}_{15}$ の元で**平行移動**したすべての列ベクトルをとると $OA(15,5)$ が得られる．よって，三つの互いに直交する 15 次ラテン方格が構成できる．しかし，$OA(15,5)$ は分解可能である：どの列の 15 個の平行移動にもそれぞれの成分にすべての文字が 1 回現れるという特徴がある．横断デザインの場合と同様に，新しい行を加えて $OA(15,6)$ を得ることができて，四つの互いに直交する 15 次ラテン方格が構成できる．$N(15) \geq 5$ かどうかは知られていない．

上の配列の最後の3行は，以下で述べるように互いに直交する $\mathbb{Z}_{15}$ の orthomorphisms とよばれている．

1960年に Johnson–Dulmage–Mendelsohn によって計算機を用いて $N(12) \geq 5$ がこの方法で証明された．これには群 $\mathbb{Z}_2 \oplus \mathbb{Z}_2 \oplus \mathbb{Z}_3$ を用いている．この場合には，12次の巡回群は役に立たない．定理 22.9 を参照せよ．

例 22.6 以下を証明するための構成法を述べよう．

$$N(m) \geq 2 \Longrightarrow N(3m+1) \geq 2.$$

G を位数 $2m+1$ のアーベル群とし，M を G 上の各組 $\{i, -i\}$ $(i \neq 0)$ の個別代表系とする．$|M| = m, G = \{0\} \cup M \cup (-M)$ である．任意の $i \in M$ に対して，新しい文字 ∞_i を導入し，$OA(3m+1, 4)$ の文字集合を $S := G \cup \{\infty_i \mid i \in M\}$ とする．

集合

$$\left\{\begin{bmatrix}0\\0\\0\\0\end{bmatrix}\right\} \cup \left\{\begin{bmatrix}\infty_i\\0\\i\\-i\end{bmatrix}, \begin{bmatrix}0\\\infty_i\\-i\\i\end{bmatrix}, \begin{bmatrix}i\\-i\\\infty_i\\0\end{bmatrix}, \begin{bmatrix}-i\\i\\0\\\infty_i\end{bmatrix} \;\middle|\; i \in M\right\}$$

について，これらを G の元で平行移動して得られるすべての列ベクトルの集合を考える．ただし，∞ は固定，つまり $\infty_i + g = \infty_i$ とする．このとき $(4m+1)(2m+1)$ 個の列が得られる．これらに $OA(m, 4)$ の m^2 個の列を加えると，$OA(3m+1, 4)$ が得られる．

よりわかりやすくするために $m = 3$ の場合を考える．文字集合を $\mathbb{Z}_7 \cup \{x, y, z\}$ とし，$M = \{1, 2, 3\}$ とする．以下の13列の7個の平行移動をとり，図 22.2 の $OA(3, 4)$ と合わせる．

$$\begin{bmatrix}
0 & x & 0 & 1 & 6 & y & 0 & 2 & 5 & z & 0 & 3 & 4\\
0 & 0 & x & 6 & 1 & 0 & y & 5 & 2 & 0 & z & 4 & 3\\
0 & 1 & 6 & x & 0 & 2 & 5 & y & 0 & 3 & 4 & z & 0\\
0 & 6 & 1 & 0 & x & 5 & 2 & 0 & y & 4 & 3 & 0 & z
\end{bmatrix}$$

ただし上では，∞ たちではなく，文字 x, y, z を用いている．また，どの二つの行の差も（どちらの成分も $\mathbb{Z}_7$ の元なら）$\mathbb{Z}_7$ のすべての元をちょうど 1 回ずつ含むことがわかる．結果として次のラテン方格が得られる．

$$
\begin{bmatrix}
0 & z & 1 & y & 2 & x & 3 & 6 & 5 & 4 \\
4 & 1 & z & 2 & y & 3 & x & 0 & 6 & 5 \\
x & 5 & 2 & z & 3 & y & 4 & 1 & 0 & 6 \\
5 & x & 6 & 3 & z & 4 & y & 2 & 1 & 0 \\
y & 6 & x & 0 & 4 & z & 5 & 3 & 2 & 1 \\
6 & y & 0 & x & 1 & 5 & z & 4 & 3 & 2 \\
z & 0 & y & 1 & x & 2 & 6 & 5 & 4 & 3 \\
1 & 2 & 3 & 4 & 5 & 6 & 0 & x & y & z \\
2 & 3 & 4 & 5 & 6 & 0 & 1 & z & x & y \\
3 & 4 & 5 & 6 & 0 & 1 & 2 & y & z & x
\end{bmatrix}
\quad
\begin{bmatrix}
0 & 4 & x & 5 & y & 6 & z & 1 & 2 & 3 \\
z & 1 & 5 & x & 6 & y & 0 & 2 & 3 & 4 \\
1 & z & 2 & 6 & x & 0 & y & 3 & 4 & 5 \\
y & 2 & z & 3 & 0 & x & 1 & 4 & 5 & 6 \\
2 & y & 3 & z & 4 & 1 & x & 5 & 6 & 0 \\
x & 3 & y & 4 & z & 5 & 2 & 6 & 0 & 1 \\
3 & x & 4 & y & 5 & z & 6 & 0 & 1 & 2 \\
6 & 0 & 1 & 2 & 3 & 4 & 5 & x & y & z \\
5 & 6 & 0 & 1 & 2 & 3 & 4 & y & z & x \\
4 & 5 & 6 & 0 & 1 & 2 & 3 & z & x & y
\end{bmatrix}
$$

例 22.7　文字集合 $\mathbb{Z}_{11} \cup \{x, y, z\}$ 上の $OA(14, 4)$ を構成する．下記の行列の 17 列の $\mathbb{Z}_{11}$ での 11 個の平行移動を作り，図 22.2 の $OA(3, 4)$ と合わせる．

$$
\begin{bmatrix}
0 & 0 & 6 & 4 & 1 & x & 1 & 4 & 0 & y & 2 & 6 & 0 & z & 8 & 9 & 0 \\
0 & 1 & 0 & 6 & 4 & 0 & x & 1 & 4 & 0 & y & 2 & 6 & 0 & z & 8 & 9 \\
0 & 4 & 1 & 0 & 6 & 4 & 0 & x & 1 & 6 & 0 & y & 2 & 9 & 0 & z & 8 \\
0 & 6 & 4 & 1 & 0 & 1 & 4 & 0 & x & 2 & 6 & 0 & y & 8 & 9 & 0 & z
\end{bmatrix}
$$

ここでも，∞ たちの代わりに文字 x, y, z を用いていることに注意して，上のどの 2 行の差にも（$\mathbb{Z}_{11}$ で見たときに）$\mathbb{Z}_{11}$ のすべての元がちょうど一回ずつ現れることを確認されたい．

問題 22D　k 個の互いに直交する冪等な準群の存在と，ブロックの平行類を少なくとも一つもつ $\mathrm{TD}(n, k+2)$ の存在が同値であることを示せ．

アーベル群 G の **orthomorphism** は

$$x \mapsto \sigma(x) - x$$

もまたGの置換となるようなGの元の置換σである．読者は，方格$L(x,y) := \sigma(x) + y$がラテン方格であることはσが置換であることの必要十分条件であることがわかるであろう．また，その方格がGの加法表$A(x,y) := x + y$と直交することは，σが orthomorphism であるための必要十分条件である．

Aに直交するものがあれば，orthomorphism が存在することに注意せよ．直交する方格は任意の文字を，各行各列にちょうど1個ずつもつという性質をもつので，ある置換τについて$(x, \tau(x))$, $x \in G$という形をしている．これらの座標にはAでは異なる文字がなければならないので，$\sigma(x) := x + \tau(x)$で定義される写像σは置換である．このことに注意すれば，以下の定理は偶数次の巡回方格は直交する方格をもたないことを証明している．つまり，これに直交するラテン方格がないことを示している．

定理 22.9　アーベル群Gが orthomorphism をもつなら，その次数は奇数であるか，あるいははそのシロー 2-部分群は巡回群ではない．

証明　シロー 2-部分群が自明でない巡回群であるならば，位数2のGの元zがただ一つ存在する．Gのすべての元を加えると，zと0以外の各元はその加法での逆元との和で消えるので，Gのすべての元の和はzとなる．しかし，σが orthomorphism だと仮定すると，

$$z = \sum_{x \in G} (\sigma(x) - x) = \sum_{x \in G} \sigma(x) - \sum_{x \in G} x = z - z = 0$$

となり，zの選び方に矛盾する．□

注　Gがアーベル群で奇数位数なら，単位元のみを固定する自己同型写像をもち，（これは偶数次のアーベル群についても成り立つことがあるが）そのような自己同型写像は orthomorphism である．Gがアーベル群でなくても orthomorphism は定義できるが（完全マッピングという），この場合においてもシロー 2-部分群が巡回群で自明でないならそれらは存在せず（Hall and Paige (1955) 参照），完全マッピングは，自明な，または非巡回的なシロー 2-部分群をもつ可解群の場合に存在することが示されている．

＊＊＊

H. B. Mann (1950) は $2t$ 次の部分ラテン方格をもつ $4t+1$ 次のラテン方格が直交するラテン方格をもたないということを示した．同様に，$2t+1$ 次の部分ラテン方格をもつ $4t+2$ 次のラテン方格は直交するものをもたない．これらの結果は，以下の定理の (2) の系であり，例 22.6 で構成したどの $12t+10$ 次の直交ラテン方格のペアも三つ以上の互いに直交するラテン方格の集合には拡張できないことの証明にもなっている．読者は，部分ラテン方格が部分横断デザインに対応していることを自分自身で確認されたい．

定理 22.10　$(X,\mathcal{G},\mathcal{A})$ を，部分 TD(m,k) $(Y,\mathcal{H},\mathcal{B})$（ただし $m<n$）を含む TD(n,k) とする．（つまり，$Y\subseteq X$, $\mathcal{H}=\{G\cap Y \mid G\in\mathcal{G}\}$, $\mathcal{B}\subseteq A$ とする．）このとき，次が成り立つ．

(1) $m(k-1)\le n$

(2) $(X,\mathcal{G},\mathcal{A})$ が分解可能ならば，

$$m^2\ge n\left\lceil\frac{mk-n}{k-1}\right\rceil.$$

証明　点 $x_0\in X\backslash Y$ をとる．x_0 は $G_0\in\mathcal{G}$ に属するとする．$m(k-1)$ 個の各点 $y\in Y\backslash G_0$ に対し，$\{x_0,y\}\subseteq A_y$ となるブロック $A_y\in\mathcal{A}$ がただ一つ存在する．Y の 2 点を含むブロックは $\mathcal{B}$ に属さなくてはならない．（そして x_0 を含むことはできない．）よって，これらの $m(k-1)$ 個のブロックは異なる．この数は，x_0 を含むブロックの総数 n を超えることはできない．

$(X,\mathcal{G},\mathcal{A})$ が分解可能であると仮定し，$\{\mathcal{A}_1,\mathcal{A}_2,\ldots,\mathcal{A}_n\}$ を $\mathcal{A}$ の平行類への置換としよう．s_i を Y に含まれる $\mathcal{A}_i$ のブロックの個数，t_i を $\mathcal{A}_i$ のブロックで Y とただ 1 点で交わるものの個数とする．このとき，

$$ks_i+t_i=|Y|=mk,\quad s_i+t_i\le n,$$

これより，$(k-1)s_i\ge mk-n$，すなわち，

$$s_i\ge\left\lceil\frac{mk-n}{k-1}\right\rceil$$

が示される．(2) は $m^2=|\mathcal{B}|=\sum_{i=1}^n s_i$ とすれば示される．　□

問題 22E　$N(24) \geq 3$ と $N(33) \geq 3$ を証明せよ.

問題 22F　$c-1$ 個の互いに直交する k 次ラテン方格が存在するとき，次のように表される $OA(k, c+1)$ が得られる.

$$\begin{pmatrix} 1 & 1 & \cdots & 1 & 2 & 2 & \cdots & 2 & \cdots & k & k & \cdots & k \\ 1 & 2 & \cdots & k & & & & & & & & & \\ \vdots & & & & & & A_1 & & & & & A_{k-1} & \\ 1 & 2 & \cdots & k & & & & & & & & & \end{pmatrix}$$

ここで，各行列 A_i のすべての行は $1, 2, \ldots, k$ の置換である．A を行列 A_i を並べて作られる $c \times k(k-1)$ 行列とする．この行列と問題 19U の行列 S を用いて，次の定理を証明せよ.

定理　対称 $(v, k, 1)$ デザインが存在するならば，$N(v) \geq N(k)$ である.

問題 22G　定理 22.6 を一般化して以下を示せ.

定理　$0 \leq u \leq t, 0 \leq v \leq t$ ならば,

$$\begin{aligned} & N(mt+u+v) \\ & \quad \geq \min\{N(m), N(m+1), N(m+2), N(t)-2, N(u), N(v)\}. \end{aligned}$$

問題 22H　$N(21) \geq 4$ を示せ.

問題 22I　$N(51) \geq 4$ を示せ.

問題 22J　$a \leq n \leq 7a+3$ のときに，$N(n) \geq 3$ となることが具体例で示されていると仮定する．このとき，$7a \leq n \leq 7^2 a$ について $N(n) \geq 3$ となることを示せ．また，これを用いて，$n \geq a$ のとき $N(n) \geq 3$ であることを示せ.

ノート

「互いに直交するラテン方格」を表す用語として，英語では '**mutually**

orthogonal Latin squares' とその頭文字をとった 'MOLS' という表現の方が, '**pair-wise orthogonal Latin squares**' という表現より一般的に使われている.

オイラーについては, 第1章のノートで述べた. 1782年のオイラーの論文のタイトルは「新しい種類の魔法陣 (A new type of magic square)」であったが, これはオイラーが, 特殊な魔方陣が直交ラテン方格のペアから得られることに気づいたからであった. 例として, 図22.1 A, B の文字集合を $\{4, 3, 2, 1\}$ と $\{12, 8, 4, 0\}$ に変更し, それぞれ加えると, 行列

$$\begin{pmatrix} 16 & 11 & 6 & 1 \\ 2 & 5 & 12 & 15 \\ 9 & 14 & 3 & 8 \\ 7 & 4 & 13 & 10 \end{pmatrix}$$

が得られる. すべての行, 列, 二つの対角線上の数の和は34である. (一般にはラテン方格の性質からは「魔法陣」となるための対角線の数の和が同じ数になるという条件は導かれないが, この例は対角線, 四つの角など, いろいろな四つの成分の集合について, その和が34に等しくなっているとくに優れた方格である.)

図22.1で 'A' が行列の名前とその行列の成分の名前の両方に使われていることは承知しているが, それはただ読者が気づくかどうかチェックしてみただけである[1].

直交ラテン方格は, よく直交配列の形で出てくるが, 統計理論の実験計画法において非常に重要である.

実は1922年のMacNeishの論文には, オイラー予想についての間違った証明が含まれている.

直交ラテン方格と有限射影平面の関係は1938年にR. C. Boseによって発見された.

直交ラテン方格に関する多くの結果が1896年にE. H. Mooreによってすでに得られていたことを, R. D. Bakerが著者たちに指摘してくれた.

---

[1] ［訳注］原著には 'We are just checking whether readers are on their toes' と少しジョークを交えて書いている.

残念なことに，Moore の論文中にはラテン方格という用語がどこにも見つからないため，長い間彼の結果に誰も気づくことができなかった．Moore の論文では，定理 22.3 と定理 22.4 の特別な場合（まったく異なる形ではあるが）が示され，素数位数の射影平面の記述も含まれている．そのため，Moore が MacNeish の予想を知っていたならばそれを反証することができたであろう．

定理 22.6 は Wilson (1974) による構成法の特別な場合であるが，Wilson の構成法はいろいろな形で一般化されてきている．

詳しくは T. Beth, D. Jungnickel, H. Lenz (1986) を参照せよ．

問題 22J と似た方法を用いて，本書の著者の R. M. Wilson は $n \geq 47$ について $N(n) \geq 3$ が成り立つことを示した．現在では，$n > 10$ で $N(n) \geq 3$ が成り立つことが知られている．$n > 10$ で $N(n) \geq 3$ が成り立つことについては Colbourn–Dinitz (1996) を参照せよ．

定理 22.8 は Chowla–Erdős–Straus (1960) によるものである．さらに，彼らは十分大きい n について $N(n) \geq n^{1/91}$ が成り立つことも示した．彼らの証明は数論的で，Bose–Parker–Shrikhande による構成法を基にしている．それらの結果については何度も改良が加えられていて，今日までの最良の結果は T. Beth (1983) によるものである．この結果は真の下限界とは大きくかけ離れたものであろう．$N(n) \geq n/10$ がすべての，または有限個を除いたすべての n の値についておそらく成り立つであろうといわれているが，現時点で証明するのは非常に難しいとみられている．

参考文献

[1] T. Beth (1983), Eine Bemerkung zur Abschätzung der Anzahl orthogonaler lateinischer Quadrate mittels Siebverfahren, *Abh. Math. Sem. Hamburg* **53**, 284–288.

[2] T. Beth, D. Jungnickel, and H. Lenz (1986), *Design Theory*, Bibliographisches Institut.

[3] R. C. Bose (1938), On the application of the properties of Galois fields to the problem of construction of hyper-Graeco-Latin squares, *Sanhkya* **3**, 323–338.

[4] R. C. Bose, S. S. Shrikhande, and E. T. Parker (1960), Further results

in the construction of mutually orthogonal Latin squares and the falsity of a conjecture of Euler, *Canad. J. Math.* **12**, 189–203.

[5] S. Chowla, P. Erdős, and E. G. Straus (1960), On the maximal number of pairwise orthogonal Latin squares of a given order, *Canad. J. Math.* **12**, 204–208.

[6] C. J. Colbourn and J. H. Dinitz, editors (1996), *The CRC Handbook of Combinatorial Designs,* CRC Press.

[7] A. L. Dulmage, D. Johnson, and N. S. Mendelsohn (1961), Orthomorphisms of groups and orthogonal Latin squares, *Canad. J. Math.* **13**, 356–372.

[8] M. Hall and L. J. Paige (1955), Complete mappings of finite groups, *Pacific J. Math.* **5**, 541–549.

[9] H. F. MacNeish (1922), Euler squares, *Ann. Math.* **23**, 221–227.

[10] H. B. Mann (1950), On orthogonal Latin squares, *Bull. Amer. Math. Soc.* **50**, 249–257.

[11] E. H. Moore (1896), Tactical memoranda I–III, *Amer. J. Math.* **18**, 264–303.

[12] P. J. Schellenberg, G. M. J. Van Rees, and S. A. Vanstone (1978), Four pairwise orthogonal Latin squares of order 15, *Ars Comb.* **6**, 141–150.

[13] D. R. Stinson (1984), Nonexistence of a Pair of Orthogonal Latin Squares of Order Six, *J. Combinatorial Theory* (A) **36**, 373–376.

[14] R. M. Wilson (1974), Concerning the number of mutually orthogonal Latin squares, *Discrete Math.* **9**, 181–198.

第23章　射影幾何と組合せ幾何

X を点集合とし，$\mathcal{F}$ を**フラット**とよばれる X の部分集合の族とする．下記の性質を満たす順序対 $(X, \mathcal{F})$ を，**組合せ幾何**とよぶ．

(1) $\mathcal{F}$ は集合の積（共通部分）に関して閉じている．

(2) 集合の包含関係で定義される半順序集合 $\mathcal{F}$ には無限長の鎖が存在しない．

(3) $\mathcal{F}$ は空集合とすべての1点集合 $\{x\}$ $(x \in X)$ および X 自身を含む．

(4) 各フラット $E \in \mathcal{F}$ $(E \neq X)$ に対して，E を被覆する $\mathcal{F}$ のフラットは E の外の（X の）点を分割する．

ただし，$\mathcal{F}$ の中で F が E を**被覆する**というのは，$E, F \in \mathcal{F}$, $E \subsetneq F$ が成り立ち，かつ，$E \subsetneq G \subsetneq F$ を満たす $G \in \mathcal{F}$ が存在しないことを意味する．後半の G の非存在に関する性質は幾何の分野の読者にはなじみ深い性質である．たとえば，ある1点を含む直線の集合は，その点以外の点を分割する．また，ある1直線を含む平面の集合はその直線上の点以外の点を分割する．

ある集合 X とそのすべての部分集合をフラットとすると自明な幾何の例となる．この幾何構造を**ブール代数**とよぶ．

上記の性質 (1) と (2) が成り立つとき，$\mathcal{F}$ は，任意個の集合の積に関して閉じていることを注意しておこう．

例 23.1　第19章で導入した線形幾何は，点集合 X 自身，空集合，すべて

の1点集合 $\{\{x\}|x \in X\}$ およびすべての直線をフラットとすると組合せ幾何である．このとき，1点を通る直線の全体が直線以外の点を分割するということは，2点を与えるとただ一つの直線が決まることにほかならない．

例 23.2　点集合 X 上のシュタイナーシステム $S(t,k,v)$ は，要素数が t より少ないすべての部分集合とすべてのブロックおよび X 自身をフラットとすると組合せ幾何である．この構成法で幾何構造を得るには，すべてのブロックのサイズが同じである必要はなく，各 t 元部分集合がただ一つのブロックに含まれればよい．（問題 19R では，これを一般化シュタイナーシステムとよんでいる．）

例 23.3　V を体 $\mathbb{F}$ 上の n 次元ベクトル空間とする．V の線形部分空間の加法に関する剰余類（平行類）あるいは空集合を V のアフィン部分空間とよぶ．たとえば，$a, b \in \mathbb{F}$ に対して，部分集合 $\{(x,y)|y = ax + b\}$ は $\mathbb{F}^2$ のアフィン部分空間である．V とそのすべてのアフィン部分空間は組合せ幾何をなすが，この幾何を**アフィン幾何** $AG_n(\mathbb{F})$ とよび，$AG_n(\mathbb{F}_q)$ を $AG_n(q)$ と書く．とくに，$q = 2$ のときは第19章で導入されている．

例 23.4　$AG_n(\mathbb{F})$ より基本的な幾何構造をもつ射影幾何 $PG_n(\mathbb{F})$ の定義には少し注意が必要である．V を体 $\mathbb{F}$ 上の $(n + 1)$ 次元部分空間とする．$PG_n(\mathbb{F})$ の点集合 X は V のすべての1次元部分空間からなる．たとえば，$\mathbb{F}$ が q 個の要素からなる体 $\mathbb{F}_q$ の場合には，$PG_n(\mathbb{F}_q)$ の点（射影点）の数は，

$$\frac{q^{n+1} - 1}{q - 1} = q^n + \cdots + q^2 + q + 1$$

である．V の各部分空間 W に対して，W に含まれるすべての V の1次元部分空間からなるフラット F_W を対応させ，$\mathcal{F}$ をそのようなすべてのフラット F_W の集合とする．$PG_n(\mathbb{F}_q)$ を単に $PG_n(q)$ と書く．$n = 2$ のときは第19章で導入済みである．

射影幾何 $PG_n(\mathbb{F})$ は斜体 $\mathbb{F}$（積に関する可換性をもたない代数系）に対して定義することもできる（Crawley–Dilworth (1973) 参照）．

$(X, \mathcal{F})$ を組合せ幾何とする．Y を X の部分集合とし，

$$\mathcal{E} := \{F \cap Y \mid F \in \mathcal{F}\}$$

とおくと，$(Y, \mathcal{E})$ もまた組合せ幾何であり，Y 上の**部分幾何**とよぶ．たとえば，$AG_n(\mathbb{F})$ は，$PG_n(\mathbb{F})$ の部分幾何である．$AG_n(\mathbb{F})$ の点集合を $PG_n(\mathbb{F})$ の点集合へ自然に埋め込むことができる．すなわち，n 次元ベクトル空間 V の各ベクトル $\boldsymbol{x}$ に対して，$(n+1)$-次元ベクトル空間 $V \times \mathbb{F}$ における $(\boldsymbol{x}, 1)$ の生成する 1 次元部分空間を対応させればよい．その像は，超平面 $V \times \{0\}$ に含まれないすべての射影点からなる．

組合せ幾何のフラットに包含関係で順序をつけたとき，フラット全体の集合にはいくつかの重要な性質がある．

次の性質 (1), (2) をもつ半順序集合 L を**束**とよぶ．

(1) 任意の有限部分集合 $S \subset L$ は**交わり**（**下限**ともいう）をもつ．すなわち，

$$\forall_{a \in S}[b \leq a] \quad かつ \quad \forall_{a \in S}[c \leq a] \Longrightarrow c \leq b$$

を満たす元 $b \in L$ が存在する．

(2) 同様に，任意の有限部分集合 $S \subset L$ は**結び**（**上限**ともいう）をもつ．すなわち，

$$\forall_{a \in S}[b \geq a] \quad かつ \quad \forall_{a \in S}[c \geq a] \Longrightarrow c \geq b$$

を満たす元 $b \in L$ が存在する．

二つの要素からなる集合 $S = \{x, y\}$ の交わりと結びを，それぞれ，$x \wedge y$, $x \vee y$ と表す．$\wedge$ と $\vee$ は可換で結合法則を満たす冪等な二項演算子である．さらに，すべての 2 要素からなる部分集合が交わりと結びをもつならば，任意の有限部分集合は交わりと結びをもつ．

本章では，無限鎖（無限長の鎖）をもたない束のみを考える．そのような束は，ただ一つの最小限（0_L と書く）をもつ．なぜならば，無限長の鎖をもたないので，極小元 m が存在し，任意の極小元は束の最小元である．実際，$m \not\leq a$ であれば，$m \wedge a$ は m より小さいことになり，極小性に矛盾．同様に，そのような束は，ただ一つの最大限 1_L をもつ．

半順序集合の元 a, b に対して，$a > b$ であり，$a > c > b$ なる元 c が存在しないとき，a は b を**被覆する**といい，$a \gtrdot b$ と書く[1]．たとえば，U と W があるベクトル空間の線形部分空間の場合，$U \supseteq V$ で $\dim(U) = \dim(W) + 1$ であれば，$U \gtrdot W$ である．半順序集合 P の任意の全順序部分集合を**鎖**とよぶのであった．したがって，有限鎖は $a_0 < a_1 < \cdots < a_n$ なる列である．束 L の最小限 0_L を被覆する元を L の**点**とよぶ．

無限鎖をもたない束 L が次の性質を満たすとき，**幾何束**とよぶ．

(1) L は**原子的**，すなわち，L の各元は，L のいくつかの点の結びである．

(2) L は**半モジュラー**，すなわち，L の異なる2元 a, b がいずれも L の元 c を被覆するならば，$a \vee b$ は a と b を被覆する．

定理 23.1　組合せ幾何のフラットをその包含関係で順序付けた半順序集合は，幾何束である．逆に，点集合 X 上の幾何束 L が与えられたとき，$(X, \{F_y \mid y \in L\})$ は組合せ幾何である．ただし，

$$F_y = \{x \in X \mid x \leq y\}$$

である．

証明　組合せ幾何のフラットの集合 $\mathcal{F}$ は集合の積に関して閉じているので，フラットの半順序集合は**原子束**である．（二つのフラットの積はそれらの共通部分であり，二つのフラットの結びはそれらの両方のフラットをともに含むすべてのフラットの共通部分である．）組合せ幾何において，フラット F_1 と F_2 がフラット E を被覆するとする．x を $F_1 \setminus F_2$ の点とすると，$\mathcal{F}$ の中で F_2 を被覆し，x を含むフラット G_2 が存在する．このとき，G_2 は F_1 を含む．なぜならば，もしそうでないとすると，$E \subsetneq F_1 \cap G_2 \subsetneq F_1$ となってしまう．また，同様な議論で，F_1 を被覆し，F_1 と F_2 を含むフラット G_1 が存在する．したがって，結び $F_1 \vee F_2$ は G_1, G_2 のいずれにも含まれ，G_i は F_i を被覆するので，$F_1 \vee F_2 = G_1 = G_2$ でなければならない．

L を幾何束とし，フラット F_y を，定理の記述にあるように L の点集合

[1]［訳注］a は b の親であるということもある．

X の部分集合と定義する．このとき，空集合，1 点集合および X 自身はフラットであることは明らか．（なぜならば，y を L の 0_L, L の点，あるいは 1_L ととればよい．）$x \leq y$ かつ $x \leq z$ であることと $x \leq y \wedge z$ は同値であるから，$F_y \cap F_z = F_{y \wedge z}$ である．したがって，$\mathcal{F} := \{F_y \mid y \in L\}$ は集合の積に関して閉じている．また，あるフラット F_y に含まれない点 x は F_y を被覆する二つのフラットに含まれることはない．したがって，あとは，F_y を被覆し，x を含むフラットが存在することをいえばよい．ここで，$F_{x \vee y}$ が F_y を被覆することをいえば，証明が終わる．

このことは，L において，$x \not\leq y$ であり，x が L の点であるときは常に $x \vee y \gtrdot y$ であることを示すのと同値である．ここで，極大鎖

$$0_L \lessdot y_1 \lessdot y_2 \lessdot \cdots \lessdot y_k = y$$

をとる．x と y_1 は 0_L を被覆するので，$x \vee y_1$ は y_1 を被覆する．$x \vee y_1$ と y_2 は y_1 を被覆するので，$x \vee y_2$ は y_2 を被覆する．（明らかに，$x \vee y_1 \vee y_2 = x \vee y_2$ である．）したがって，帰納法により，$x \vee y_k$ は y_k を被覆する． □

幾何束と組合せ幾何の違いは，一方は結合構造を，他方はある集合の部分集合族を見ていることにある．結合構造と束はより抽象的であり，双対性や区間などを議論するような場合には，曖昧さがなく混乱を生じないが，いろいろな議論をする際に，集合，部分集合の用語や概念で論じる方が楽である．

たとえば，半順序集合の要素 a, b に対して，**区間** $[a, b]$ は $[a, b] := \{x \mid a \leq x \leq b\}$ と定義される．束の任意の区間はまた束である．読者は，幾何束の任意の区間はまた幾何束であることを確認されたい．このことを組合せ幾何の用語で書くのは厄介である．

定理 23.1 あるいはその証明で見たように，組合せ幾何と幾何束の用語や概念を入り交えて使用すると便利なことが少なくない．たとえば，記号 $PG_n(\mathbb{F})$ を組合せ幾何と見なしたり，ベクトル空間の部分空間がなす束と見なしたりすることができる．

問題 23A　次を示せ．(1) $PG_n(\mathbb{F})$ の任意の区間は，半順序集合として，ある $m \leq n$ に関する $PG_m(\mathbb{F})$ がなす半順序集合と同型である．(2) $PG_n(\mathbb{F})$

は（順序を逆にすると）その双対半順序集合と同型である.

例 23.5　n 元集合 X のすべての分割を要素にもつ**分割束** Π_n は，幾何束の別の例である．したがって，組合せ幾何でもある．各分割は，「細分」によって順序付けられる．ここで，分割 $\mathcal{B}$ の各ブロックが $\mathcal{A}$ のブロックの和集合であるとき，$\mathcal{A}$ は $\mathcal{B}$ の**細分** (refinement) であるという．したがって，最小元（すなわち最も細かい分割）は1点集合の集まり $\{\{x\} \mid x \in X\}$ であり，最大元は X 自身からなる $\{X\}$ である．すぐわかるように，ある分割が他の分割の二つのブロックを一つにまとめて得られるとき，前者の分割が後者の分割を被覆する．この束の点は，サイズ2の一つのブロックと他の一つずつの要素からなる $n-2$ 個のブロックでできた分割である.

たとえば，Π_4 は下記の15要素をもつ.（記法を簡単にするために，たとえば，$\{\{1,2,3\},\{4\}\}$ と書く代わりに $\{123,4\}$ と書いている.）

$$\{1234\}$$

$$\{123,4\},\ \{124,3\},\ \{134,2\},\ \{234,1\},\ \{12,34\},\ \{13,24\},\ \{14,23\}$$

$$\{12,3,4\},\ \{13,2,4\},\ \{14,2,3\},\ \{23,1,4\},\ \{24,1,3\},\ \{34,1,2\}$$

$$\{1,2,3,4\}$$

例 23.6　Π_n の点は K_n の辺と1対1に対応する．n 頂点の単純グラフが与えられたとき，G の辺集合 $E(G)$ に束の点を次のように対応させて，幾何束 $L(G)$ を構成することができる．G の頂点集合 $V(G)$ の分割 $\mathcal{A}$ で，$\mathcal{A}$ の各ブロックによって誘導される部分グラフがすべて連結であるようなすべての分割 $\mathcal{A}$ を L の要素とする．このとき，Π_n の各点は G の各辺に対応しているが，上の性質をもつ分割は明らかに，G の各辺に対応する（Π_n の）点たちのある結びに対応している．この束 $L(G)$ は G の**縮約束**とよばれることがある（第33章参照）.

図23.1に組合せ幾何 $L(K_4)$，$L(K_5)$ を示す．たとえば，$L(K_5)$ は10点をもち，12とラベル付けされたドットは分割 $\{12,3,4,5\}$ に対応する点を表す．また，たとえば，分割 $\{123,4,5\}$ は3点を含み，複数の線分で表されている．2点だけでできる直線は明示されていないことに注意しよう.

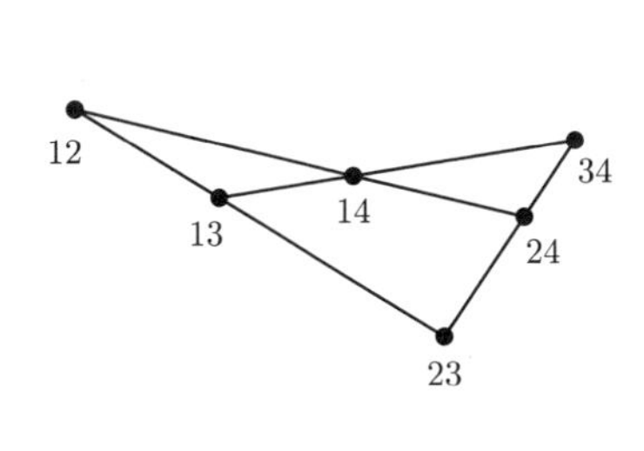

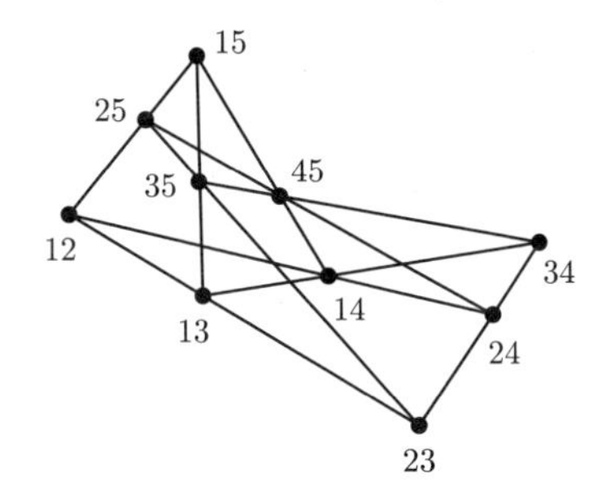

図 **23.1**

（$L(K_4)$ は 6 点と 7 直線をもつが，これは，ファノ平面から 1 点を除去して得られる幾何である.）

組合せ幾何の点集合 X の部分集合 S に対して，S を含むすべてのフラットの共通部分を S の**閉包**といい，$\overline{S}$ と書く．たとえば，線形幾何において，2 点集合の閉包はそれらの点を含む直線である．問：$S \subseteq \overline{S}$, $A \subseteq B \Rightarrow \overline{A} \subseteq \overline{B}$，および $\overline{\overline{S}} = \overline{S}$ を示せ．フラットがなす束の場合は，下記の結びの記号を用いると便利である.

$$E \vee F := \overline{E \cup F}$$

部分集合 $S \subseteq X$ において，任意の $x \in S$ に対して，$x \notin \overline{S \setminus \{x\}}$ が成り立つとき，S は**独立**であるという．例 23.1 において，線形幾何上の 3 点は，一直線上にないときに限り独立である．また，どの 4 点も独立ではない．$PG_n(\mathbb{F})$ の点集合は，その生成ベクトルが線形独立であるときに限り，独立である．$AG_n(\mathbb{F})$ の点集合は，その点集合がアフィン独立であるときに限り，独立である．組合せ幾何では，「抽象的な独立性」が議論できる利点がある.

点集合 X をもつ組合せ幾何の独立部分集合の要素数の最大値を**ランク**という．$PG_n(\mathbb{F})$, $AG_n(\mathbb{F})$ のランクはいずれも $n+1$ である．ここでは，**次元**という用語を用いるのは避けたいが，もし使用する場合には，次元はランクから 1 を引いた値とする．フラットの独立部分集合のサイズの最大値をそのフラットの**ランク**とよぶ．ランク1のフラットは**点**とよばれ，ランク2, 3のフラットはそれぞれ，**直線**，**平面**とよばれる．rank(X) より1小さいランクをもつフラットを**超平面**あるいは，**補点**とよぶ．ときに，rank$(X)-2$ のランクをもつフラットを**補直線**とよぶことがある．

任意の組合せ幾何 $(X,\mathcal{F})$ から，線形幾何 $(X,\mathcal{L})$ を得ることができる．ただし，$\mathcal{L}$ はすべての直線（ランク2のフラット）の集合である．

図23.1において，任意の2点は，2点あるいは3点からなる直線（ランク2のフラット）を定める．図には，3点からなる直線のみ描かれている．$L(K_5)$ の平面は4点あるいは6点からなり，6点からなる平面は4本の3点からなる直線を含む．

次に，簡単な事実をまとめておこう．

補題 23.2 (1) $x \notin \overline{A}$ かつ $x \in \overline{A \cup \{y\}}$ のとき，$y \in \overline{A \cup \{x\}}$ である（**交換公理**）．

(2) S を独立集合とし，$x \notin \overline{S}$ とすると，$\{x\} \cup S$ は独立である．

(3) $F = \overline{S}$ のとき，S の任意の極大独立集合 A に対して，$F = \overline{A}$ である．

証明　$F_1 := \overline{A \cup \{x\}}$ は $E := \overline{A}$ を被覆するフラットであり，x を含む．同様に，$F_2 := \overline{A \cup \{y\}}$ は E を被覆し，y を含む．もし，$x \in F_2$ であれば，$F_1 = F_2$ でなければならない．これで (1) が示された．

もし，$\{x\} \cup S$ が独立でないとすると，$y \in \overline{(S \cup \{x\}) \setminus \{y\}}$ を満たす $y \in S$ が存在する．ここで，$A := S \setminus \{y\}$ とおくと，S は独立であるから，$y \notin \overline{A}$ である．しかし，(1) により，$x \in \overline{A \cup \{y\}}$，すなわち，$x \in \overline{S}$ であり，(2) が示された．

$F = \overline{S}$ とし，A を S の極大独立集合とする．もし，$S \not\subseteq \overline{A}$ であれば，(2) より，さらに大きい S の独立集合が存在することになる．したがって，$S \subseteq \overline{A}$ であり，F は S を含む最小のフラットであるから，$F \subseteq \overline{A}$．よって，(3) が示された．　□

フラット F に対して，$\overline{B} = F$ となる独立集合 $B \subseteq F$（すなわち，F の任意の極大独立集合）を F の**基底**とよぶ．読者は，F の基底を，極小生成集合（minimal spanning set，すなわち $\overline{B} = F$ を満たす極小集合）と定義することができることも確認されたい.

問題 23B 連結単純グラフ G に対して，組合せ幾何 $L(G)$ の基底は，G の全域木の辺集合であることを示せ.

定理 23.3 組合せ幾何のフラット F の任意の基底は同じ有限個の要素数（F の**ランク**とよぶ）をもつ．フラット E と F に対して，

$$\mathrm{rank}(E) + \mathrm{rank}(F) \geq \mathrm{rank}(E \cap F) + \mathrm{rank}(E \vee F) \tag{23.1}$$

が成り立つ.

証明 フラットの無限鎖が存在しないという条件から，任意の独立集合が有限集合であることは明らかである.

F のすべての基底の要素数が同じであるという主張が偽であるとする．このとき，$|B_1| > |B_2|$ であり，$|B_2 \setminus B_1|$ の要素数が最も少ない基底の組 (B_1, B_2) を選ぶ．ここで，$x \in B_1 \setminus B_2$ とすると，$B_1 \setminus \{x\}$ は独立であり，F を含まない閉包をもつ．したがって，その閉包は B_2 も含まない．$y \notin \overline{B_1 \setminus \{x\}}$ かつ $y \in B_2 \setminus B_1$ を一つとると，補題 23.2 により，$(B_1 \setminus \{x\}) \cup \{y\}$ は独立であり，F のある基底 B_3 に含まれる．ここで，基底の組 (B_3, B_2) を考えると，$|B_3| > |B_2|$ であるが，$B_2 \setminus B_3$ は $B_2 \setminus B_1$ の真部分集合であり，(B_1, B_2) の取り方に矛盾する.

2 番目の主張を証明するために，まず，補題 23.2 (2) は，あるフラット E の基底は E を含むフラット E' の基底に拡張できることを意味していることに注意しよう.

さて，B を $E \cap F$ の基底とし，B をそれぞれ，E，F の基底 B_1，B_2 に拡張する．すると，$B_1 \cup B_2$ を含む任意のフラットは E，F を含み，したがって，$\overline{E \cup F}$ を含む．すなわち，$\overline{B_1 \cup B_2} = \overline{E \cup F}$ であり，$B_1 \cup B_2$ は $\overline{E \cup F}$ の基底を含む．ゆえに，

$$\begin{aligned}\mathrm{rank}(\overline{E \cup F}) &\leq |B_1 \cup B_2| = |B_1| + |B_2| - |B_1 \cap B_2| \\ &= \mathrm{rank}(E) + \mathrm{rank}(F) - \mathrm{rank}(E \cap F)\end{aligned}$$

である. □

不等式 (23.1) は，**半モジュラー律**とよばれる．

定理 23.3 の証明より，任意の集合 S（フラットである必要はない）の極大独立部分集合は同じ要素数をもつことがわかる．しかし，下記の定理 23.4 を S に関する部分幾何に適用すると，このことは，フラットに関する主張から得られる補題といえる．

読者は，確認のために，次の事実を示してみよう：ある幾何において，E, F を $E \subseteq F$ であるフラットとする．もし，$\mathrm{rank}(E) = \mathrm{rank}(F)$ であるとすると，$E = F$ である．また，F が E を被覆するのは，$\mathrm{rank}(F) = \mathrm{rank}(E) + 1$ のときに限る．

アフィン幾何 $AG_n(q)$ において，ランク r のフラットの点の数は q^r であり，射影幾何 $PG_n(q)$ において，ランク r のフラットの点の数は

$$\frac{q^{r+1}-1}{q-1} = q^r + \cdots + q^2 + q + 1 \tag{23.2}$$

である．

定理 23.4　v 点からなる組合せ幾何のランク i のフラットが k_i 点をもつとする $(i = 0, 1, \ldots, n)$．このとき，ランク r のフラットの総数は

$$\prod_{i=0}^{r-1} \frac{(v-k_i)}{(k_r-k_i)} \tag{23.3}$$

である．さらに，点集合とランク r のフラットの族の組は 2-デザインをなす．

証明　あるランク r のフラットを含むランク $r+1$ の各フラットは，残りの $v - k_r$ 点をそれぞれサイズ $k_{r+1} - k_r$ 点ずつの集合に分割するから，そのようなフラットはちょうど $(v-k_r)/(k_{r+1}-k_r)$ 個存在する．$E \subseteq F$ なるランク r とランク $r+1$ のフラットの順序対を数えると，帰納法により，式 (23.3) が得られる．ここで，$k_0 = 0$, $k_1 = 1$ に注意すると，式 (23.3) は $r = 1$ のときも成り立つことに注意しよう．

任意の 2 点はただ一つのランク 2 のフラットに含まれる．したがって，上記の議論は任意のランク 2 のフラットは同数個のランク r のフラットに含まれることを意味する．ゆえに，ランク r のフラットは 2-デザインをな

す. □

$PG_n(q)$ のランク r のフラットの数は**ガウス係数**，あるいは**ガウスの二項係数**とよばれている（第 24 章参照）．式 (23.2) と式 (23.3) から $PG_n(q)$ の点の数と超平面の数が等しいことがわかる．（このことは，他の方法でも確認できる．）したがって，次の系が得られる．

系　射影幾何 $PG_n(q)$ の点と超平面は，パラメータ

$$v = (q^{n+1} - 1)/(q - 1)$$
$$k = (q^n - 1)/(q - 1)$$
$$\lambda = (q^{n-1} - 1)/(q - 1)$$

をもつ (v, k, λ)-対称デザインをなす．

問題 23C　$AG_r(2)$ の点を点とし，と $AG_r(2)$ の平面をブロックとする結合構造はシュタイナーシステム $S(3, 4, 2^r)$ をなすことを示せ．

次の定理は C. Greene (1970) による．

定理 23.5　有限組合せ幾何の超平面の数は点の数以上である．

証明　証明は定理 19.1 と同様である．まず，点 x が超平面 H 上にないとすると，ランクの値に関する帰納法により，x を通る超平面の数 r_x は少なくとも H 上の点の数 k_H 以上である．ランク ≤ 2 の幾何については，主張は明らかである．帰納仮定により，H 上の部分幾何の超平面の数（すなわち，H に含まれる補直線の数）は少なくとも k_H 以上である．しかし，そのような各補直線 C ごとに，x を通る超平面（C と x の結び）が決まる．

定理 19.1 の証明を繰り返してみよう．$\mathcal{H}$ を超平面の集合とし，$v := |X|$，$b := |\mathcal{H}|$ とおく．いま，$b \leq v$ と仮定すると，

$$1 = \sum_{x \in X} \sum_{H \not\ni x} \frac{1}{v(b - r_x)} \geq \sum_{H \in \mathcal{H}} \sum_{x \notin H} \frac{1}{b(v - k_H)} = 1$$

であり，したがって，すべての不等式の等号が成り立たなければならない．ゆえに，$v = b$ である． □

定理 23.5 の等号が成り立つ場合について，以下に述べる補題 23.8 の注意を参照されたい.

$PG_n(\mathbb{F})$ において，線形空間の部分空間の次元に関する式

$$\dim(U \cap W) + \dim(U + W) = \dim(U) + \dim(W)$$

は，重要な役割を果たす．この式は，$PG_n(\mathbb{F})$ のフラット E と F に関する式

$$\mathrm{rank}(E \cap F) + \mathrm{rank}(E \vee F) = \mathrm{rank}(E) + \mathrm{rank}(F) \tag{23.4}$$

と同値である．この結果は，半モジュラー律より強い性質を意味する．式 (23.4) の性質をもつ組合せ幾何は**モジュラー**であるという．モジュラー組合せ幾何において式 (23.4) が成り立つことは，平面上の任意の 2 直線は非自明に交わることを意味する（定理 19.1 参照）.

問題 23D　$(X, \mathcal{B})$ をランク 3 の有限モジュラー組合せ幾何の点と直線がなす線形幾何とすると，$(X, \mathcal{B})$ は定理 19.1 の直後に定義したニアペンシルであるか，あるいは第 19 章で定義した射影平面であることを示せ．すなわち，任意の 2 直線は同じ要素数 $n+1$ をもち，点の総数は n^2+n+1 である（n は 2 以上の整数).

第 19 章で $PG_n(\mathbb{F})$ および射影平面を定義したが，より一般的に，**射影幾何**は，**連結**な（すなわち，点集合を二つのフラットの和集合として表すことができない）モジュラー組合せ幾何と定義することもできる.

ここでは，紙面の制約上，下記の基本的な結果を証明することができないが，証明については Veblen–Young (1907) あるいは Crawley–Dilworth (1973) を参照されたい.

定理 23.6　ランク $n \geq 4$ の任意の射影幾何はある斜体 $\mathbb{F}$ 上の $PG_n(\mathbb{F})$ と同型である.

ランク ≤ 2 の組合せ幾何はあまり面白くないが，いずれもモジュラーであり，2 点からなる直線の場合を除いて，それらは射影幾何である．問題 23D にあるように，ランク 3 の射影幾何は第 19 章で導入された射影幾何と

同等である．（ニアペンシルは連結ではないことに注意しよう．）

任意のモジュラー組合せ幾何は射影幾何から得ることができる．次の問題はこのことに関連している．

問題 23E (1) $(X_1, \mathcal{F}_1), (X_2, \mathcal{F}_2)$ を $X_1 \cap X_2 = \emptyset$ なるモジュラー組合せ幾何とする．このとき，$(X_1 \cup X_2, \{F_1 \cup F_2 \mid F_1 \in \mathcal{F}_1, F_2 \in \mathcal{F}_2\})$ もモジュラー組合せ幾何であることを示せ．

(2) $(X, \mathcal{F})$ を X が二つのフラット X_1 と X_2 の和集合（ただし，$X_1 \cap X_2 = \emptyset$）であるような組合せ幾何とする．$\mathcal{F}_i := \{F \cap X_i \mid F \in \mathcal{F}\}$ $(i = 1, 2)$ とすると，$(X_i, \mathcal{F}_i)$ $(i = 1, 2)$ はいずれもモジュラー組合せ幾何であり，$\mathcal{F} = \{F_1 \cup F_2 \mid F_1 \in \mathcal{F}_1, F_2 \in \mathcal{F}_2\}$ であることを示せ．

問題 23F 組合せ幾何 $(X, \mathcal{F})$ の任意のフラット F は**モジュラー補元**をもつことを示せ．すなわち，$E \cap F = \emptyset, E \vee F = X$，かつ $\mathrm{rank}(E) + \mathrm{rank}(F) = \mathrm{rank}(X)$ が成り立つフラット E が存在することを示せ．

モジュラー組合せ幾何の点と直線からなる線形幾何は**パッシュ公理**「三角形の 2 辺と交わる直線は他の辺とも交わる」を満たす．より正確にいうと，A, B, C を異なる 3 直線とし，a, b, c を異なる 3 点とする．そして，これらは，図 23.2 のような関係にあるとする．このとき，直線 C と a, b 以外の点で交わり，直線 B と a, c 以外の点で交わる直線 L は直線 A と b, c 以外の点で交わる．図 23.2 を見よ．このことをモジュラー幾何で確認するために，L と A は平面 $P = \overline{\{a, b, c\}}$ 上になければならないこと，そして，その平面上の 2 直線は非自明に[2]交わらなければならないことに注意しよう．

問題 23G ベクトル空間 V の k 次元部分空間を点とし，$k+1$ 次元部分空間を直線とする結合構造を考える．ただし，結合関係は包含関係で定める．この結合構造はパッシュ公理を満たすことを示せ．

定理 23.7 パッシュ公理を満たす有限線形幾何 $(X, \mathcal{A})$ は X 上のあるモジュラー組合せ幾何の点と直線からなる．

[2] ［訳注］一方が他方に含まれることなく交わること．

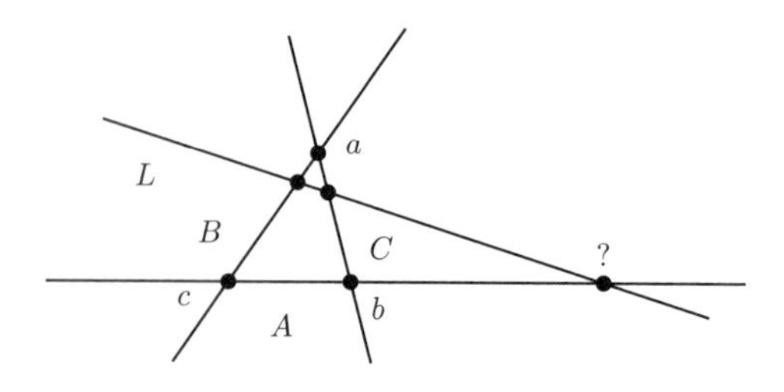

図 23.2

証明　パッシュ公理が成り立つとする．組合せ幾何のフラットを以下のように構成しよう．部分集合 $S \subseteq X$ が，任意の直線 L に対して，

$$|L \cap S| \geq 2 \quad \text{ならば} \quad L \subseteq S$$

を満たすとき，S は**フラット**であるとよぶことにする．

$\mathcal{F}$ をそのようなすべてのフラットの集合とする．$\mathcal{F}$ は，空集合，1 点集合，X 自身，および $\mathcal{A}$ のすべての直線を含む．この定義から，任意個のフラットの共通部分はやはりフラットであることがわかる．

x をあるフラット S に含まれない点とする．T を x と $s \in S$ を結ぶすべての直線の和集合とする．この単純な構成法により，T はフラットとなり，T は S を被覆することを示そう．

このために，L を T の 2 点 t_1 と t_2 を結ぶ直線とする．われわれは $L \subseteq T$ を示したい．もし，t_1 も t_2 も x を通る一つの直線上にあれば，L がその直線であり，$L \subseteq T$ である．そうでなくて，t_1, t_2 がともに S の点であるとすると，この場合も $L \subseteq T$ である．したがって，$t_1 \not\in S$ の場合を考える．このとき，t_1 と t_2 は x を通る異なる直線 M_1 と M_2 上にある．M_i が S と点 s_i で交わるとし ($i = 1, 2$)，N を s_1 と s_2 を結ぶ直線とする．このとき，$N \subseteq S$ である．そして，パッシュ公理により，L は S のある点 z で N と交わる．

別の点 $t_3 \in L$ を考える．M_3 を x と t_3 を結ぶ直線とする．M_3 は，z, t_1, s_1 を 3 頂点とし，M_1, L, N を 3 辺とする 3 角形の 2 辺と交わるから，M_3 は辺 N とも S のある点 s_3 で交わらなければならない．したがって，M_3 は x と S の点を結ぶ直線であり，$t_3 \in T$ である．したがって，T はフラットであることが示された．

T が S を被覆することを見るのはやさしい．実際，U が $S \subsetneq U \subseteq T$ なるフラットとし，$y \in U \setminus S$ をとる．上の構成法より，x と y を通る直線は，x と S の点を通る直線であるから，その直線は U の 2 点を含み，よって，U に含まれる．このことは，$x \in U$ であることを意味し，したがって，$T \subseteq U$ である．

任意の点はフラット S を被覆するあるフラット上にあるから，$(X, \mathcal{F})$ は組合せ幾何である．（X が有限集合であることは，ここでフラットの無限鎖がないことを保証するために仮定されている．）

x を直線 L 上の点とし，H を任意の超平面とする．もし，x が H に含まれないなら，H と x の結びは X でなければならないので，L は x を通り，H と交わる直線である．このことより，任意の直線 L と任意の超平面 H は非自明に交わる．このことは以下に述べる補題 23.8 により，モジュラー性をもつことを意味する． □

補題 23.8 組合せ幾何がモジュラーであることは任意の直線と任意の超平面が非自明に交わることと同値である．

証明 モジュラー律 (23.4) より，ランク n の組合せ幾何において，ランク 2 のフラットとランク $n-1$ のフラットはランク ≥ 1 のフラットで交わる．

逆の証明には，ランクに関する帰納法を用いる．ランク n の組合せ幾何において，すべての直線と超平面は非自明に交わるとする．H を超平面とし，直線 $L \subseteq H$ とランク $n-2$ のフラット $C \subseteq H$ が排反であるとする．このとき，任意の点 $x \notin H$ に対して，超平面 $C \vee \{x\}$ は直線 L と排反である．したがって，帰納法により，任意の超平面に関する部分幾何はモジュラーである．

よって，もし，フラット E と F がモジュラー律 (23.4) を満たさない反例であるとすると，$E \vee F$ は点集合 X と一致する．H を E を含む超平面とし，$F' := H \cap F$ とすると，$E \vee F' \subseteq H$ であるが，$\operatorname{rank}(F') \geq \operatorname{rank}(F) - 1$ である．なぜならば，もしそうでないとすると，F' の F におけるモジュラー補元はランク ≥ 2 であり，直線を含む．そのうちの 1 本は H と排反である．したがって，E と F' は H の中で，モジュラー律 (23.4) を満たさな

い反例となるが，これは，部分幾何 H のモジュラー性に反する． □

注　有限組合せ幾何 $(X, \mathcal{F})$ において，超平面の数が点の数に等しいとすると，定理 23.5 の証明を補正することにより，$x \notin H$ のとき，$r_x = k_H$ となることがわかる．区間 $[\{x\}, X]$ に定理 23.5 を適用すると，$r_x \geq l_x$ である．ただし，l_x は x を通る直線の数である．（なぜならば，これらの直線は幾何束 $[\{x\}, X]$ の点であるからだ．）$x \notin H$ のとき，各 $y \in H$ に対して，直線 $\{x\} \vee \{y\}$ は，すべて異なるから，明らかに $l_x \geq k_H$ である．よって，定理 23.5 において等号が成り立つ場合には，$x \notin H$ のとき，$l_x = k_H$ である．これにより，すべての直線は各超平面と交わり，したがって，$(X, \mathcal{F})$ がモジュラーであることが補題 23.8 よりわかる．

二つの 3 角形 $\{a_1, b_1, c_1\}$ と $\{a_2, b_2, c_2\}$ に対して，1 点 p が存在して，それぞれ $\{p, a_1, a_2\}$, $\{p, b_1, b_2\}$, $\{p, c_1, c_2\}$ が直線上にあるとき，$\{a_1, b_1, c_1\}$ と $\{a_2, b_2, c_2\}$ は点 p に関して**配景的** (perspective) であるという．そして，p を**配景性の点**という．二つの 3 角形 $\{a_1, b_1, c_1\}$ と $\{a_2, b_2, c_2\}$ に対して，1 直線 L が存在して，$\{L, A_1, A_2\}$, $\{L, B_1, B_2\}$，および $\{L, C_1, C_2\}$ がそれぞれ 1 点で交わるとき，$\{a_1, b_1, c_1\}$ と $\{a_2, b_2, c_2\}$ は直線 L に関して**配景的**であるという．そして，p を**配景性の直線（軸）**という．ここで，1 直線上にない 3 点を「三角形」とよび，A_i, B_i, C_i はそれぞれ点 a_i, b_i, c_i の対辺を表す．すなわち，$A_i := \overline{\{b_i, c_i\}}$ という具合である．

図 23.3 において，二つの三角形は点 p から配景的であり，また，直線 L から配景的である．図に描かれた各直線上に 3 点あり，各点を通る直線が 3 本である 10 点と 10 直線がなす結合構造を**デザルグ構造**とよぶ．二つの三角形は一つの平面上にある必要はない．図 23.1 の右図は図 23.3 と結合構造として同型（！）である．前者の図は 3 次元構造を想像することが容易であろう．この図は，いろいろな見方ができる．たとえば，三角形 $\{25, 35, 45\}$ と $\{12, 13, 4\}$ は点 15 から配景的であり，直線 $\{23, 24, 34\}$ から配景的でもある．

$n+1$ 次元ベクトル空間をとり，その部分空間の構造を $PG_n(\mathbb{F})$ と見なすと，射影点を斉次座標で表すことができる．$\langle x_0, x_1, \ldots, x_n \rangle$ でベクトル $(x_0, x_1, \ldots, x_n)$ によって張られる 1 次元部分空間を表す．ベクトル $(y_0, y_1,$

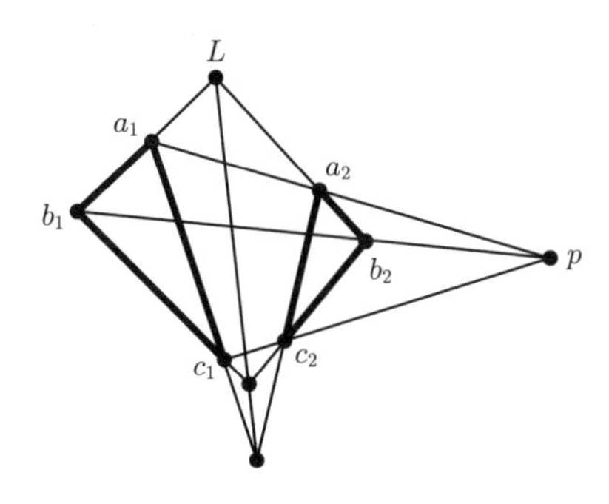

図 23.3

$\ldots, y_n)$ がベクトル $(x_0, x_1, \ldots, x_n)$ の非零のスカラー倍であるとき，射影点 $\langle x_0, x_1, \ldots, x_n\rangle$ と $\langle y_0, y_1, \ldots, y_n\rangle$ は一致する．$c_0x_0 + c_1x_1 + \cdots + c_nx_n = 0$ を満たす斉次座標 $\langle x_0, x_1, \ldots, x_n\rangle$ をもつ点からなる超平面は $[c_0, c_1, \ldots, c_n]$ と表される．

定理 23.9（デザルグの定理）　$PG_n(\mathbb{F})$ において，二つの三角形がある点に関して配景的であれば，その二つの三角形はある直線に関しても配景的である．

証明　三角形 $\{a_1, b_1, c_1\}$ と $\{a_2, b_2, c_2\}$ が点 p から配景的であるとする．細かい場合分けをを排除するために，p, a_1, b_1, c_1 のうちどの 3 点も一直線上にないと仮定し，すべての点が平面上にあると仮定する．すなわち，$PG_2(\mathbb{F})$ の場合について証明する．他の場合の証明については読者にゆだねる．

3 次元ベクトル空間の基底を $\boldsymbol{x}$, $\boldsymbol{y}$, $\boldsymbol{z}$ とし，これらがそれぞれ，1 次元部分空間 a_1, b_1, c_1 を張るとする．このとき，a_1, b_1, c_1 の斉次座標をそれぞれ，$\langle 1,0,0\rangle$, $\langle 0,1,0\rangle$, $\langle 0,0,1\rangle$ とする．すると，p はどの成分も非零の斉次座標 $\langle \alpha, \beta, \gamma\rangle$ をもつ．ここで，基底を改めて，$\alpha\boldsymbol{x}$, $\beta\boldsymbol{y}$, $\gamma\boldsymbol{z}$ とおきなおす．このとき，a_1, b_1, c_1 の斉次座標はやはり，$\langle 1,0,0\rangle$, $\langle 0,1,0\rangle$, $\langle 0,0,1\rangle$ のままであり，p の斉次座標が $\langle 1,1,1\rangle$ となる．これで，計算が楽になる．

このとき，ある α, β, $\gamma \in \mathbb{F}$ を用いて，$a_2 = \langle \alpha, 1, 1\rangle$, $b_2 = \langle 1, \beta, 1\rangle$, $c_2 = \langle 1, 1, \gamma\rangle$ と書ける．また，a_1 と b_1 を結ぶ直線は $[0,0,1]$，a_2 と b_2 を結

ぶ直線は $[1-\beta, 1-\alpha, \alpha\beta-1]$ である．(a_2 も b_2 もこの直線上にあることを確かめよ．）これらの 2 直線の交点は $\langle 1-\beta, \alpha-1, 0\rangle$ である．同様に，b_1 と c_1 を結ぶ直線と b_2 と c_2 を結ぶ直線の交点は $\langle 0, 1-\alpha, \gamma-1\rangle$ である．さらに，c_1 と a_1 を結ぶ直線と c_2 と a_2 を結ぶ直線の交点は $\langle \beta-1, 0, 1-\gamma\rangle$ である．これらの三つの交点の座標は線形従属であるから三つの点は同一直線上にあるといえる．（注意深く証明を精査すれば，この議論は $\mathbb{F}$ が斜体であるときにも成り立つことがわかるであろう．）　□

問題 23H　$\mathbb{F}$ が（可換）体であるとき，$PG_n(\mathbb{F})$ がなす線形幾何は次の**パップスの定理**を満たす：a_i，b_i，c_i が一直線 L_i $(i = 1,2)$ 上にあるとし，L_1 と L_2 は与えられた 6 点でない点で交わるとする．このとき，$\overline{\{a_1, b_2\}}$ と $\overline{\{a_2, b_1\}}$ は 1 点 c で交わり，$\overline{\{b_1, c_2\}}$ と $\overline{\{b_2, c_1\}}$ は 1 点 a で，$\overline{\{c_1, a_2\}}$ と $\overline{\{c_2, a_1\}}$ は 1 点 b で交わり，さらに，これらの 3 点は一直線上にある．

定理 23.9 の主張（すなわち，二つの三角形が 1 点に関して配景的であるならば，1 直線に関しても配景的である）が成り立つ射影平面を**デザルグ平面**とよぶ．問題 23H の主張が成り立つ射影平面を**パップス平面**とよぶ．ここでは，次の基本的な結果の証明を与えることはしない．詳細については，Crawley–Dilworth (1973) を参照されたい．

定理 23.10　(1)　$\mathbb{E}$ を斜体とするとき，ランク 3 の射影幾何が $PG_2(\mathbb{E})$ と同型であるのはその射影幾何がデザルグ平面であるときに限る．

(2)　$\mathbb{F}$ を体とするとき，ランク 3 の射影幾何が $PG_2(\mathbb{F})$ と同型であるのはその射影幾何がパップス平面であるときに限る．

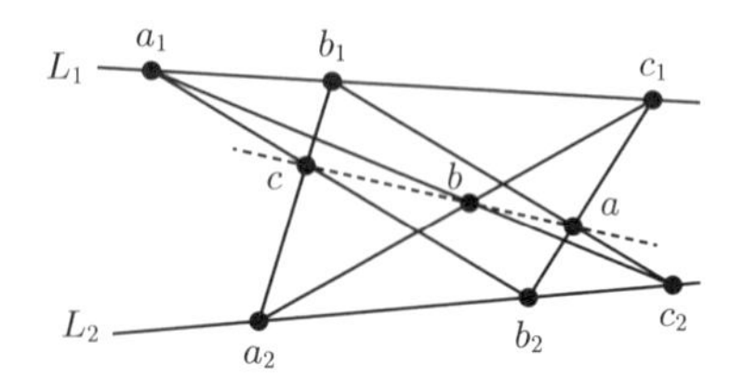

図 23.4

定理 23.10 の系として，任意のパップス平面はデザルグ平面であるといえる．パップス平面がデザルグ平面であることの座標系を用いない証明については，D. Pedoe (1963) を参照されたい．ここで，任意の有限商環は体である（Wedderburn の定理）ことを注意しておこう．したがって，任意の有限デザルグ平面はパップス平面である（M. Hall, Jr. (1972) 参照）．

デザルグ的でない有限射影平面を構成する方法を一つ紹介する．

G を位数 n^2 のアーベル群とし，G の非零元を分割する位数 n の部分群 H_0, H_1, ..., H_n が存在するとする．すなわち，$i \neq j$ のとき，$H_i \cap H_j = \{0\}$ かつ，

$$\bigcup_{i=0}^{n} H_i \setminus \{0\} = G \setminus \{0\}$$

である．ここで，G の要素を点とし，各部分群 H_i の剰余類（平行類）を直線とするとアフィン平面となる．一般的に，二つの部分群 H と K の剰余類の共通部分は空であるかまたは $H \cap K$ の剰余類である．したがって，直線は高々 1 点で交わる．任意の異なる 2 点はある 1 直線に含まれることを示すために，2 点を含む直線を数えたい．しかし，このことは，与えられた 2 点 $x, y \in G$ に対して，差 $x - y$ を含む部分群を H_ℓ とすると，x, y はともに，剰余類 $H_\ell + y$ に含まれることよりわかる．群 G とその $n+1$ 個の部分群から得られるアフィン平面を**アフィン平行類平面** (affine translation plane) とよぶ．上記のような部分群が存在するためには，G は基本アーベル群でなければならないことが知られている（J. André (1954) 参照）．問題 19K で見たように，アフィン平面は射影平面に完備化される．このようにして得られた射影平面を**平行類平面** (translation plane) とよぶ．

例 23.7 $\mathbb{F}_3^4$ の非零元を 10 個の部分群 $H_0, H_1, \ldots, H_9$ に分割した例を挙げる．（各要素は，コンマや括弧を省略して，数字列で表す．）

$\{0000, 1000, 2000, 0100, 0200, 1100, 2200, 2100, 1200\}$
$\{0000, 0010, 0020, 0001, 0002, 0011, 0022, 0021, 0012\}$
$\{0000, 1010, 2020, 0101, 0202, 1111, 2222, 2121, 1212\}$
$\{0000, 2010, 1020, 0201, 0102, 2211, 1122, 1221, 2112\}$
$\{0000, 0110, 0220, 2001, 1002, 2111, 1222, 2221, 1112\}$
$\{0000, 0210, 0120, 1001, 2002, 1211, 2122, 1121, 2212\}$
$\{0000, 1110, 2220, 2101, 1202, 0211, 0122, 1021, 2012\}$
$\{0000, 2210, 1120, 1201, 2102, 0111, 0222, 2021, 1012\}$
$\{0000, 2110, 1220, 2201, 1102, 1011, 2022, 0121, 0212\}$
$\{0000, 1210, 2120, 1101, 2202, 2011, 1022, 0221, 0112\}$

この部分群の「スプレッド (spread)」によって得られるアフィン平面はデザルグ平面である．

しかし，たとえば最初の四つの部分群には，下記のような別の部分群への分割もある．

{0000,	{0000,	{0000,	{0000
1000, 2000,	0100, 0200,	1100, 2200,	2100, 1200,
0010, 0020,	0001, 0002,	0011, 0022,	0021, 0012,
1010, 2020,	0101, 0202,	1111, 2222,	2121, 1212,
2010, 1020}	0201, 0102}	2211, 1122}	1221, 2112}

上の例は，これから述べる構成法において，$q = 3$ とした特別の場合である．V を $\mathbb{F}_{q^2}$ 上の 2 次元ベクトル空間とし，H_0，H_1，$\ldots$，H_{q^2} を $\mathbb{F}_{q^2}$ 上の 1 次元ベクトル空間とする．ここで，V を $\mathbb{F}_q$ 上の 4 次元ベクトル空間と見なすと，部分空間 H_i は $\mathbb{F}_q$ 上で 2 次元である（これらは $PG_3(q)$ における直線のスプレッドである．定理 24.3 参照）．U を H_i のいずれでもない $\mathbb{F}_q$ の 2 次元部分空間とする．このとき，U は各 H_i と $\{0\}$ で交わるか，$\mathbb{F}_q$ の 1 次元部分空間で交わる．たとえば，U は H_0，H_1，$\ldots$，H_q とはそれぞれ q 点ずつで交わり，H_{q+1}，H_{q+2}，$\ldots$，H_{q^2} とは零ベクトルだけで交わるとする．ここで，$\mathbb{F}_q$-部分空間 αU を考える．ただし，α は $\mathbb{F}_{q^2}$ の非零要素

を動く．$\mathbb{F}_q$ の非零要素を掛けても U は不変であるから，異なる部分空間は $(q^2-1)/(q-1)$ 通りであり，それらを $U_0, U_1, \ldots, U_q$ とする．これらの $q+1$ 個の部分空間 U_i は互いに零ベクトルのみで交わり，その和集合は $H_0 \cup H_1 \cup \cdots \cup H_q$ と一致する．したがって，

$$U_0,\ U_1,\ \ldots,\ U_q,\ H_{q+1},\ H_{q+2},\ \ldots,\ H_{q^2}$$

は V の位数 q^2 の部分群への別の分解を与える．

ここでは，われわれは，この構成法によって得られる射影平面が $q>2$ のときはデザルグ的でないことは証明しない．証明については，D. R. Hughes, F. C. Piper (1973) の定理 10.9 を参照されたい．読者は，例 23.7 を手計算で確認することにより，デザルグの定理が成り立たない，すなわちデザルグ的でない射影平面の反例を確認できるであろう．

われわれは，定理 23.6 の難解な証明における重要なステップの証明を述べてこの章を締めくくろう．

命題 23.11　射影幾何の任意のフラットに関する部分幾何はやはり射影幾何である．

証明　モジュラー射影幾何のフラットに関する部分幾何はやはりモジュラー律を満たすことは容易にわかる．われわれは，これらの部分幾何が連結であることを示さなければならない．このために，H が点集合 X をもつ射影幾何の超平面であるとすると，H に関する部分幾何は連結であることをいえばよい．

もし，非連結であるとすると，二つのフラット E と F で $H=E\cup F$ と書ける．$n:=\mathrm{rank}(X)$ とすると，式 (23.4) より，$\mathrm{rank}(E)+\mathrm{rank}(F)=n-1$ となる．$E_1, \ldots, E_s$ と $F_1, \ldots, F_t$ はそれぞれ E と F を被覆して，H の外の点を含むフラットとし，これらのいずれのフラットの族も H の外の点を分割するとする．$s,t \geq 2$ と仮定すると，式 (23.4) より，点 $x_i \in E_i \cap F_i$ $(i=1,2)$ が存在する．また，式 (23.4) より，直線 $\overline{\{x_1,x_2\}}$ は超平面 H とある点 $e \in H$ で交わる．しかし，このとき x_2 は，e と x_1 を通る直線上にあり，E_1 に含まれなければならない．これは矛盾である．したがって，s か t の少なくとも一つは 1 でなければならない．たとえば，$s=1$ であると

しよう．すると，X は排反なフラット F と E_1 の和集合であり，X の連結性に反する． □

命題 23.11 の系として，射影幾何の任意の直線は少なくとも 3 点をもつことがわかる．（なぜならば，2 点からなる直線は非連結であるからだ．）このことは下記の証明において重要な鍵となる．問題 23D を考え合わせると，有限射影幾何のすべての直線は同じ $n+1$ 点をもつことがわかる．

定理 23.12　デザルグの定理はランクが 4 以上の任意の射影幾何に対して成り立つ．

証明　二つの三角形 $\{a_1, b_1, c_1\}$ と $\{a_2, b_2, c_2\}$ は点 x に関して配景的であるとする．

まず，$\{a_1, b_1, c_1\}$ と $\{a_2, b_2, c_2\}$ によって張られる平面 P_1, P_2 は異なると仮定する．$T := \overline{\{x, a_1, b_1, c_1\}}$ とすると，$\overline{\{x, a_1\}}$, $\overline{\{x, b_1\}}$, $\overline{\{x, c_1\}}$ はそれぞれ，点 a_2, b_2, c_2 を含む．したがって，P_1 と P_2 は T に含まれ，T のランクは 4 以上であることがわかる．よって，モジュラー律により，P_1 と P_2 は 1 直線 L を共有しなければならない．ゆえに，もとの二つの三角形は直線 L に関して配景的である．

平面 $Q := \overline{\{p, a_1, b_1\}}$ は a_2 と b_2 を含む．したがって，Q は直線 $\overline{\{a_1, b_1\}}$ と $\overline{\{a_2, b_2\}}$ の両方を含む．さらにこれらの 2 直線は 1 点（q とする）で交わる．点 q は P_1, P_2 の両方に属するので，$q \in L$ である．同様に，2 直線 $\overline{\{b_i, c_i\}}$ $(i = 1, 2)$ は L 上の点で交わり，2 直線 $\overline{\{a_i, c_i\}}$ $(i = 1, 2)$ も L 上の点で交わる．ゆえに，これらの二つの三角形は直線 L に関して配景的である．

次に，二つの三角形が同じ平面 P 上にある場合を考える．x_1 を P 上にない点とし，x_2 を x_1 と p を通るこれらとは異なる点とする．直線 $\overline{\{x_1, a_1\}}$ と $\overline{\{x_2, a_2\}}$ は平面 $\overline{\{p, x_1, a_1\}}$ 上にあるので，ある点 a^* で交わる．同様に，直線 $\overline{\{x_1, b_1\}}$ と $\overline{\{x_2, b_2\}}$ は点 b^* で，直線 $\overline{\{x_1, c_1\}}$ と $\overline{\{x_2, c_2\}}$ は点 c^* で交わる．平面 $P^* := \overline{\{a^*, b^*, c^*\}}$ と P はランク 4 のフラットに含まれるので，ある直線 $L := P \cap P^*$ で交わる．

三角形 $\{a_1, b_1, c_1\}$ と $\{a^*, b^*, c^*\}$ は点 x_1 に関して配景的であり，異なる

平面に属する．よって，直線Lから配景的でもある．直線$\overline{\{a_1, b_1\}}$は$\overline{\{a^*, b^*\}}$と同じ点でLと交わる．直線$\overline{\{a_2, b_2\}}$も$\overline{\{a^*, b^*\}}$と同じ点でLと交わる．したがって，直線$\overline{\{a_1, b_1\}}$と$\overline{\{a_2, b_2\}}$はL上の1点で交わる．同様に，二つの三角形の他の対応する辺どうしもL上で交わる．ゆえに，元の二つの三角形は直線Lに関して配景的である． □

問題 23I　分割束Π_nにおいて，ランク$n-k$のフラットの数を求めよ．

問題 23J　パラメータv, k, λ, b, rをもつ任意のブロックデザイン（釣合い型不完備ブロック計画）において，点xとyを含むすべてのブロックの共通部分を**直線**と定義する．このとき，次を示せ．

(1) 任意の2点はただ一つの直線上にある．
(2) Lを直線とすると，$2 \leq |L| \leq \frac{b-\lambda}{r-\lambda}$である．
(3) ある直線があるブロックと2点を共有するならば，その直線はそのブロックに含まれる．

ノート

デザルグ (Girard Desargues, 1593–1662) は建築家であり，軍のエンジニアであったが，彼は配景的構造に関する研究の中で「対合 (involution)」という概念を導入した．彼はリヨンとパリで生活をした．アレキサンドリアのパップス（320年頃に活躍）はギリシャ時代末期の著名な幾何学者であるが，彼の業績は，かなり古典的なものである．しかし，射影幾何学の数学領域の発展は19世紀まで待たねばならなかった．

パッシュ (Moritz Pasch) はもともと代数学者であったが，非ユークリッド幾何学に興味をもつようになった．彼は27歳のときに私講師[3]としてギーセンに赴き，一生涯（60年間）をそこで過ごした．彼は1893–1894年の間，大学の学長を勤めた．

横断幾何 (transversal geometry) とよばれる組合せ幾何のあるクラスが二部グラフから得られる（Crapo–Rota (1970) 参照）．この幾何の独立集合

[3] ［訳注］ドイツで教授職には就いていないが，教授資格 (habilitiert) をもって，教育を行う教員．

は，二部集合 (X, Y) の片方の部集合 X の中で，Y とのマッチングをもつ部分集合として得られる．

組合せ幾何と幾何束は ‘cryptomorphic’，すなわち，ただちに同等とは見えない異なる公理系をもつ同じ構造の概念であることを見てきた．Crapo–Rota (1970) は，さらに同等とは見えにくい組合せ構造の概念を与えた．たとえば，「マトロイド」は，その理論の注目点は異なるが，組合せ幾何と同じ構造を見ている．

有限射影平面の点と超平面がなす対称デザインの特徴付けが P. Dembowski (1968) の第 2.1 節に見られる．

参考文献

[1] J. André (1954), Über nicht-Desarguessche Ebenen mit transitiver Translationgruppe, *Math. Zeitschr.* **60**, 156–186.

[2] L. M. Batten (1986), *Combinatorics of Finite Geometries*, Cambridge University Press.

[3] H. Crapo and G.-C. Rota (1970), *Combinatorial Geometries*, MIT Press.

[4] P. Crawley and R. P. Dilworth (1973), *Algebraic Theory of Lattices*, Prentice Hall.

[5] P. Dembowski (1968), *Finite Geometries*, Springer-Verlag.

[6] C. Greene (1970), A rank inequality for finite geometric lattices, *J. Combinatorial Theory* **9**, 357–364.

[7] M. Hall, Jr. (1972), *The Theory of Groups*, 2nd edn., Chelsea.

[8] D. R. Hughes and F. C. Piper (1973), *Projective Planes*, Springer-Verlag.

[9] D. Pedoe (1963), *An Introduction to Projective Geometry*, Macmillan.

[10] O. Veblen and J. W. Young (1907), *Projective Geometries* (2 vols.), Ginn Co.

第24章　ガウスの二項係数と q-類似

有限集合のすべての部分集合がなす半順序集合と，有限ベクトル空間のすべての部分空間の半順序集合との間には類似点が多い．それはどちらも前章で定義した「マトロイドデザイン」とよばれる構造の例になっているからである．$V_n(q)$ で q 元体 $\mathbb{F}_q$ 上の n 次元ベクトル空間を表す．k 次元部分空間を略して k-部分空間と書く．

まず，数え上げから始める．$V_n(q)$ のすべての部分空間の半順序集合の極大鎖（つまり，すべての次元の部分空間を一つずつ含む，大きさ $n+1$ の鎖）を作るために，0-部分空間から始める．

$0 \le i < n$ なる任意の i に対して，i-部分空間 U_i を選んだ後で，U_i を含む $(i+1)$-部分空間 U_{i+1} の選び方は $(q^n - q^i)/(q^{i+1} - q^i)$ 通りある．なぜなら，U_i と U_i に含まれない $(q^n - q^i)$ 個のベクトルのいずれか一つで $(i+1)$-部分空間が張られ，このように生成されたどの $(i+1)$-部分空間も，$q^{i+1} - q^i$ 回ずつ現れるからである．よって $V_n(q)$ の部分空間の極大鎖の数は

$$M(n,q) = \frac{(q^n-1)(q^{n-1}-1)(q^{n-2}-1)\cdots(q^2-1)(q-1)}{(q-1)^n}$$

となる．

$M(n,q)$ を各整数 n ごとの q の多項式と見る．不定変数 q を素数冪としたとき，半順序集合 $PG_n(q)$ の極大鎖の数が得られる．一方，$q=1$ とすると $M(n,1) = n!$ となり，これは n-元集合の部分集合がなす半順序集合の極大鎖の数である．

ガウス数 $\begin{bmatrix} n \\ k \end{bmatrix}_q$ は，$V_n(q)$ の k-部分空間の数として定義される．(これらと二項係数の類似を強調するために，**ガウス係数**あるいは**ガウスの二項係数**とよぶ人もいる．) $\begin{bmatrix} n \\ k \end{bmatrix}_q$ の具体的な表現を得るために，k-部分空間 U と U を含む極大鎖 $\mathcal{C}$ の組 $(U, \mathcal{C})$ の数 N を数える．もちろん，どの極大鎖にも k-次元の部分空間がちょうど一つあるから，$N = M(n,q)$ である．一方，与えられた U に対する $\mathcal{C}$ の選び方は，U のすべての部分空間からなる半順序集合における極大鎖の選び方 $M(k,q)$ に，U を含む $V_n(q)$ のすべての部分空間がなす半順序集合の極大鎖の選び方をかけたものであり，この半順序集合は $n-k$ 次元の商空間 V/U の部分空間がなす半順序集合と同型であるから，そのような極大鎖は $M(n-k,q)$ 通りある．よって，

$$\begin{bmatrix} n \\ k \end{bmatrix}_q = \frac{M(n,q)}{M(k,q)M(n-k,q)} = \frac{(q^n-1)(q^{n-1}-1)\cdots(q^{n-k+1}-1)}{(q^k-1)(q^{k-1}-1)\cdots(q-1)}$$

である．

場合によって，$\begin{bmatrix} n \\ k \end{bmatrix}_q$ を素数幂 q の関数と考えるよりも，不定変数 q の多項式と見た方がよいことがある．上の有理関数は実は多項式であることがいろいろな方法で確認できる．たとえば，簡単な演習として，x の有理関数が無限に多くの整数 x に対して整数値となるなら，その有理関数は x の多項式でなくてはならないことを示せ．よって，おそらく**ガウス多項式**の方がガウス数よりもよい用語であろう．たとえば，

$$\begin{bmatrix} 6 \\ 3 \end{bmatrix}_q = q^9 + q^8 + 2q^7 + 3q^6 + 3q^5 + 3q^4 + 3q^3 + 2q^2 + q + 1$$

である．

$\begin{bmatrix} n \\ k \end{bmatrix}_q$ で不定変数 q を 1 とすると $\binom{n}{k}$ となる．このことは，q を 1 とすると，ある意味で，有限ベクトル空間に関する結果が集合に関する結果に帰着されることを意味しており，集合に関する結果において「k 元集合」を「k-部分空間」に置き換えた，いわゆる ***q*-類似** (q-analog) の性質が成り立つことがあることを意味している．このような主張が正しいことは少なくないうえ，集合に関する証明と類似の証明が成り立つ．

次の定理は，定理 6.3 の Sperner の定理の q-類似である．

定理 24.1　$\mathcal{A}$ を $V_n(q)$ のすべての部分空間からなる半順序集合の反鎖とするとき，

$$|\mathcal{A}| \leq \begin{bmatrix} n \\ \lfloor \frac{n}{2} \rfloor \end{bmatrix}_q$$

が成り立つ．

証明　$\mathcal{A}$ を反鎖とし，$U \in \mathcal{A}$ かつ $\mathcal{C}$ は U を含む極大鎖である組 $(U, \mathcal{C})$ の数 N を考える．各極大鎖は $\mathcal{A}$ の部分空間を高々一つ含むから，$N \leq M(n, q)$ である．一方，$\mathcal{A}$ の任意の k-部分空間はちょうど $M(k, q)M(n-k, q)$ 個の極大鎖 C に含まれる．よって $\mathcal{A}$ に属する k 次元部分空間の数を c_k とすると，

$$M(k, q) \geq N = \sum_{k=0}^{n} c_k M(k, q) M(n-k, q)$$

である．ここで，任意の k について，$\left[\begin{smallmatrix} n \\ k \end{smallmatrix}\right]_q \leq \left[\begin{smallmatrix} n \\ \lfloor \frac{n}{2} \rfloor \end{smallmatrix}\right]_q$ が成り立つことがわかれば，この定理は，定理 6.3 の証明と同様に示すことができる．この証明は読者にゆだねる．　□

次の定理は q の多項式としての $\left[\begin{smallmatrix} n \\ k \end{smallmatrix}\right]_q$ の係数について，組合せ的な解釈を与えており，したがって，それらの係数がすべて正整数であることもわかる．

定理 24.2

$$\begin{bmatrix} n \\ k \end{bmatrix}_q = \sum_{\ell=0}^{k(n-k)} a_\ell q^\ell$$

とおくと，係数 a_ℓ は ℓ の分割で，そのフェラーズ図形が大きさ $k \times (n-k)$ の箱におさまるものの数と等しい．

証明　$\mathbb{F}_q$ 上の n 次元ベクトルからなるベクトル空間 $\mathbb{F}_q^n$ を考える．$\mathbb{F}_q^n$ のどの k-部分空間も，$\mathbb{F}_q$ 上の $k \times n$ 行列で，(1) ランクが k で (2) **行簡約階段形**である行列が生成する行空間として，一意に表されることはよく知られて

いる．行簡約階段形とは，各行に最初に現れる非零成分が1で，その最初の成分1の上はすべて0であり，任意の $i = 2, 3, \ldots, k$ に対して，行 i の最初の1は，行 $i-1$ の最初の1よりも右にあるような行列である．

任意の $i = 1, 2, \ldots, k$ に対して，行 i の最初の成分1が，列 c_i にあるとする．このとき，$(n-k+1-c_1, n-k+2-c_2, \ldots, n-1-c_{k-1}, n-c_k)$ は非負整数の非増加列であり，この数列の最後に0があればそれらを消すと，この数列はある整数を各値が $n-k$ 以下の高々 k 個の正整数に分割することに対応する．逆にそのような分割は，行簡約階段形の最初の1たちの位置を与える．

たとえば，図24.1に $n = 6$, $k = 3$ の場合の20種類の行簡約階段形が列挙されている．

図24.1の各行列のドット（黒点）の位置は，不要な列を消して列を入れ替えれば 3×3 のボックスに入る（ある数 ≤ 9 の）分割のフェラーズ図形となる．たとえば，第1行目の最後のクラスの場合は，q^7 通りの行簡約階段行列がある．

一般に，各行 i $(i = 1, 2, \ldots, k)$ について，第 i 行の最初の成分1が第 c_i 列にある行簡約階段形の行列を考える．その行列において，各行の最初の1や0でなければならない成分以外は，$\mathbb{F}_q$ の任意の元で埋めることができるので，そのような成分の数を ℓ とすると，q^ℓ 通りの行簡約階段行列がある．

$$
\begin{bmatrix} 1&0&0&\bullet&\bullet&\bullet \\ 0&1&0&\bullet&\bullet&\bullet \\ 0&0&1&\bullet&\bullet&\bullet \end{bmatrix}
\begin{bmatrix} 1&0&\bullet&0&\bullet&\bullet \\ 0&1&\bullet&0&\bullet&\bullet \\ 0&0&0&1&\bullet&\bullet \end{bmatrix}
\begin{bmatrix} 1&0&\bullet&\bullet&0&\bullet \\ 0&1&\bullet&\bullet&0&\bullet \\ 0&0&0&0&1&\bullet \end{bmatrix}
\begin{bmatrix} 1&0&\bullet&\bullet&\bullet&0 \\ 0&1&\bullet&\bullet&\bullet&0 \\ 0&0&0&0&0&1 \end{bmatrix}
\begin{bmatrix} 1&\bullet&0&0&\bullet&\bullet \\ 0&0&1&0&\bullet&\bullet \\ 0&0&0&1&\bullet&\bullet \end{bmatrix}
$$

$$
\begin{bmatrix} 1&\bullet&0&\bullet&0&\bullet \\ 0&0&1&\bullet&0&\bullet \\ 0&0&0&0&1&\bullet \end{bmatrix}
\begin{bmatrix} 1&\bullet&0&\bullet&\bullet&0 \\ 0&0&1&\bullet&\bullet&0 \\ 0&0&0&0&0&1 \end{bmatrix}
\begin{bmatrix} 1&\bullet&\bullet&0&0&\bullet \\ 0&0&0&1&0&\bullet \\ 0&0&0&0&1&\bullet \end{bmatrix}
\begin{bmatrix} 1&\bullet&\bullet&0&\bullet&0 \\ 0&0&0&1&\bullet&0 \\ 0&0&0&0&0&1 \end{bmatrix}
\begin{bmatrix} 1&\bullet&\bullet&\bullet&0&0 \\ 0&0&0&0&1&0 \\ 0&0&0&0&0&1 \end{bmatrix}
$$

$$
\begin{bmatrix} 0&1&0&0&\bullet&\bullet \\ 0&0&1&0&\bullet&\bullet \\ 0&0&0&1&\bullet&\bullet \end{bmatrix}
\begin{bmatrix} 0&1&0&\bullet&0&\bullet \\ 0&0&1&\bullet&0&\bullet \\ 0&0&0&0&1&\bullet \end{bmatrix}
\begin{bmatrix} 0&1&0&\bullet&\bullet&0 \\ 0&0&1&\bullet&\bullet&0 \\ 0&0&0&0&0&1 \end{bmatrix}
\begin{bmatrix} 0&1&\bullet&0&0&\bullet \\ 0&0&0&1&0&\bullet \\ 0&0&0&0&1&\bullet \end{bmatrix}
\begin{bmatrix} 0&1&\bullet&0&\bullet&0 \\ 0&0&0&1&\bullet&0 \\ 0&0&0&0&0&1 \end{bmatrix}
$$

$$
\begin{bmatrix} 0&1&\bullet&\bullet&0&0 \\ 0&0&0&0&1&0 \\ 0&0&0&0&0&1 \end{bmatrix}
\begin{bmatrix} 0&0&1&0&0&\bullet \\ 0&0&0&1&0&\bullet \\ 0&0&0&0&1&\bullet \end{bmatrix}
\begin{bmatrix} 0&0&1&0&\bullet&0 \\ 0&0&0&1&\bullet&0 \\ 0&0&0&0&0&1 \end{bmatrix}
\begin{bmatrix} 0&0&1&\bullet&0&0 \\ 0&0&0&0&1&0 \\ 0&0&0&0&0&1 \end{bmatrix}
\begin{bmatrix} 0&0&0&1&0&0 \\ 0&0&0&0&1&0 \\ 0&0&0&0&0&1 \end{bmatrix}
$$

図 24.1

実際，第 i 行に任意の値で埋められる $n-(k-i)-c_i$ 個の成分（ドット）があるので，合計

$$\ell = (n-k+1-c_1) + \cdots + (n-1-c_{k-1}) + (n-c_k)$$

個のドットがある．そして，そのような q^ℓ 個の行列からなるクラスの数は，自然数 ℓ の $n-k$ 以下の整数による k 個以下の整数への分割にほかならない．

よって a_ℓ を，ℓ の分割でそのフェラーズ図形が大きさ $k\times(n-k)$ のボックスに入るものの数とすると，任意の素数冪 q に対して，$\begin{bmatrix} n \\ k \end{bmatrix}_q$ と $\sum_{\ell=0}^{k(n-k)} a_\ell q^\ell$ が一致し，したがって，これらは多項式として一致することが示された．□

定理 24.2 で $q=1$ とすると，$k\times(n-k)$ のボックスに入るフェラーズ図形の総数が $\binom{n}{k}$ となることが，系として得られる．

問題 24A　このことを直接示せ．

次に，ガウス数についての漸化式 (24.1) を導出しよう．この漸化式からも，$\begin{bmatrix} n \\ k \end{bmatrix}_q$ が q の多項式であることを確認できる（n についての帰納法による）．$V_n(q)$ の超平面，つまり $(n-1)$-部分空間 H をとる．$V_n(q)$ の k-部分空間のうち，H に含まれるものは $\begin{bmatrix} n-1 \\ k \end{bmatrix}_q$ 個あり，それ以外のものは，H と $(k-1)$-部分空間で交わる．H の $\begin{bmatrix} n-1 \\ k-1 \end{bmatrix}_q$ 個の各 $(k-1)$-部分空間は

$$\begin{bmatrix} n-k+1 \\ 1 \end{bmatrix}_q = \frac{q^{n-k+1}-1}{q-1}$$

個の V の k 部分空間に含まれる．そのうち，

$$\begin{bmatrix} n-k \\ 1 \end{bmatrix}_q = \frac{q^{n-k}-1}{q-1}$$

個は H に含まれ，残りの q^{n-k} 個は，H に含まれない．したがって，

$$\begin{bmatrix} n \\ k \end{bmatrix}_q = \begin{bmatrix} n-1 \\ k \end{bmatrix}_q + q^{n-k}\begin{bmatrix} n-1 \\ k-1 \end{bmatrix}_q. \tag{24.1}$$

問題 24B　次の恒等式が成り立つように指数 e_i を決定せよ.（e_i は m, n, k および i の関数である.）

$$\begin{bmatrix} n+m \\ k \end{bmatrix}_q = \sum_{i=0}^{k} q^{e_i} \begin{bmatrix} n \\ i \end{bmatrix}_q \begin{bmatrix} m \\ k-i \end{bmatrix}_q$$

（この問題を解くには，行簡約階段形を用いるか，あるいは漸化式 (24.1) を用いるとよい.）

問題 24B の恒等式は，二項係数についての

$$\binom{n+m}{k} = \sum_{i=0}^{k} \binom{n}{i}\binom{m}{k-i}$$

の q-類似である．包除原理の q-類似は次章で論じる（定理 25.2 参照）．単純 t-デザインの q-類似とは何であろうか？ これは，$V_v(q)$ の k-部分空間の集合 $\mathcal{B}$ で，各 t-部分空間がちょうど λ 個の $\mathcal{B}$ の要素に含まれるものである．そのような自明でない 'q-$S_\lambda(t,k,v)$' の例は，$t \geq 2$ では 1986 年に S. Thomas が

$$q = 2,\ \lambda = 7,\ t = 2,\ k = 3,\ v \equiv \pm 1 \pmod 6$$

の例を与えるまで知られていなかった.

ベクトル空間における $t = \lambda = 1$ のデザインは自明に得られるものではない．一方，集合の場合には，$S(1,k,v)$ は v 元集合の k 元部分集合への分割が求めるデザインである．ただし，このデザインの存在は k が v を割り切るときに限る.

定理 24.3　$V_v(q)$ の k-部分空間の集合族で，任意の 1-部分空間がその集合族のちょうど一つの k-部分空間に含まれるような集合族が存在するのは k が v を割り切るときに限る．そのような集合族を k-部分空間の**スプレッド** (spread) とよぶ.

証明　定理の主張を言い換えれば，われわれは，k-部分空間の集合族で，そのどの二つも 0-部分空間で交わり，集合族の k-部分空間の和集合が v-次元

ベクトル空間を覆うような集合族を考えたい．

このような集合族が存在するなら，すべての非零ベクトルの数が k-部分空間の非零ベクトルの数で割り切れなければならない．すなわち，集合族の k-部分空間の数は，$(q^v-1)/(q^k-1)$ であり，これが整数であるのは，k が v で割り切れるときに限る．

m を整数とし，$v=km$ とする．$\mathbb{F}_q$ 上の v 次元ベクトル空間として，$\mathbb{F}_{q^k}$ 上の V の m 次元ベクトル空間 V を考えてもよい．$\mathcal{B}$ を $\mathbb{F}_{q^k}$ 上のベクトル空間 V のすべての 1-部分空間からなる族とする．（このとき，$\mathcal{B}$ は $q^{k(m-1)}+q^{k(m-2)}+\cdots+q^k+1$ 個の 1-部分空間を含み，各 1-部分空間は q^k 個のベクトルを含む.）いま，V を $\mathbb{F}_{q^k}$ の部分体 $\mathbb{F}_q$ 上のベクトル空間と考えると，$\mathcal{B}$ の要素は $\mathbb{F}_q$ 上の k 次元部分空間で，これが求める k-部分空間への分割となっている． □

問題 24C $\mathcal{B}$ を $V_v(q)$ の k-部分空間のスプレッドとする．$\mathcal{A}$ を $\mathcal{B}$ のすべての部分空間のすべての剰余類の集合とする．$\mathcal{A}$ は点集合 $V_v(q)$ 上の $S(2,q^k,q^v)$ のブロック集合であることを示せ．（$v=2k$ のときは q^k 次のアフィン平面が得られるのでとくに興味深い．スプレッドから生成される平面を**平行類平面** (translation plane) という.）

問題 24D

$$\sum_{k=0}^{n}(q^n-1)\cdots(q^{n-k+1}-1)q^{\binom{k}{2}}\begin{bmatrix} n \\ k \end{bmatrix}_q = q^{n^2}$$

を証明せよ．

Erdős–Ko–Rado の定理（定理 6.4）は同値な 2 通りの形に表現できる．すなわち，m の上限を $\binom{n-1}{k-1}$ と書くことも $\frac{k}{n}\cdot\binom{n}{k}$ と書くこともできる．ここに，$\binom{n}{k}$ は n 元集合の k 元部分集合の数である．

さて，この q-類似を考えよう．$\mathbb{F}_q$ 上の n 次ベクトル空間 $V_n(q)$ の m 個の異なる k-部分空間の族 $\mathcal{A}=\{A_1,A_2,\ldots,A_m\}$ は，$\mathcal{A}$ のどの二つの A_i も次元が 1 以上の部分空間で交わるとする．このとき，$k\le\frac{1}{2}n$ とすると，

$$m \leq \begin{bmatrix} n-1 \\ k-1 \end{bmatrix}_q \quad \text{または} \quad m \leq \frac{k}{n} \cdot \begin{bmatrix} n \\ k \end{bmatrix}_q$$

が成り立つと予想される．この場合，これらの二つの上界式は異なる．前者は後者よりも強い上界である．前者の証明は W. N. Hsieh (1975) による．この上界は P. Frankl と R. M. Wilson (1986) によって改良された．後者の上界は次の問題にあるように，定理 6.4 の証明を一般化して証明できる．

問題 24E　上に述べた条件で考える．$V_n(q)$ のすべての順序基底の集合を B_n とし，$\pi = (\boldsymbol{x}_1, \boldsymbol{x}_2, \ldots, \boldsymbol{x}_n)$ は B_n を動くとする．基底 π を円周上に配置する．円周上の k 個の連続したベクトル $\boldsymbol{x}_i$ の列が A_j の基底であれば，$A_j \in \pi$ と表す．

(1)　任意に与えられた π に対して，$|\mathcal{A} \cap \pi| \leq k$ となることを示せ．

(2)　与えられた A_j に対して，$A_j \in \pi$ となる $\pi \in B_n$ の数を数えよ．

(3)

$$m \leq \frac{k}{n} \cdot \begin{bmatrix} n \\ k \end{bmatrix}_q$$

が成り立つことを示せ．

ノート

通常，$M(n, q)$ を $n^q_\bullet$ と表記すべきだとされている（'n q-torial' と発音する）．この表記を用いると，

$$\begin{bmatrix} n \\ k \end{bmatrix}_q = \frac{n^q_\bullet}{k^q_\bullet (n-k)^q_\bullet}$$

と表される．また，

$$\lim_{q \to 1} n^q_\bullet = n^1_\bullet \quad \text{（これは } n!\text{）}$$

である．この表記を誰が最初に提唱したかはわからない．

ラムゼーの定理の q-類似は 1972 年に R. L. Graham, K. Leeb, B. L. Rothschild によって得られるまで長く未解決であった.

ガウス (Carl Friedrich Gauss, 1777–1855) は，おそらく歴史上最も偉大な数学者（科学者）であった．彼は整数論への非常に重要な貢献をし，現在，ガウス多項式あるいはガウス数とよばれる式の性質を研究した最初の人物であった.

参考文献

[1] P. Frankl and R. M. Wilson (1986), The Erdős–Ko–Rado theorem for vector spaces, *J. Combinatorial Theory* (A) **43**, 228—236.

[2] R. L. Graham, K. Leeb, B. L. Rothschild (1972), Ramsey's theorem for a class of categories, *Adv. Math.* **8**, 417–433.

[3] R. L. Graham, B. L. Rothschild, J. Spencer (1980), *Ramsey Theory*, Wiley.

[4] W. N. Hsieh (1975), Intersection theorems for systems of finite vector spaces, *Discrete Math.* **12**, 1–16. Prentice Hall.

[5] S. Thomas (1986), Designs over finite fields, *Geometriae Dedicata* **24**, 237–242.

第25章　束とメビウスの反転公式

半順序集合上でのメビウスの反転公式は組合せ論の基本的な技法の一つである．メビウスの反転公式は，包除原理（包含排除の原理ともいう）や第10章で議論した整数論における古典的なメビウス関数の一般化と見なせる．

P を有限半順序集合とする．行列 α の行と列が P の元に対応付けられているとする．すなわち，α を $P \times P$ から有理数あるいは複素数への写像と見なす．P において，$x \leq y$ でなければ $\alpha(x, y) = 0$ であるすべての行列 α の集合を**結合代数** (incidence algebra) $\mathbb{A}(P)$ とよぶ．行列の積の定義より，

$$(\alpha\beta)(x, y) = \sum_{z \in P} \alpha(x, z)\beta(z, y)$$

である．α, $\beta \in \mathbb{A}(P)$ であれば，上の和は，z を区間 $[x, y]$ すなわち $\{x \leq z \leq y\}$ の中だけ動かせばよい．$\mathbb{A}(P)$ が和，スカラー倍および積に関して閉じていることは容易にわかる．

以下の理論で

$$\zeta(x, y) = \begin{cases} 1 & P \text{ 上で } x \leq y \text{ のとき，} \\ 0 & \text{そうでないとき} \end{cases}$$

は P の**ゼータ関数**とよばれ，重要な役割を果たす．ζ は逆元 μ をもつが，μ は P の**メビウス関数**とよばれ，整数行列であり，$\mathbb{A}(P)$ の要素である．

このことを見るのはやさしい．$\mu\zeta = I$（I は単位行列）であるから，

$$\sum_{x \leq z \leq y} \mu(x,z) = \begin{cases} 1 & x = y \text{ のとき,} \\ 0 & \text{そうでないとき} \end{cases} \tag{25.1}$$

でなければならない．このことは，μ を $\mu(x,x) := 1$ とし，$x \not\leq y$ のときは，$\mu(x,y) := 0$ と定義し，P 上で $x < y$ のとき

$$\mu(x,y) := -\sum_{x \leq z \leq y} \mu(x,z) \tag{25.2}$$

と再帰的に定義することにより確認できる．たとえば $P = \{1,2,3,4,6,12\}$ のとき，すなわち，P が整数 12 の（正の）約数のなす束であるとき，

$$\zeta = \begin{pmatrix} 1 & 1 & 1 & 1 & 1 & 1 \\ 0 & 1 & 0 & 1 & 1 & 1 \\ 0 & 0 & 1 & 0 & 1 & 1 \\ 0 & 0 & 0 & 1 & 0 & 1 \\ 0 & 0 & 0 & 0 & 1 & 1 \\ 0 & 0 & 0 & 0 & 0 & 1 \end{pmatrix}, \quad \mu = \begin{pmatrix} 1 & -1 & -1 & 0 & 1 & 0 \\ 0 & 1 & 0 & -1 & -1 & 1 \\ 0 & 0 & 1 & 0 & -1 & 0 \\ 0 & 0 & 0 & 1 & 0 & -1 \\ 0 & 0 & 0 & 0 & 1 & -1 \\ 0 & 0 & 0 & 0 & 0 & 1 \end{pmatrix}$$

となる．

μ の最初の行は次のように求められる．

$$\begin{aligned} \mu(1,1) &= +1, \\ \mu(1,2) &= -\mu(1,1) = -1, \\ \mu(1,3) &= -\mu(1,1) = -1, \\ \mu(1,4) &= -\mu(1,1) - \mu(1,2) = 0, \\ \mu(1,6) &= -\mu(1,1) - \mu(1,2) - \mu(1,3) = +1, \\ \mu(1,12) &= -\mu(1,1) - \mu(1,2) - \mu(1,3) - \mu(1,4) - \mu(1,6) = 0 \end{aligned}$$

また，関係式 $\zeta\mu = I$ から，上とは少し異なる式も得られる．

$$\sum_{x \leq z \leq y} \mu(z,y) = \begin{cases} 1 & x = y \text{ のとき,} \\ 0 & \text{そうでないとき} \end{cases} \tag{25.3}$$

ζ の可逆性について，下記のように，より複雑な見方もある．まず，任意

の有限半順序集合は，全順序化することができる．すなわち，P の要素に $P=\{x_1,x_2,\ldots,x_n\}$ と添え字をつけ，$x_i \leq x_j$ であれば $i \leq j$ であるようにすることができる．（証明：x が P の極大元であれば，$P \setminus \{x\}$ を再帰的に番号付けをし，x を末尾に並べればよい．）このように，添え字をつけて並べることにより，$\mathbb{A}(P)$ の各行列は上三角になる．ζ 関数は，対角要素が 1 であるから，行列式は 1 であり，クラメルの公式より，逆行列の各要素は整数であることがわかる．任意の行列（あるいは有限次元可換代数の任意の要素）はその行列（あるいは要素）の多項式で書けるから，$\zeta^{-1}=\mu$ は $\mathbb{A}(P)$ に属する．

式 (25.2) より，$x \lessdot y$ のとき，$\mu(x,y)=-1$ であることがわかる．また，区間 $[x,y]$ が $x \lessdot z_i \lessdot y$（$z_1$, …, z_k は比較できない）であるような k 個の鎖からなるならば，$\mu(x,y)=k-1$ であることもわかる．

次の定理で，代表的な半順序集合の場合について，メビウス関数の値を挙げておく．定理 25.1 の証明の前に，メビウスの反転公式に言及しておきたいので，証明はこの章の最後に与えることにする．読者は，頑張れば定理 25.1 のいくつかの場合を漸化式 (25.2) と帰納法を用いて証明することができるであろう．しかし，われわれは定理 25.3（Weisner の定理）を導出するまでこの証明を待つことにしよう．ただし，(5) についての証明はしない．（章末のノートを参照されたい．）

定理 25.1 (1) ある n 元集合 X のすべての部分集合がなす束の場合，

$$\mu(A,B)=\begin{cases}(-1)^{|B|-|A|} & A \subseteq B \text{ のとき，}\\ 0 & \text{そうでないとき}\end{cases}$$

(2) 整数 n のすべての（正の）約数がなす束の場合，

$$\mu(a,b)=\begin{cases}(-1)^{r} & \frac{b}{a} \text{ が異なる } r \text{ 個の素数の積のとき，}\\ 0 & \text{そうでないとき，すなわち } a \nmid b \text{ であるか，} \frac{b}{a} \text{ が平方因子をもたないとき}\end{cases}$$

（これは，$\mu(a,b)=\mu(\frac{b}{a})$ と書くこともできる．ただし，右辺の μ は式 (10.8) で定義された 1 変数の古典的なメビウス関数である．）

(3) q 個の要素をもつ有限体 $\mathbb{F}_q$ 上の有限次元ベクトル空間の部分空間がなす束の場合，

$$\mu(U,W)=\begin{cases}(-1)^k q^{\binom{k}{2}} & U\subseteq W \text{ で，} \dim(W)-\dim(U)=k \text{ のとき，}\\ 0 & U\not\subseteq W \text{ のとき}\end{cases}$$

(4) n 元集合 X のすべての分割がなす束 Π_n のとき，$\mathcal{A}\preceq\mathcal{B}$ なる Π_n の要素 $\mathcal{A}$ と $\mathcal{B}$ について，

$$\mu(\mathcal{A},\mathcal{B})=(-1)^{|\mathcal{A}|-|\mathcal{B}|}\prod_{B\in\mathcal{B}}(n_B-1)!$$

である．ただし，n_B は $\mathcal{B}$ のあるブロック B に含まれる $\mathcal{A}$ のブロックの数である．

(5) 凸多面体の面がなす束の場合，

$$\mu(A,B)=\begin{cases}(-1)^{\dim(B)-\dim(A)} & A\subseteq B \text{ のとき，}\\ 0 & \text{そうでないとき}\end{cases}$$

さて，ここで，**メビウス反転**の原理について述べよう．P を有限半順序集合とし，μ をそのメビウス関数とする．f, g, h を任意の $x\in P$ に対して，

$$g(x)=\sum_{a:a\leq x}f(a) \quad \text{かつ} \quad h(x)=\sum_{b:b\geq x}f(b)$$

を満たす P から $\mathbb{R}$（あるいは任意の加法群）への写像とする．このとき，任意の $x\in P$ に対して，

$$f(x)=\sum_{a:a\leq x}\mu(a,x)g(a) \tag{25.4}$$

および

$$f(x)=\sum_{b:b\geq x}\mu(x,b)h(b) \tag{25.5}$$

である．このことは，直接代入することにより容易に示すことができる．たとえば，式 (25.4) の右辺は，

$$\sum_{a:a\leq x}\mu(a,x)\left(\sum_{b:b\leq a}f(b)\right)=\sum_{b:b\leq x}f(b)\left(\sum_{a:b\leq a\leq x}\mu(a,x)\right)$$

であるが，右辺の内側の和は式 (25.3) より，$b=x$ でないときは 0 である．したがって，項 $f(x)$ だけが残る．行列表現で言い換えれば，（f, g, h を行（あるいは列）ベクトルと見なし，P の要素で座標付けすると，）g と h の関係は，$g=\zeta f$ すなわち $f=\mu g$，および，$h=f\zeta$ すなわち $f=h\mu$ と同値である．

メビウス反転の原理を集合 X の部分集合のなす束に適用すると，包除原理を得る．$(A_i \mid i\in I)$ をある有限集合 X の有限個の部分集合の族とする．$J\subseteq I$ に対して，$f(J)$ を $j\in J$ なる A_j のみに属して，他の A_i には属さない要素の数とする．（それらの集合のベン図における一つの領域のサイズを考えよ．）$g(J)$ を $\bigcap_{j\in J}A_j$ の要素数とする．このとき $g(J)=\sum_{K:J\subset K}f(K)$ であるから，メビウス反転により

$$f(J)=\sum_{K:J\subseteq K}(-1)^{|K\setminus J|}g(K)$$

が得られる．$J=\emptyset$ の場合には，上の式は

$$\left|X-\bigcup_{i\in I}A_i\right|=\sum_{K\subseteq I}(-1)^{|K|}\left|\bigcap_{j\in K}A_j\right|$$

となり，ここに包除原理が隠れていることがわかる．

メビウス反転の原理を整数 n の（正の）約数のなす束に適用すると，古典的な整数論的メビウス反転が得られる．f と g が，すべての n の約数 m について

$$g(m)=\sum_{k|m}f(k)$$

を満たすならば，すべての n の約数 m について

$$f(m)=\sum_{k|m}\mu(k,m)g(k)$$

が成り立つ．そして，この式は，定理 25.2 (2) のように考えることにより，定理 10.4 に一致する．

ここで，例 10.2 の q-類似を与えよう．例 10.2 では，n 元集合から m 元集合上への全射の数が $\sum_{k=0}^{m}(-1)^{m-k}\binom{m}{k}k^n$ となることを見るために，包除原理を用いた．

定理 25.2　$\mathbb{F}_q$ 上の n 次元ベクトル空間から m 次元ベクトル空間の上への全射である線形写像の数は，

$$\sum_{k=0}^{m}(-1)^{m-k}\begin{bmatrix} m \\ k \end{bmatrix}_q q^{nk+\binom{m-k}{2}}$$

である．

証明　部分空間 $U \subseteq V$ に対して，$f(u)$ をその像が U である線形写像の数とし，$g(U)$ をその像が U に含まれる線形写像の数とすると，明らかに

$$g(U) = \sum_{W:W\subseteq U} f(W)$$

であり，$\dim U = r$ のとき $g(U) = q^{nr}$ である．V の部分空間がなす束に関するメビウス反転を考えると，

$$f(U) = \sum_{W:W\subseteq U} \mu(W,U)q^{n\dim(W)}$$

である．ここで $U = V$ とし，定理 25.1 (3) を用いると，定理の主張が得られる．　□

系　体 $\mathbb{F}_q$ 上でランク r の $n \times m$ 行列の数は，

$$\begin{bmatrix} m \\ r \end{bmatrix}_q \sum_{k=0}^{r}(-1)^{r-k}\begin{bmatrix} r \\ k \end{bmatrix}_q q^{nk+\binom{r-k}{2}}$$

である．

単射である線形写像の数は比較的簡単に求まる．n 次元ベクトル空間の基底を固定し，m 次元ベクトル空間への単射を考えると，i 番目の基底ベクトルの像は $(q^m - q^{i-1})$ 通りある．これは，それまでの基底ベクトルが張る空

間の外のベクトルの数である．結局，全部で $(q^m-1)(q^m-q)\cdots(q^m-q^{n-1})$ 通りの単射である線形写像が得られる．定理 25.2 において $m=n$ とすると，これと同じ値が得られるはずであり，したがって恒等式が一つ得られる．

問題 25A (1) $\mathbb{F}_q$ 上の n 次元ベクトル空間のある r 次元部分空間と自明に交わる[1] k 次元部分空間の数をメビウス反転を用いて求めよ．この結果は，式 (10.5) の q-類似な式となるはずである．(2) $r+k=n$ が成り立つ特別な場合に，別の観点から $\mathbb{F}_q$ 上で $(I\,M)$ なる形の $r\times n$ 行列を考えて，そのような部分空間が q^{rk} 個あることを示せ．ただし，I は r 次の単位行列である．

問題 25B $\mathbb{F}_q$ 上の n 次元ベクトル空間上の正則な線形変換で $\mathbf{0}$ 以外のどのベクトルも固定しない（すなわち，1 を固有値にもたない）変換の数をメビウス反転を用いて示せ．（この変換は，加法群の orthomorphism である．定理 22.9 の後の注を参照.）

* * *

定理 25.1 で言及した半順序集合はすべて束であった．次の有用な定理が L. Weisner (1935) によって得られている．

定理 25.3 μ を有限な束 L のメビウス関数とし，$a>0_L$ なる $a\in L$ をとる．このとき，

$$\sum_{x:x\vee a=1_L}\mu(0_L,x)=0$$

が成り立つ．

証明 a を固定し，

$$S:=\sum_{x,y\in L}\mu(0,x)\zeta(x,y)\zeta(a,y)\mu(y,1)=\sum_{x\in L}\sum_{\substack{y\geq x\\ y\geq a}}\mu(0,x)\mu(y,1)$$

[1] ［訳注］一方の部分空間が他方に含まれるとき，自明に交わるという．

を考えよう．まず，

$$S = \sum_{x} \mu(0,x) \sum_{\substack{y \geq x \\ y \geq a}} \mu(y,1)$$

であるが，$y \geq a$ かつ $y \geq x$ が成り立つのは $y \geq x \vee a$ のときに限る．そして，内側の和は，

$$\sum_{y \geq x \vee a} \mu(y,1) = \begin{cases} 1 & x \vee a = 1 \text{ のとき}, \\ 0 & x \vee a < 1 \text{ のとき} \end{cases}$$

となる．したがって，S は定理の主張の和と一致する．一方，

$$S = \sum_{y \geq a} \mu(y,1) \sum_{0 \leq x \leq y} \mu(0,x)$$

であり，$y > 0$ であるから，内側の和は常に 0 である．　□

系　幾何束 L の $x \leq y$ であるような要素 x, y について，$\mu(x,y)$ は符号 $(-1)^{\mathrm{rank}(y)-\mathrm{rank}(x)}$ をもち，それは常に非零である．

証明　L のランクに関する帰納法で $\mu(0_L, 1_L) = (-1)^{\mathrm{rank}(L)}$ であることを示そう．一つの要素 $p \in L$ をとる．半モジュラー律より，$a \vee p = 1_L$ であることは，$a = 1_L$ または p の上にない補点であるかのいずれかであることと同値である．したがって，Weisner の定理（定理 25.3）により，

$$\mu(0_L, 1_L) = - \sum_{h: h \lessdot 1_L, h \not\geq p} \mu(0_L, h) \tag{25.6}$$

となる．帰納法の仮定により，右辺の各項の符号は $(-1)^{\mathrm{rank}(L)-1}$ であるから，主張が証明された．　□

グラフ G の x 色での彩色の数 $\chi_G(x)$ は（現実的に計算できる方法ではないかもしれないが），形式的には第 23 章で導入された束 $L(G)$ 上でのメビウス反転により得られる．$L(G)$ の要素は G の頂点集合の，各ブロックによって誘導されるグラフが連結であるような分割 $\mathcal{A}$ に対応している．$L(G)$ の要素 $\mathcal{A}$ に対して，$g(\mathcal{A})$ を $\mathcal{A}$ の各ブロック内の頂点が同じ色で塗られるような頂点集合 G から x 色の集合への写像の数とする．明らかに，$g(\mathcal{A}) = x^{|\mathcal{A}|}$

である．$f(\mathcal{A})$ を同じブロックの頂点上では同じ色であり，$\mathcal{A}$ の異なるブロックを結ぶ辺の両端点では異なる色となるような写像の数とする．少し考えるとわかるが，$g(\mathcal{A})$ で数えられる各彩色は，$\mathcal{A}$ のより粗いある分割 $\mathcal{B}$ に対する $f(\mathcal{B})$ の彩色の一つとして数えられていることがわかる．($\mathcal{B}$ は $\mathcal{A}$ の異なるブロックが同じ色で彩色されていれば一つのブロックにまとめることにより得られる分割である．）したがって，$g(\mathcal{A}) = \sum_{\mathcal{B} \succeq \mathcal{A}} f(\mathcal{B})$ である．よって，メビウス反転より，

$$f(\mathcal{A}) = \sum_{\mathcal{B} \succeq \mathcal{A}} \mu(\mathcal{A}, \mathcal{B}) g(\mathcal{B})$$

となる．彩色の数は $0_{L(G)}$（1 点集合への分割) での f の値であるから，

$$\chi_G(x) = \sum_{\mathcal{B}} \mu(0_{L(G)}, \mathcal{B}) x^{|\mathcal{B}|} = \sum_{k=1}^{n} \left(\sum_{|\mathcal{B}|=k} \mu(0_{L(G)}, \mathcal{B}) \right) x^k$$

が得られる．多項式 $\chi_G(x)$ はグラフの**彩色多項式** (chromatic polynomial) とよばれる．上に述べた系からただちに次の定理が得られる．

定理 25.4　n 頂点のグラフ G の x 色での彩色の数は，係数の符号が交互に代わる n 次のモニック多項式 $\chi_G(x)$ で与えられる．

問題 25C　G を n 頂点と m 辺をもつ単純グラフとする．$\chi_G(x)$ の x^{n-1} の係数は $-m$ であること，および x^{n-2} の係数は $m(m-1)/2$ から G の三角形の数を引いた値であることを示せ．

T. Dowling, R. M. Wilson (1975) は次の定理とその系を証明した．この系は定理 19.1 の線形幾何に関する不等式の一般化である．

定理 25.5　L は，任意の $x \in L$ に対して $\mu(x, 1_L) \neq 0$ を満たす有限な束であるとする．このとき，任意の $x \in L$ について，$x \vee \pi(x) = 1_L$ となる L の要素の置換 π が存在する．

証明　証明を始める前に，二つ以上の要素をもつ鎖は上の定理の仮定を満たさない束の例であることを注意しておこう．この場合には，もちろん，定理の性質を満たす置換 π は存在しない．一方，n 元集合のすべての部分集合

がなす束は，定理の性質を満たす置換をただ一つもつ．それは，各部分集合をその補集合に入れ替える置換である．

ここで考える行列の各行と列に，L の要素を対応させる．まず

$$\eta(x,y) := \begin{cases} 1 & x \vee y = 1_L \text{ のとき,} \\ 0 & \text{そうでないとき} \end{cases}$$

とし，δ_1 は $\delta_1(x,x) := \mu(x,1_L)$ である対角行列とすると，$\zeta\delta_1\zeta^{\mathrm{T}} = \eta$ である．なぜならば，

$$\begin{aligned} \zeta\delta_1\zeta^{\mathrm{T}}(x,y) &= \sum_{a,b} \zeta(x,a)\delta_1(a,b)\zeta(y,b) \\ &= \sum_{a:a\geq x, a\geq y} \delta_1(a,a) \\ &= \sum_{a:a\geq x\vee y} \mu(a,1_L) \end{aligned}$$

であり，式 (25.1) より，最後の和は $x \vee y = 1_L$ であれば 1，そうでなければ 0 である．

$\mu(x,1_L) \neq 0$ という仮定より δ_1 は正則である．ζ も正則であるから η も正則である．したがって，η の行列式の項の中に零にならない項があり，ゆえに，その項に対応する置換が定理の主張を与える．□

系　ランク n の有限幾何束において，ランクが $n-k$ 以上の要素の数は，少なくともランクが k 以下の要素の数以上である．ただし，$0 \leq k \leq n$ とする．

証明　定理 25.3 の系により，定理 25.5 を用いることができ，その置換を π とする．半モジュラー律より，

$$\mathrm{rank}(x) + \mathrm{rank}(\pi(x)) \geq \mathrm{rank}(x \vee \pi(x)) + \mathrm{rank}(x \wedge \pi(x)) \geq n$$

であり，これは，ランクが k 以下の要素は置換により，その像がランクが $n-k$ 以上の要素に対応することを意味する．□

ここで，「**相補置換**」に関する T. Dowling (1977) の定理に関する行列を

用いた証明法を紹介しよう．

定理 25.6 L を任意の $x \in L$ に対して，$\mu(x, 1_L) \neq 0$ かつ $\mu(0_L, x) \neq 0$ を満たす有限な束とする．このとき，任意の $x \in L$ に対して，

$$x \vee \pi(x) = 1_L \quad \text{かつ} \quad x \wedge \pi(x) = 0_L$$

を満たす L の要素の置換 π が存在する．

証明 δ_1 を前の定理と同様に定義し，δ_0 を $\delta_0(x, x) := \mu(0_L, x)$ なる対角行列とする．ここで $\kappa := \zeta\delta_1\zeta^{\mathrm{T}}\delta_0\zeta$ とすると，仮定より κ は正則である．さて，x, y が互いに補元でないとき，$\kappa(x, y) = 0$ である．このとき，κ の行列式の非零である項に対応する置換は**相補置換** (complementing permutations) である．以下，この主張を確認する．まず $\kappa = \eta\delta_0\zeta$ であり，したがって

$$\kappa(x, y) = \sum_{z : z \vee x = 1_L, z \leq y} \mu(0_L, z)$$

である．この和が零でないとすると，$z \vee x = 1_L$ および $z \leq y$ を満たす z が存在し，したがって $x \vee y = 1_L$ である．ここで

$$\eta'(x, y) := \begin{cases} 1 & x \wedge y = 0_L \text{ のとき，} \\ 0 & \text{そうでないとき} \end{cases}$$

とおくと，双対性より $\eta' = \zeta^{\mathrm{T}}\delta_0\zeta$ である．$\kappa = \zeta\delta_1\eta'$ に注意すると，同様に，$\kappa(x, y) \neq 0$ であれば $x \wedge y = 0_L$ である．よって，$\pi(x) = y$ とすればよい． □

さて，本章の最初に約束した通り，まだ証明をしていなかった定理の証明を与えよう．

定理 25.1 の証明

(1) 区間 $[A, B]$ がなす束は，部分集合 $B \setminus A$ がなす束と同型であるから，$\mu(\emptyset, C) = (-1)^{|C|}$ を示せばよい．式 (25.6) を用いて，$|C|$ に関する帰納法を用いる．p を C の点とし，p の上にない唯一の補点，すなわ

ち $\{p\}$ の補元を考える．このとき，

$$\mu(\emptyset, C) = -\mu(\emptyset, C \setminus \{p\}) = -(-1)^{|C|-1} = (-1)^{|C|}$$

である．

(2) この場合も，m に関する帰納法で $\mu(1, m)$ を求めればよい．p は m を割り切る素数とする．Weisner の定理より，

$$\mu(1, m) = -\sum_{\mathrm{lcm}(a,p)=m, a<m} \mu(0, a)$$

が得られる．いま，p^2 が m を割り切るとすると，右辺の和は空であり，したがって $\mu(1, m) = 0$ である．他方，p^2 が m を割り切らないとすると，右辺に現れるのは $a = m/p$ のときの一項のみである．

(3) k 次元の V について，$\mu(0, V) = (-1)^k q^{\binom{k}{2}}$ を示せばよい．k に関する帰納法で示す．P を V の 1 次元部分空間とする．Weisner の定理により，

$$\mu(0, V) = -\sum_{U: U \vee P = V, U \neq V} \mu(0, U)$$

である．帰納法の仮定より，上の和の各項 $\mu(0, U)$ は $(-1)^{k-1} q^{\binom{k-1}{2}}$ である．$U \vee P = V$ となる V 以外の部分空間 U は P を含まない $k-1$ 次元の U であり，そのような U の数は，

$$\begin{bmatrix} k \\ 1 \end{bmatrix}_q - \begin{bmatrix} k-1 \\ 1 \end{bmatrix}_q = q^{k-1}$$

である．これにより (3) が示される．

(4) $\mathcal{A} \succeq \mathcal{B}$ である二つの分割を考える．すなわち，$\mathcal{B}$ が k 個のブロックをもつとき，それらに 1 から k の番号をつけると，各ブロックは，$\mathcal{A}$ のそれぞれ，n_1，n_2，...，n_k 個のブロックの和集合である．このとき，$\mathcal{A} \succeq \mathcal{C} \succeq \mathcal{B}$ を満たす分割 $\mathcal{C}$ は $i = 1, 2, \ldots, k$ の各 i について $\mathcal{B}$ の i 番目のブロックに属する $\mathcal{A}$ の n_i 個のブロックを要素とする集合の分割であるから，区間 $[\mathcal{A}, \mathcal{B}]$ は分割束の直積

$$\Pi_{n_1} \times \Pi_{n_2} \times \cdots \times \Pi_{n_k}$$

と同型である．

ここで，二つの半順序集合 P, Q の直積 $P \times Q$ に対するメビウス関数 $\mu_{P\times Q}$ は P と Q に関するメビウス関数 μ_P と μ_Q の積となる，すなわち，

$$\mu_{P\times Q}((a_1, b_1), (a_2, b_2)) = \mu_P(a_1, a_2)\mu_Q(b_1, b_2)$$

である．（この証明は読者に任せるが，$\mu_{P\times Q}$ を上のように定義すると，その逆関数 $\zeta_{P\times Q}$ ができることに注意しよう．）したがって，$\mu(\mathcal{A}, \mathcal{B})$ は $\mu(0_{\Pi_{n_i}}, 1_{\Pi_{n_i}})$ $(i = 1, 2, \ldots, k)$ の積である．

さて，n に関する帰納法を用いて，$\mu(0_{\Pi_n}, 1_{\Pi_n}) = (-1)^{n-1}(n-1)!$ を示そう．$\mathcal{P}$ を Π_n の点とする．すなわち，$\mathcal{P}$ は n 元集合の一つの 2 元集合 $\{x, y\}$ と $n-2$ 個の 1 点集合への分割である．$\mathcal{P} \vee \mathcal{A} = 1_{\Pi_n}$ を満たす分割 $\mathcal{A}$ は x と y を別のブロックに含む二つのブロックへの分割であり，このような分割は 2^{n-2} 通りある．そのうち，x を含むブロックのサイズが $i+1$ で，y を含むブロックのサイズが $n-1-i$ である分割は $\binom{n-2}{i}$ 通りである．式 (25.6) と帰納法の仮定より，

$$\begin{aligned}\mu(0_{\Pi_n}, 1_{\Pi_n}) &= -\sum_{i=0}^{n-2}\binom{n-2}{i}(-1)^i(i)!(-1)^{n-2-i}(n-2-i)! \\ &= (-1)^{n-1}(n-1)!\end{aligned}$$

である．

□

問題 25D Weisner の定理の双対を考える．定理 25.3 を双対束に適用すると，任意の $a \in L$, $a < 1_L$ に対して，

$$\sum_{x:x\wedge a=0_L} \mu(x, 1_L) = 0$$

が成り立つ．分割束において，a をサイズが $n-1$ の一つのブロックとサイズが 1 の一つのブロックからなる分割とする．これに上の式を適用して

$\mu(0_{\Pi_n}, 1_{\Pi_n}) = (-1)^{n-1}(n-1)!$ の別証明を与えよ．

ここで，n 頂点の連結なラベル付き単純グラフの数を表現する式を分割束上でメビウス反転を用いて示そう．X を n 元集合とする．頂点集合 X 上の各グラフ G に対して，G の連結成分をブロックとする分割 $\mathcal{C}_G$ を対応させる．$V(G) = X$ で $\mathcal{C}_G = \mathcal{B}$ となる単純グラフ G の数を $g(\mathcal{B})$ とし，$V(G) = X$ で $\mathcal{C}_G$ が $\mathcal{B}$ の細分 (refinement) である単純グラフ G の数を $f(\mathcal{B})$ とする．明らかに

$$f(\mathcal{B}) = \sum_{\mathcal{A} \preceq \mathcal{B}} g(\mathcal{A})$$

である．われわれの興味は $g(1_{\Pi_n})$ にある．ここで，1_{Π_n} は一つのブロックからなる分割であり，$f(\mathcal{B})$ は容易に求まる．$\mathcal{B}$ の各ブロック上の単純グラフを任意に選んで $f(\mathcal{B})$ を数えよう．いま，$\mathcal{B}$ がサイズ i のブロックを k_i 個もつとすると，

$$f(\mathcal{B}) = 2^{k_2\binom{2}{2}} 2^{k_3\binom{3}{2}} \cdots 2^{k_n\binom{n}{2}}$$

となる．よって，メビウス反転により，

$$g(\mathcal{B}) = \sum_{\mathcal{A} \preceq \mathcal{B}} \mu(\mathcal{A}, \mathcal{B}) f(\mathcal{A})$$

が得られる．とくに，$\mathcal{B} = 1_{\Pi_n}$ ととると，

$$g(1_{\Pi_n}) = \sum_{\mathcal{A}} \mu(\mathcal{A}, 1_{\Pi_n}) f(\mathcal{A}) \tag{25.7}$$

である．ここで，X のサイズ分布が $(k_1, k_2, \ldots, k_n)$ への分割は

$$\frac{n!}{(1!)^{k_1} k_1! (2!)^{k_2} k_2! \cdots (n!)^{k_n} k_n!}$$

である（式 (13.3) 参照）．よって，定理 25.1 (4) を用いて，n 頂点の連結なラベル付きグラフの数は

$$\sum (-1)^{k_1+k_2+\cdots+k_n-1} \frac{n!(k_1+\cdots+k_n-1)!}{(1!)^{k_1} k_1! (2!)^{k_2} k_2! \cdots (n!)^{k_n} k_n!} 2^{k_2\binom{2}{2}+k_3\binom{3}{2}+\cdots+k_n\binom{n}{2}}$$

である．ただし，和は，n のすべての分割のサイズ分布 $(k_1, k_2, \ldots, k_n)$ について，（すなわち，$1k_1+2k_2+\cdots+nk_n = n$ を満たすすべての $(k_1, k_2, \ldots,$

k_n) について）和をとる．

この評価式はもとの問題のきれいな解を与えているわけではない．実際，n が大きいとき，その和は $e^{\sqrt{n}}$ を超える和を計算しなければならない．しかし，この方法はメビウス反転の例であり，問題をかなり計算しやすくしていることも確かである．たとえば，$n=5$ のとき下記の表が得られる．

5 の分割	$\mathcal{A}$ の数	$f(\mathcal{A})$	$\mu(\mathcal{A}, 1_{\Pi_5})$
5	1	1024	1
41	5	64	−1
32	10	16	−1
311	10	8	2
221	15	4	2
2111	10	2	−6
11111	1	1	24

この表と式 (25.7) から，1024 個の単純ラベル付きグラフのうち，728 個が連結であることがわかる．

* * *

ここで，メビウス反転の符号理論への応用について言及しよう．例 20.3 の MDS 符号の定義を思い出そう．C をそのような符号とする．すなわち，C は $d=n-k+1$ の $[n,k,d]$-符号である．d 箇所の座標に注目して，この d 箇所以外は 0 である部分符号を考えると，この部分符号は，次元が $k-(n-d)=1$ 以上である．この部分符号の最小距離は d であるので，定理 20.2 により，その符号の次元はちょうど 1 でなければならない．$n \geq d' > d$ とし，d' 箇所の座標以外の座標で 0 である C の部分符号は $d'-d+1$ 次元の部分符号である．このことを下記の定理の証明で用いる．ここで，MDS 符号の重み母関数はそのパラメータだけで決まることを示そう．

定理 25.7 C を $\mathbb{F}_q$ 上で最小距離 $d=n-k+1$ の $[n,k]$-符号とすると，C の重み母関数は $1+\sum_{i=d}^{n} A_i z^i$ である．ただし，

$$A_i = \binom{n}{i}(q-1)\sum_{j=0}^{i-d}(-1)^j\binom{i-1}{j}q^{i-j-d} \quad (i = d, d+1, \ldots, n)$$

である.

証明 R を $N := \{0, 1, \ldots, n\}$ の部分集合とする. $f(R)$ を $\{i \mid c_i \neq 0\} = R$ となる符号語 $(c_0, c_1, \ldots, c_{n-1})$ の数とする. N の部分集合 S に対して, $g(S) := \sum_{R \subseteq S} f(R)$ と定義する. 上で述べたように,

$$g(S) = \begin{cases} 1 & |S| \leq d-1 \text{ のとき}, \\ q^{|S|-d+1} & n \geq |S| \geq d \text{ のとき} \end{cases}$$

である. f の定義より, $A_i = \sum_{R \subseteq N, |R|=i} f(R)$ であることがわかる. ここで, 定理 25.1 (1) の場合のメビウス反転を考えると,

$$\begin{aligned} A_i &= \sum_{R \subseteq N, |R|=i} \sum_{S \subseteq R} \mu(S, R) g(S) \\ &= \binom{n}{i}\left\{\sum_{j=0}^{d-1}\binom{i}{j}(-1)^{i-j} + \sum_{j=d}^{i}\binom{i}{j}(-1)^{i-j}q^{j-d+1}\right\} \\ &= \binom{n}{i}\sum_{j=d}^{i}\binom{i}{j}(-1)^{i-j}(q^{j-d+1}-1) \end{aligned}$$

であることがわかる. 最後に, j を $i-j$ で置き換えて, $\binom{i}{j} = \binom{i-1}{j-1} + \binom{i-1}{j}$ を用いると定理が得られる. □

定理 25.7 は MDS 符号のアルファベットの数に厳しい制限があることを意味している.

系 $\mathbb{F}_q$ 上で長さ n の k 次元 MDS 符号が存在するならば,

$$\begin{cases} (1) \quad q \geq n-k+1 \quad \text{または} \quad k \leq 1 \\ (2) \quad q \geq k+1 \quad \text{または} \quad d = n-k+1 \leq 2 \end{cases}$$

が成り立たなければならない.

証明 (1) $d = n-k+1$ とする. 定理 25.7 から, $d < n$ のとき

$$0 \leq A_{d+1} = \binom{n}{d+1}(q-1)(q-d)$$

であることより得られる.

(2) $G = (I_k\, P)$ を C の生成行列とする. C の最小距離は d であるから, パリティ検査行列 $H := (-P^{\mathrm{T}} I_{n-k})$ のどの $d-1 = n-k$ 列も線形独立である. したがって, H のどの正方部分行列も正則である. ゆえに $C^{\perp}$ のどの符号語も $n-k$ 個の 0 をもたない. すなわち, $C^{\perp}$ も MDS 符号であり, (1) の結果を $C^{\perp}$ に適用すればよい. □

問題 25E P を半順序集合とする. $x < y$ のとき, 列 $x = x_0 < x_1 < \cdots < x_k = y$ を x から y への長さ k の**鎖**というのであった. $c_k(x, y)$ をそのような鎖の数とする. ($c_1(x, y) = 1$ である.)

$$\mu(x, y) = \sum_{k \geq 1} (-1)^k c_k(x, y)$$

を示せ.

問題 25F ベクトル空間 $V := \mathbb{F}_q^n$ の部分空間がなす束を考える. S を $\mathbb{F}_q$ 上の別のベクトル空間とする. 部分空間 U に対して, 下記のように定義する.

$$f(U) := U \text{ を核とする } V \text{ から } S \text{ への線形写像の数}$$

$$g(U) := U \text{ を核に含む } V \text{ から } S \text{ への線形写像の数}$$

(1) $g(U)$ を求めて,

$$g(U) = \sum_{W : W \supseteq U} f(W)$$

にメビウス反転を施せ.

(2) 次の式を示せ.

$$f(\{\mathbf{0}\}) = \sum_{k=0}^{n} \begin{bmatrix} n \\ k \end{bmatrix}_q (-1)^k q^{\binom{k}{2}} |S|^{n-k}$$

(3) 次の恒等式を示せ.

$$\prod_{k=0}^{n-1}(x-q^k)=\sum_{k=0}^{n}(-1)^k\begin{bmatrix}n\\k\end{bmatrix}_q q^{\binom{k}{2}}x^{n-k}$$

ノート

グラフの彩色多項式を $L(G)$ のメビウス関数で表したのは G.-C. Rota (1964) である.

定理 25.1 (5) は本質的に, 下記のオイラーの多面体公式である.

$$f_0-f_1+f_2-f_3+\cdots+(-1)^n f_n=0$$

ただし, f_i はランク i (次元 $i-1$) の面の数であり, $f_0=f_n=1$ である (B. Grünbaum (1967) 参照). R. Stanley (1986) も参照されたい. 彼は, x と y のランクの差が d のときに $\mu(x,y)=(-1)^d$ となる半順序集合を**オイラー半順序集合**とよんでいる.

参考文献

[1] T. Dowling (1977), Über nicht-Desarguessche Ebenen mit transitiver TranslationgruppeA note on complementing permutations, *J. Combinatorial Theory* (B) **23**, 223–226.

[2] T. Dowling and R. M. Wilson (1975), Whitney number inequalities for geometric lattices, *Proc. Amer. Math. Soc.*, **47**, 504–512.

[3] B. Grünbaum (1967), *Convex Polytopes*, J. Wiley (Interscience).

[4] G. C. Rota (1964), On the foundations of combinatorial theory I. Theory of Möbius functions, *Z. Wahrscheinlichkeitstheorie* **2**, 340–368.

[5] R. P. Stanley (1986), *Enumerative Combinatorics*, Vol. 1, Wadsworth.

[6] L. Weisner (1935), Abstract theory of inversion of finite series, *Trans. Amer. Math. Soc.* **38**, 474–484.

第26章　組合せデザインと射影幾何

有限体上の幾何学には組合せデザインおよび組合せ的結合構造に関する話題が豊富に内在している．われわれは，一般的な射影空間における二次曲面などの構成を議論する前に射影平面に関する二つのトピック（弧と部分平面）から始める．

射影平面の m 点の集合で，そのどの $k+1$ 点も同一直線上にない点集合を $\boldsymbol{(m,k)}$**-弧**とよぶ．われわれは問題 19I ですでに $(m,2)$-弧について考えた．

A を位数 n の射影平面の (m,k)-弧とし，x を A の点とする．x を通る $n+1$ 本の各直線はどれも x 以外に A の点を高々 $k-1$ 個含む．よって

$$m \leq 1+(n+1)(k-1)$$

である．この式の等号が成立するとき，(m,k)-弧は**完全**であるという．完全 (m,k)-弧の点を一つでも含む直線は，その弧の点をちょうど k 点含む．つまり，任意の直線 L について

$$|L \cap A| = 0 \text{ または } k$$

である．明らかに，完全 (m,k)-弧と交差する直線の集合は，シュタイナーシステム $S(2,k,m)$ のブロック集合になっている．

1 点からなる点集合は完全 $(1,1)$-弧である．位数 n の射影平面において，ある直線上にない n^2 個の点の集合は，完全 (n^2,n)-弧であり，対応するシュタイナーシステムは位数 n のアフィン平面である．問題 19I の超卵形は

完全 $(q+2,2)$-弧である．対応するデザインは自明なデザインである．しかし，これらの弧に「双対な」弧に対応するシュタイナーシステムは興味深いものである（問題 26A を参照せよ）．

次の定理の (2) の偶数位数のデザルグ平面における完全 (m,k)-弧は R. H. F. Denniston (1969) によって得られた構成法である．位数 n が奇数の射影平面の完全 (m,k)-弧 $(1<k<n)$ の例は，まだ知られていない．

定理 26.1　(1)　位数 n の射影平面に完全 (m,k)-弧が存在するならば，k は n を割り切る．

(2)　q が 2 の冪乗で k が q を割り切るならば，$PG_2(q)$ 上の完全 (m,k)-弧が存在する．

証明　A を位数 n の射影平面の完全 (m,k)-弧とし，x を A に含まれない点とする．x を通る直線は残りの点の分割になっているが，x を通る各直線は A の点を 0 個または k 個含む．したがって k は $m=1+(n+1)(k-1)$ を割り切らなければならない．よって，k は n を割り切る．

いま，q が 2 の冪乗で，k が q を割り切るとする．$f(x,y)=\alpha x^2+\beta xy+\gamma y^2$ を $\mathbb{F}_q$ 上の任意の既約 2 次式とし，H を加法群 $\mathbb{F}_q$ の位数 k の任意の部分群とする．アフィン平面 $AG(2,q)$ 上で，

$$A:=\{(x,y)\mid f(x,y)\in H\}$$

とする．このとき，任意の（アフィン）直線は A と 0 か k 個の点で交わることに注意しよう．したがって，上のアフィン平面を $PG_2(q)$ に埋め込むと，A は完全 (m,k)-弧になる．

直線 $L=\{(x,y)\mid y=mx+b\}$（ただし，m と b は 0 でない）を考える．（$\{(x,y)\mid y=mx\}$ および $\{(x,y)\mid x=c\}$ の形の直線については読者に任せる．）

このとき，集合 $L\cap A$ は

$$\alpha x^2+\beta x(mx+b)+\gamma(mx+b)^2\in H$$

または

$$F(x) \in H, \quad ただし\ F(x) := (\alpha + \beta m + \gamma m^2)x^2 + \beta bx + \gamma b^2$$

を満たす点 $(x, mx + b)$ の集合である．

いま，標数 2 の体上で考えているため，写像

$$x \mapsto (\alpha + \beta m + \gamma m^2)x^2 + \beta bx$$

は線形写像であり，$f(x, y)$ の既約性により β と x^2 の係数がともに 0 でないため，この写像は要素数 2 の核をもつ．したがってこの写像の像 K_F は，加法群 $\mathbb{F}_q$ の位数 $q/2$ の部分群である．F の像は K_F の剰余類であるが，再び $f(x, y)$ の既約性より，$F(x)$ が 0 でないので F の像は補集合 $\mathbb{F}_q \setminus K_F$ である．ゆえに，

$$|\{x \mid F(x) = a\}| = \begin{cases} 2 & x \notin K_F のとき, \\ 0 & x \in K_F のとき \end{cases}$$

である．したがって $|L \cap A| = 2|H \cap (\mathbb{F}_q \setminus K_F)|$．これより，部分群 H は $L \cap A = \emptyset$ の場合には K_F に含まれ，$|L \cap A| = k$ の場合には，位数 $k/2$ の部分群で K_F と交わる． □

$n = 2^{m+1}$, $k = 2^m$ としたとき，この定理の系として，シュタイナーシステム

$$S(2, 2^m, 2^{2m+1} - 2^m)$$

が得られる．シュタイナーシステム $S(2, k, v)$ は，v が k^2 に近いとき，アフィン平面，射影平面のように，いろいろな意味で最も面白いものが得られる（定理 19.6 のフィッシャーの不等式より，$v \leq k^2 - k + 1$ であった）．上記の例は $v < 2k^2$ であり，（v と k^2 が近く，）やはり興味深いものであろう．

問題 26A　$1 \leq k \leq n$ とし，A を位数 n の射影平面 P 上の完全 (m, k)-弧とする．また，A^* を A と交わらない直線の集合とする．A^* は P の双対平面 P^* 上の完全 $(m^*, [n/k])$-弧であることを示せ．また，m^* を m, k, n で表せ．

問題 26B　シュタイナーシステム $S(2,k,m)$ において，A を m/k 個のブロックの集合とする．シュタイナーシステムの各点が A のちょうど一つのブロック上にあるとき，A を**平行類**とよぶ．ブロック全体の集合が平行類に分割できるとき，$S(2,k,m)$ は**分解可能**であるという（問題 19K 参照）．

A を位数 n の射影平面 P 上の完全 (m,k)-弧とする．シュタイナーシステム $S(2,k,m)$ の各ブロックが A と直線との非自明な積集合であるとき，$S(2,k,m)$ が分解可能である理由を説明せよ．

射影平面 $\boldsymbol{P}$ の部分構造 $\boldsymbol{S}$ がそれ自身射影平面になっているとき，$\boldsymbol{S}$ を**部分平面**とよぶ．結合構造 $(\mathcal{P},\mathcal{B},\boldsymbol{I})$ に対して，$\mathcal{P}_0 \subseteq \mathcal{P}$，$\mathcal{B}_0 \subseteq \mathcal{B}$，$\boldsymbol{I}_0 = \boldsymbol{I} \cap (\mathcal{P}_0 \times \mathcal{B}_0)$ なる結合構造 $(\mathcal{P}_0,\mathcal{B}_0,\boldsymbol{I}_0)$ を**部分構造**とよぶのであったことを思い出そう．射影平面 $\boldsymbol{P}$ の自己同型変換（または**共線変換**）α が与えられたとき，α で固定される $\boldsymbol{P}$ の点と直線からなる部分構造を $\boldsymbol{S}$ とする．このとき，$\boldsymbol{S}$ の 2 点をともに通る $\boldsymbol{S}$ のただ一つの直線が存在し，$\boldsymbol{S}$ の 2 直線は $\boldsymbol{S}$ の 1 点で交わるという性質をもつ．いま，$\boldsymbol{S}$ がどの 3 点も 1 直線上にない 4 点を含めば $\boldsymbol{S}$ は部分平面となるが，そうではないときニアペンシルとなるか，直線が 1 本のみあるいは 0 本のこともある．

例 26.1　$V := \mathbb{F}_{q^n}^3$ とする．$PG_2(q^2)$ の点と直線は V の 1 次元 $\mathbb{F}_{q^n}$-部分空間と 2 次元 $\mathbb{F}_{q^n}$-部分空間である．$PG_2(q^2)$ の部分構造 $\boldsymbol{S}$ を点と線が V の 1 次元，2 次元 $\mathbb{F}_{q^n}$-部分空間の中で，要素が部分体 $\mathbb{F}_q$ の元となっているベクトルからなるものに限ると定義する．このとき，$\boldsymbol{S}$ は部分平面である．$\boldsymbol{S}$ の直線は $PG_2(q^2)$ の q^2+1 個の点を含むが，そのうちの $q+1$ 点だけが $\boldsymbol{S}$ の点になる．

定理 26.2　位数 n の射影平面 $\boldsymbol{P}$ が位数 $m < n$ の部分平面 $\boldsymbol{S}$ を含むならば，

(1)　$n = m^2$，または
(2)　$n \geq m^2 + m$

である．

証明　L を部分平面 $\boldsymbol{S}$ 上の直線とし，x を $\boldsymbol{P}$ に属し $\boldsymbol{S}$ には属さない L 上

の点とする．x を通る他の n 本の直線は，$\boldsymbol{S}$ の点を高々 1 点しか含まない．(2 点以上 $\boldsymbol{S}$ の点を含む $\boldsymbol{P}$ の直線 M は，部分平面 $\boldsymbol{S}$ の直線になっているため，M と L との共通部分に属する点 x は，部分平面にも属する．）直線 L は $\boldsymbol{S}$ の点を $m+1$ 個含み，$\boldsymbol{S}$ は合計 m^2+m+1 個の点をもち，それらの点は x を通る直線上にあるから $m^2 \leq n$ が成り立たなければならない．

等号が成り立つときは，$\boldsymbol{P}$ のすべての直線が $\boldsymbol{S}$ と（1 点か $m+1$ 点で）交わる．なぜならば，直線 N が $\boldsymbol{S}$ と交わらないとき，L と N の交点を x とすると，L 上にない $\boldsymbol{S}$ の m^2 個のすべての点が，$n-1$ 本の直線のどれか一つに属することになり，等号に矛盾する．

次に $m^2 < n$ とする．このとき，$\boldsymbol{S}$ と交わらない直線 N が存在する．$\boldsymbol{S}$ の m^2+m+1 本の各直線は N の 1 点を含み，そのどの 2 直線も同じ点は含まない．よって $m^2+m+1 \leq n+1$ である． □

問題 26C $PG_2(\mathbb{F})$ がファノ平面 $PG_2(2)$ を含むならば，$\mathbb{F}$ は標数 2 をもつことを示せ．示唆：一般性を失うことなく，ファノ平面の 4 点は $\langle 1,0,0\rangle$, $\langle 0,1,0\rangle$, $\langle 0,0,1\rangle$, $\langle 1,1,1\rangle$ としてよい．このとき，直線上にある他の 3 点の座標を計算せよ．

問題 26D 射影平面上の点集合 S が直線を含まず，どの直線も S と少なくとも 1 点で交わるとき，S を**ブロッキング集合**という．位数 n の射影平面上のブロッキング集合は少なくとも $n+\sqrt{n}+1$ 点を含んでいることを示せ．また，ちょうど $n+\sqrt{n}+1$ 点を含むのは S が Baer 部分平面の点集合のときのみであることを示せ．

Brouwer–Schrijver (1978) によるアフィンブロッキング集合に関する下記の定理で「多項式を用いた証明法」を見てみよう．

定理 26.3 V がすべての超平面と交わる $AG(k,q)$ の部分集合ならば，

$$|V| \geq k(q-1)+1$$

が成り立つ．

証明 A をそのようなブロッキング集合とする．一般性を失うことなく，

$\mathbf{0} \in A$ である．$B := A \setminus \{\mathbf{0}\}$ とする．そのとき，B は $\mathbf{0}$ を含まないすべての超平面と交わる．これらの各超平面は，式 $w_1x_1 + \cdots + w_kx_k = 1$ によって定義され，すべての非零ベクトル $\boldsymbol{w}$ を動かすと各超平面が得られる．したがって

$$F(x_1, x_2, \ldots, x_k) := \prod_{\boldsymbol{b} \in B} (b_1x_1 + b_2x_2 + \cdots + b_kx_k - 1)$$

は $\boldsymbol{x} = \mathbf{0}$ を除いて，恒等的に 0 である．

空間上で恒等的に 0 である多項式は，多項式 $x_i^q - x_i$ $(i = 1, \ldots, k)$ によって生成されるイデアルの元でなければならないことが帰納法によって簡単に示される．$F(\boldsymbol{x})$ を

$$F(x_1, \ldots, x_k) = \sum_{i=1}^{k} F_i(x_1, \ldots, x_k)(x_i^q - x_i) + G(x_1, \ldots, x_k)$$

と書く．ただし，G の x_i に関する最高次数は高々 $q-1$ である．任意の i について多項式 $x_iF(x_1, \ldots, x_k)$ は恒等的に 0 であるから，$x_iG(x_1, \ldots, x_k)$ も恒等的に 0 である．したがって G は $\prod(x_i^{q-1} - 1)$ で割り切れる．$F(\mathbf{0}) \neq 0$，また $G(\mathbf{0}) \neq 0$ であるから，G は $k(q-1)$ 次である．よって，F の次数は $|B|$ で，少なくとも $k(q-1)$ でなければならない．□

体 $\mathbb{F}$ 上の変数 $x_1, x_2, \ldots, x_n$ の同次 2 次多項式

$$f(\boldsymbol{x}) = f(x_1, x_2, \ldots, x_n) = \sum_{i,j=1}^{n} c_{ij}x_ix_j \tag{26.1}$$

を**二次形式** (quadratic form) という．ただし，係数 c_{ij} は $\mathbb{F}$ に属する．この二次形式は係数行列 $C = (c_{ij})$ で定義され，C の選び方は一意ではないが，対角要素と $c_{ij} + c_{ji}$ の値により決まる．$i < j$ のとき，$c_{ij} = 0$ と仮定すると，$x_1, x_2, \ldots, x_n$ の二次形式は，$\mathbb{F}$ 上の $n \times n$ 上三角行列 C と 1 対 1 に対応する．

f を $\mathbb{F}$ 上の $n+1$ 変数の二次形式とするとき，$PG_n(\mathbb{F})$ の射影点の集合

$$Q = Q(f) := \{\langle \boldsymbol{x} \rangle \mid f(\boldsymbol{x}) = 0\}$$

を**二次曲面** (quadric) という．この定義のために，基底を選んで射影空間の点を $\mathbb{F}$ 上の $(n+1)$ 個の要素をもつベクトルと同一視しなくてはならない．

二つの二次形式 f, g において，g が f に可逆線形代入を施して得られるとき，すなわち，$\mathbb{F}$ 上正則な $n \times n$ 行列 A が存在し，$g(\boldsymbol{x}) = f(\boldsymbol{x}A)$ と書けるとき，f と g は**射影同値** (projectively equivalent) であるという．よって，もし f が式(26.1)のような行列 C で与えられる，つまり $f(\boldsymbol{x}) = \boldsymbol{x}C\boldsymbol{x}^{\mathrm{T}}$ と書けるとき，g は行列 ACA^{T} で与えられる．たとえば，任意の正整数 n に対して，$nx_1^2 + nx_2^2 + nx_3^2 + nx_4^2$ は $x_1^2 + x_2^2 + x_3^2 + x_4^2$ と有理数体上で射影同値である．式 (19.12) を見よ．

上の行列表現では，変数の名前と数を変えることはできないが，われわれはそれも許したい．たとえば，二次形式 f の x_1 を $y_1 + y_2$（y_1, y_2 は新しい変数）に置き換えても射影同値な二次形式が導かれる．

射影同値なすべての二次形式の中で変数の数が最も少ない二次形式の変数の数を二次形式の**ランク**とよぶ．たとえば，$(x_1 + \cdots + x_n)^2$ はランク 1 である．

射影同値な二次形式は同じランクをもつ．r 個の変数の二次形式のランクが r のとき，その二次形式を**非退化**とよぶ．

例 26.2　2 変数の二次形式

$$f(x, y) = ax^2 + bxy + cy^2$$

を考える．この二次形式がランク 0 となる必要十分条件は $a = b = c = 0$ となることである．このとき対応する二次曲面は $PG_1(\mathbb{F})$（射影直線）のすべての点を含む．ランク 0 でないとき，ランク 1 となる必要十分条件は $f(x, y)$ が線形結合 $dx + ey$ の平方のスカラー倍となる，すなわち，判別式 $b^2 - 4ac = 0$ となることである．このとき対応する $PG_1(\mathbb{F})$ 上の二次曲面は 1 点となる．ランク 2 の 2 変数の二次形式は，既約であるか二つの異なる 1 次式に因数分解される．既約の場合，対応する二次曲面は空であり，後者の場合，$PG_1(\mathbb{F})$ の二次曲面は 2 点からなる．

明らかに，ランク 2 の既約二次形式は可約な二次形式と射影同値ではない．なぜなら，後者は $\mathbb{F}$ に零点をもち，前者はもたないからである．可約

二次形式は x_1x_2 と射影同値である.

問題 26E 標数が奇数である体 $\mathbb{F}$ 上で式 (26.1) の二次形式 f が退化する必要十分条件は対称行列 $C+C^{\mathrm{T}}$ が非正則であることを示せ. 標数 2 の体 $\mathbb{F}$ の場合, f が退化する必要十分条件は $C+C^{\mathrm{T}}$ が非正則であり, かつ, $f(\boldsymbol{x})=0$ を満たすある $\boldsymbol{x}$ について $\boldsymbol{x}(C+C^{\mathrm{T}})=0$ が成り立つことであるということを示せ.

二次曲面と $PG_n(\mathbb{F})$ のフラット U の共通部分がそのフラットの二次曲面となることを理解することは大切である. たとえば U が射影直線 $PG_1(\mathbb{F})$ で, f が $x_0,\ x_1,\ \ldots,\ x_n$ の二次形式とする. このとき, U の点の斉次座標は, 線形独立なベクトル $\boldsymbol{a}=(a_0,a_1,\ldots,a_n)$ と $\boldsymbol{b}=(b_0,b_1,\ldots,b_n)$ の一次結合で $\langle y\boldsymbol{a}+z\boldsymbol{b}\rangle$ と書ける. これらの点は $PG_1(\mathbb{F})$ の点の斉次座標 $\langle(y,z)\rangle$ と 1 対 1 に対応する. たとえば, $f=\sum_{0\le i\le j\le n} c_{ij}x_ix_j$ とすると,

$$g(y,z):=\sum_{1\le i\le j\le n} c_{ij}(ya_i+zb_i)(ya_j+zb_j)$$

は y と z の二次形式で, $PG_1(\mathbb{F})$ の二次曲面となる. たとえ f が非退化であったとしても, g は退化し得る. 例 26.2 より, 直線は二次曲面 Q に含まれるか, 0 点か 1 点, あるいは 2 点で交わる.

補題 26.4 ランク $n\ge 3$ の任意の二次形式 f は

$$x_1x_2+g(x_3,\ldots,x_n) \tag{26.2}$$

と射影同値である. ただし, $g(x_3,\ldots,x_n)$ はある二次形式である.

証明 まず q が奇数のときを考える. 任意の二次形式 f が $\sum_{1\le i\le j\le n} c_{ij}x_ix_j$ $(c_{11}\neq 0)$ と射影同値であることは容易にわかる. $y:=x_1+\frac{1}{2c_{11}}(c_{12}x_2+\cdots+c_{1n}x_n)$ とおくと, $f=c_{11}y^2+g(x_2,\ldots,x_n)$ と書ける. 帰納法により, f のランクが少なくとも 3 であるならば, f は

$$h(\boldsymbol{x})=ax_1^2+bx_2^2+cx_3^2+g'(x_4,\ldots,x_n)$$

と射影同値である. ただし, $a,\ b,\ c$ はいずれも 0 でない. $a,\ b,\ c$ は, いずれも任意の 0 でない平方因子を変数 $x_1,\ x_2,\ x_3$ に組み入れることができ, 射

影同値の二次形式を得る．三つのスカラーのうちどれか二つは違いが平方因子[1]でなければならないので，一般性を失うことなく，$b=c$ としよう．

ここで，$s^2+t^2=-b^{-1}a$ を満たす $s,t\in\mathbb{F}_q$ が存在することに注意しよう．このことを確認するために，$\mathbb{F}_q$ の加法表を考えよう．この加法表はラテン方格である．$\mathbb{F}_q$ の平方数は 0 も含めて $(q+1)/2$ 個ある．元 $-b^{-1}a$ は（他のどの元もそうだが）非平方数に対応する $(q-1)/2$ 個の列に $(q-1)/2$ 回起こり，非平方数に対応する $(q-1)/2$ 個の行でも $(q-1)/2$ 回起こる．したがって，行も列も平方数に対応する部分行列に少なくとも 1 回起こる．s と t をそのように選ぶと，h は

$$\begin{aligned}
&ax_1^2+b(sx_2+tx_3)^2+b(tx_2-sx_3)^2+g'(x_4,\ldots,x_n)\\
&\quad=ax_1^2-ax_2^2-ax_3^2+g'(x_4,\ldots,x_n)\\
&\quad=(ax_1+ax_2)(x_1-x_2)-ax_3^2+g'(x_4,\ldots,x_n)
\end{aligned}$$

と射影同値で，右辺は式 (26.2) と明らかに射影同値である．q が偶数のときはもう少し面倒である．J. W. P. Hirschfeld (1979) による定理 5.1.7 の証明を参照されたい． □

定理 26.5 (1) 奇数ランク n の任意の二次形式 f はあるスカラー c に対して

$$f_0(\boldsymbol{x}):=x_1x_2+\cdots+x_{n-2}x_{n-1}+cx_n^2 \tag{26.3}$$

と射影同値である．

(2) 偶数ランク n の任意の二次形式 f は

$$f_1(\boldsymbol{x}):=x_1x_2+\cdots+x_{n-3}x_{n-2}+x_{n-1}x_n \tag{26.4}$$

または

$$f_2(\boldsymbol{x}):=x_1x_2+\cdots+x_{n-3}x_{n-2}+p(x_{n-1},x_n) \tag{26.5}$$

のいずれかと射影同値である．ただし，$p(x_{n-1},x_n)$ は 2 変数の既約二次形式である．

[1] ［訳注］a/b, b/c, c/a のいずれかが平方．

証明　補題26.4と帰納法を用いる. □

奇数ランクの二次形式（および，それに対応する2次式）は**放物型**(parabolic)とよばれる. 偶数ランクの二次形式で式(26.4)と射影同値なものは**双曲型**(hypabolic)とよばれ，式(26.5)と射影同値なものは**楕円型**(elliptic)とよばれる. 与えられたランクのどの二つの双曲型二次形式も式(26.4)と射影同値であるから，それらは互いに射影同値である. 偶数ランクのすべての放物型二次形式が射影同値であることも成り立つ. つまり，式(26.3)で$c=1$とできる. また，与えられたランクのすべての楕円型の二次形式は射影同値である. J. W. P. Hirschfeld (1979)は，これらのことおよび二次形式の標準形(canonical form)について詳しく記している. 楕円型と双曲型の二次形式が射影同値でないことは次の定理からわかる.

定理26.6　$PG_n(q)$の非退化二次曲面Qの要素数は

$$\begin{cases} \dfrac{q^n-1}{q-1} & n\text{が偶数，つまり}Q\text{が放物型} \\ \dfrac{(q^{(n+1)/2}-1)(q^{(n-1)/2}+1)}{q-1} & n\text{が奇数，かつ}Q\text{が双曲型} \\ \dfrac{(q^{(n+1)/2}+1)(q^{(n-1)/2}-1)}{q-1} & n\text{が奇数，かつ}Q\text{が楕円型} \end{cases}$$

となる.

証明　一般に，

$$f(x_1,\ldots,x_r)=x_1x_2+g(x_3,\ldots,x_r)$$

で$g(x_3,\ldots,x_r) = 0$となるN個のベクトル$(x_3,\ldots,x_r)$があるならば，$f(x_1,\ldots,x_r)=0$となるベクトル$(x_1,\ldots,x_n)$は$(2q-1)N+(q-1)(q^{r-2}-N)$個ある. これを用いると，帰納法により，r変数でランクrの二次形式fの$\mathbb{F}_q^r$上の零点の数は，

$$\begin{cases} q^{r-1} & r \text{ が奇数，つまり } f \text{ が放物型} \\ q^{r-1}+q^{r/2}-q^{r/2-1} & r \text{ が偶数，かつ } f \text{ が双曲型} \\ q^{r-1}-q^{r/2}+q^{r/2-1} & r \text{ が偶数，かつ } f \text{ が楕円型} \end{cases}$$

である．

もちろん，これらの二次曲面に対応する $PG_n(q)$ 上の射影点の数は r を $n+1$ とおき，1 を引いて $q-1$ で割って得られる． □

定理 26.7　Q を $PG_n(q)$ 上の非退化二次式とする．$F \subseteq Q$ となるフラット F の最大の射影次元は

$$\begin{cases} n/2-1 & n \text{ が偶数，つまり } f \text{ が放物型} \\ (n-1)/2 & n \text{ が奇数，かつ } f \text{ が双曲型} \\ (n-3)/2 & n \text{ が奇数，かつ } f \text{ が楕円型} \end{cases}$$

である．

証明　f を n 変数の非退化二次形式とする．この定理の主張は，f が $\mathbb{F}_q^n$ の部分空間 U 上で 0 となる U の最大次元が

$$\begin{cases} (r-1)/2 & r \text{ が奇数，つまり } f \text{ が放物型} \\ r/2 & r \text{ が偶数，かつ } f \text{ が双曲型} \\ r/2-1 & r \text{ が偶数，かつ } f \text{ が楕円型} \end{cases}$$

となることと同値である．

まず，式 (26.3) で $f=f_0$ ならば，任意の $\boldsymbol{x} \in \mathrm{span}(\boldsymbol{e}_2, \boldsymbol{e}_4, \ldots, \boldsymbol{e}_{r-1})$ に対して $f(\boldsymbol{x})=0$ に注意しよう．ただし，$\boldsymbol{e}_1, \boldsymbol{e}_2, \ldots, \boldsymbol{e}_r$ は $\mathbb{F}_q^r$ の標準基底である．また，式 (26.4) で $f=f_1$ ならば，任意の $\boldsymbol{x} \in \mathrm{span}(\boldsymbol{e}_2, \boldsymbol{e}_4, \ldots, \boldsymbol{e}_r)$ で $f(\boldsymbol{x})=0$ となり，式 (26.5) で $f=f_2$ ならば，任意の $\boldsymbol{x} \in \mathrm{span}(\boldsymbol{e}_2, \boldsymbol{e}_4, \ldots, \boldsymbol{e}_{r-2})$ で $f(\boldsymbol{x})=0$ となる．これらの部分空間の次元はそれぞれ，$(r-1)/2$, $r/2$, $r/2-1$ である．

あとは，これらのどの場合でも，より大きいどの部分空間においても f が常に 0 になることはないことを示せばよい．定理 26.5 と帰納法を用いる．$r=1$ と $r=2$ の場合は自明．$f(x_1, \ldots, x_r) = x_1x_2+g(x_3, \ldots, x_r)$ とし，k

次元部分空間 $U \subseteq \mathbb{F}_q^r$ で $f(\boldsymbol{x}) = 0$ と仮定する．証明を完成させるには，次元が $k-1$ 以上の部分空間 $U' \subseteq \mathbb{F}_q^{r-2}$ が存在して任意の $\boldsymbol{y} \in U'$ で $g(\boldsymbol{y}) = 0$ となることが示せればよい．

明らかに，

$$U_0 := \{(x_3, \dots, x_r) \mid (0, 0, x_3, \dots, x_r) \in U\}$$

とすると任意の $\boldsymbol{y}$ に対して $g(\boldsymbol{y}) = 0$ となる．$\dim(U_0) \geq k-1$ なら証明終わりである．ここで，$\dim(U_0) = k-2$ と仮定しよう．そのとき U 上のベクトル

$$(1, 0, a_3, \dots, a_r) \text{ と } (0, 1, b_3, \dots, b_r)$$

が存在する．$(1, 1, a_3+b_3, \dots, a_r+b_r) \in U$ であるから，$g(a_3+b_3, \dots, a_r+b_r) = -1$ である．よって g は

$$\mathrm{span}((a_3, \dots, a_r)) + U_0 \text{ と } \mathrm{span}((b_3, \dots, b_r)) + U_0$$

上のすべてのベクトルで 0 となる．このどちらかは次元が $k-2$ より大きい．そうでなければ $(a_3+b_3, \dots, a_r+b_r) \in U_0$ となり，$g(a_3+b_3, \dots, a_r+b_r) = -1$ に矛盾する．□

例 26.3　f を 3 変数の二次形式とし，射影平面 $PG_2(q)$ 上の二次曲線 $Q(f)$ を考える．f が非退化ならば，$Q(f)$ には $q+1$ 個の射影点がある．上で見たように，$PG_2(q)$ 上の任意の直線 L と $Q(f)$ の共通部分は L 上の二次曲線であるが，定理 26.7 より $Q(f)$ は L を含まないので，この場合，L 上の二次曲線は 0 点か 1 点，あるいは 2 点からなる．したがって $Q(f)$ は $q+1$ 点の集合で，どの 3 点も同一直線上にない．つまり，卵形 (oval) である．問題 19I を見よ．

f のランクが 0 のとき，$Q(f)$ は $PG_2(q)$ 全体であり，f のランクが 1 のとき，$Q(f)$ は $PG_2(q)$ 上のある直線上の点となる．f のランクが 2 のとき，2 種類の場合がある．f が可約なら，f は xy と射影同値であり，$Q(f)$ は $PG_2(q)$ の二つの直線の和集合上の点からなる．f が既約なら，$Q(f)$ は $PG_2(q)$ の 1 点である．

例 26.4　第 18 章で 1 次の Reed–Muller 符号を導入した．ここでは，より一般の Reed–Muller 符号の族を導く．$V = \mathbb{F}_2^m$ とする．V の元で座標付けした長さ 2^m のベクトルを考え，$V = \{\boldsymbol{v}_0, \boldsymbol{v}_1, \ldots, \boldsymbol{v}_{2^m-1}\}$ とおく．$\boldsymbol{k}$ **次 Reed–Muller 符号** $RM(k,m)$ は f が $x_1, \ldots, x_m$ を変数とする次数が高々 k 次のすべての多項式をとったときのベクトル（長さ 2^m）

$$(f(\boldsymbol{v}_0), f(\boldsymbol{v}_1), \ldots, f(\boldsymbol{v}_{2^m-1}))$$

の集合であると定義される．

$\mathbb{F}_2$ 上では，一次形式 $x_{i_1} + \cdots + x_{i_k}$ は二次形式 $x_{i_1}^2 + \cdots + x_{i_k}^2$ と同じであるから，$RM(2,m)$ は 2 進二次形式 $f(x_1, \ldots, x_n)$ とその「補式」$f(x_1, \ldots, x_n) + 1$ で与えられる．補題 26.4 と定理 26.5 は符号語の重みを決めるのに役立つ．

退化形式も考えなくてはならない．たとえば，$x_1x_2 + x_3x_4$ は $RM(2,6)$ の重み 24 の符号語に対応する．$RM(2,6)$ の符号語の重みは，0, 16, 24, 28, 32, 36, 40, 48, 64 とわかる．

問題 26F　$f(\boldsymbol{x}) := x_1x_2 + \cdots + x_{2m-1}x_{2m}$ とする．このとき，f により，$f(\boldsymbol{x}) + a(\boldsymbol{x})$ と対応する符号語からなる $RM(2,2m)$ 上の $RM(1,2m)$ の剰余類 C が決まる．ただし，$a(\boldsymbol{x})$ は $2m$ 個の変数をもつ 2^{2m+1} 個のアフィン関数（1 次関数）全体を動く．このとき，C 上で半分の符号語が重み $2^{2m+1} + 2^{2m-1}$ をもち，もう半分が重み $2^{2m-1} - 2^{m-1}$ をもつことを示せ．

例 26.5　Q_3 を 3 次元射影空間 $PG_3(q)$ の非退化楕円型二次曲面とする．定理 26.6 より，$|Q_3| = q^2 + 1$ である．定理 26.7 より，Q_3 は直線を含まない．任意の平面 P と Q_3 の共通部分は，P 上の二次曲面である．例 26.3 より，すべての平面は Q_3 とその平面上の卵形か，1 点で交わる．Q_3 の任意の 3 点はただ一つの平面に含まれ，よって平面と Q_3 の自明でない共通部分はシュタイナーシステム

$$S(3, q+1, q^2+1)$$

のブロックを与える．一般に，どの 3 点も同一直線上にない $q^2 + 1$ 点の集合は，**卵形体**（らんけいたい，ovoid）とよばれ，$S(3, n+1, n^2+1)$ は**メビ**

ウス平面，または**反転平面** (inversive plane) とよばれる．

例 26.6　Q_4 を4次元射影空間 $PG_4(q)$ の非退化二次曲面とする．定理26.6 より，$|Q_4| = q^3 + q^2 + q + 1$ である．$\mathcal{Q}$ を，点は Q_4 の元で，ブロックが $PG_4(q)$ の Q_4 に完全に含まれる直線からなる結合構造とする．$\mathcal{Q}$ の各点 x は $\mathcal{Q}$ のちょうど $q+1$ 個のブロック上にある（問題26F を見よ）．$\mathcal{Q}$ の点 x とブロック L が与えられたとき，平面 $P := \{x\} \wedge L$ と Q_4 の共通部分は P 上の二次曲線 Q_2 で，それは明らかにその直線とその直線上にない点を含む．例26.3 より，Q_2 は交わる2直線上の点からなる．これは $\mathcal{Q}$ が，パラメータ

$$r = q+1, \quad k = q+1, \quad t = 1$$

をもつ，第21章で定義した偏均衡幾何 $\mathrm{pg}(r,k,t)$ であることを意味する．

例 26.7　Q_5 を $PG_5(q)$ の非退化楕円型二次曲面とする．定理26.6 より，$|Q_5| = (q+1)(q^3+1)$ である．定理26.7 より，Q_5 は平面を含まない．$\mathcal{Q}$ を点が Q_5 の元でブロックが Q_5 に含まれる $PG_5(q)$ の直線からなる結合構造とする．問題26F より，$\mathcal{Q}$ の各点は $\mathcal{Q}$ の q^2+1 個の直線上にある．例26.6 と同様の議論で $\mathcal{Q}$ はパラメータ

$$r = q^2+1, \quad k = q+1, \quad t = 1$$

をもつ偏均衡幾何 $\mathrm{pg}(r,k,t)$ である．

$t = 1$ の偏均衡幾何は **generalized quadrangle** とよばれる．L. M. Batten (1986) に詳しい結果と参考文献がある．

問題 26G　f を式 (26.1) のように $\mathbb{F}_q$ 上の係数行列 $C = (c_{ij})$ で与えられる n 変数の非退化な二次形式とする．$Q = Q(f)$ を対応する $PG_{n-1}(\mathbb{F}_q)$ の二次曲面とする．$p = \langle \boldsymbol{x} \rangle$ を Q 上の1点とする．

$$T_p := \{\langle \boldsymbol{y} \rangle \mid \boldsymbol{x}(C + C^{\mathrm{T}})\boldsymbol{y}^{\mathrm{T}} = 0\}$$

とすると，T_p は問題26E により $PG_{n-1}(\mathbb{F}_q)$ 上の超平面である．$T_p \cap Q$ は p を通り Q に含まれるすべての直線の和集合と p 自身からなることを示せ．

さらに，W が p を含まない T_p の超平面ならば，$Q' := W \cap Q$ は W ($= PG_{n-3}(\mathbb{F}_q)$) 上の非退化二次曲面であり，Q が放物型，双曲型，楕円型のいずれかによって，Q' がそれぞれ放物型，双曲型，楕円型になるということを示せ．とくに，p を通り，Q に含まれる直線の数は $|Q'|$ と等しいことがわかる．

$\mathbb{F}_{q^2}$ 上の変数 $x_1, \ldots, x_n$ に関する関数

$$h(\boldsymbol{x}) = h(x_1, \ldots, x_n) = \sum_{i,j=1}^{n} c_{ij} x_i x_j^q \tag{26.6}$$

を**エルミート形式**という．ただし係数 c_{ij} は $\mathbb{F}_{q^2}$ の元で，$c_{ji} = c_{ij}^q$ を満たす．とくに，対角要素 c_{ii} はフロベニウス自己準同型変換 $x \mapsto x^q$ で固定されるので，$\mathbb{F}_q$ の元である．

$\mathbb{F}_{q^2}$ の二つのエルミート形式 f, g について，g が f に可逆な線形変換を施して得られる，言い換えれば $\mathbb{F}_{q^2}$ 上のある $n \times n$ 正則行列 A で $g(\boldsymbol{x}) = f(\boldsymbol{x}A)$ と書けるとき，f と g は**射影同値**であるという．したがって f が式 (26.6) の行列 C で表されるなら，つまり，$f(\boldsymbol{x}) = \boldsymbol{x}C\boldsymbol{x}^*$ と書けるとき，g は行列 ACA^* で定義される．ただし，$A = (a_{ij})$ に対して，$A^* := (a_{ji}^q)$ と定義し，A^* を A の**共役転置**という．同様に $\boldsymbol{x}^* = (x_1^q, \ldots, x_n^q)^{\mathrm{T}}$ である．

任意の射影同値なエルミート形式における（0 でない係数の）変数の数の最小値をランクとよぶ．

$PG_n(q^2)$ 上で f を $n+1$ 変数のエルミート形式とするとき，射影点の集合

$$H = H(f) := \{\langle \boldsymbol{x} \rangle \mid f(\boldsymbol{x}) = 0\}$$

を**エルミート多様体**とよぶ．

この定義のために，あらかじめ基底を選んでベクトルを $\mathbb{F}_{q^2}$ の元の長さ $(n+1)$ の順序列と同一視しておく．$PG_n(q^2)$ のエルミート多様体とフラットの共通部分は，そのフラットのエルミート多様体になっていることがわかる．

定理 26.8　ランク n のエルミート形式は

$$x_1^{q+1} + x_2^{q+1} + \cdots + x_n^{q+1} \tag{26.7}$$

と射影同値である．

証明　任意の0でないエルミート形式は，式(26.6)において$c_{11} \neq 0$としたhと射影同値であることを確かめるのは難しくはない．読者は，この証明を試みられたい．$y := c_{11}x_1 + c_{12}x_2 + \cdots + c_{1n}x_n$とおくと，$g$を$x_2$，…，$x_n$のエルミート形式として，$h = c_{11}^{-1}yy^q + g(x_2, \ldots, x_n)$と表せる．$c_{11} \in \mathbb{F}_q$であるから$a^{q+1} = c_{11}^{-1}$となる$a \in \mathbb{F}_{q^2}$が存在し，したがって，$z = ay$とおくと$h = z^{q+1} + g(x_2, \ldots, x_n)$となる．これを繰り返すと帰納法により定理が証明される．□

定理 26.9　$PG_n(q^2)$の非退化エルミート多様体H上の点の数は

$$\frac{(q^{n+1} + (-1)^n)(q^n - (-1)^n)}{q^2 - 1}$$

である．

証明　任意の非零元$a \in \mathbb{F}_q$について，$x^{q+1} = a$となる$x \in \mathbb{F}_{q^2}$は$q+1$個ある．いま，

$$f(x_1, \ldots, x_n) = x_1^{q+1} + g(x_2, \ldots, x_n)$$

に対して，$g(x_2, \ldots, x_n) = 0$となるベクトルがN個あるならば，$f(x_1, \ldots, x_n) = 0$となるベクトル$(x_1, \ldots, x_n)$は$N + (q+1)(q^{2(n-1)} - N)$個ある．したがって，帰納法により，式(26.7)を0にするベクトルは$q^{2n-1} + (-1)^n(q^n - q^{n-1})$個ある．□

例 26.8　射影直線$PG_1(q^2)$のエルミート多様体を考える．2変数のエルミート形式fがランク0ならば，$H(f)$はすべてのq^2+1点を含み，fがランク1ならば，$H(f)$は1点からなる．また，fがランク2ならば，$H(f)$は$q+1$点を含む．よってHが$PG_n(q^n)$のエルミート多様体ならば，任意のnについて$PG_n(q^2)$の直線はHと1点か$q+1$点，あるいはq^2+1点で交わる．

次に，射影平面$PG_2(q^2)$の非退化エルミート多様体H_2を考える．これ

は定理 26.9 より q^3+1 点をもつ．任意の直線 L と H_2 の共通部分 $L \cap H_2$ はその直線上のエルミート多様体である．読者は，H_2 が直線を含まないことを確かめられたい．これにより，$|L \cap H_2| = 1$ または $q+1$ であることがわかる．したがって，点集合を H_2 とし，$PG_2(q^2)$ の直線と H_2 の自明でない共通部分をブロックとすると，シュタイナーシステム

$$S(2, q+1, q^3+1)$$

が得られることがわかる．

このパラメータをもつデザインは **unital** とよばれる．さらに，上のように構成されたデザインは分解可能であることがわかる．R. C. Bose (1959) を見よ．

この章の終わりに例 26.5 のシュタイナーシステム $S(3, q+1, q^2+1)$ と類似した高次元の構成方法を述べる．以下の構成法で得られた構造は**円幾何** (circle geometry) とよばれる．

定理 26.10　q を素数幂，n を正の整数とすると，シュタイナーシステム $S(3, q+1, q^n+1)$ が存在する．

証明　V を $\mathbb{F}_{q^n}$ 上の 2 次元ベクトル空間とし，$\mathcal{X}$ を $\mathbb{F}_{q^n}$ 上の V の 1 次元部分空間（つまり，$PG_1(q^n)$ の q^n+1 個の点）の集合とする．

ここで V を $\mathbb{F}_q$ 上の $2n$ 次元ベクトル空間と見なす．われわれのシュタイナーシステムのブロックは V の $\mathbb{F}_q$ 上の 2 次部分空間 U で，$\mathcal{X}$ のどのメンバーにも含まれないものから構成される．そのような各部分空間 U に対して，

$$B_U := \{P \in \mathcal{X} \mid P \cap U \neq \{\mathbf{0}\}\}$$

とする．各 $P \in B_U$ は U と $\mathbb{F}_q$ 上の 1 次元部分空間（U の q^2-1 個の非零ベクトルのうち $q-1$ 個を含む）で交わり，よって $|B_U| = q+1$ である．$\lambda \in \mathbb{F}_{q^n}$ を非零スカラーとし，$W = \lambda U$ とおくと，$B_U = B_W$ となる．したがって，異なる集合 B_U だけ集めてブロックとする．

三つの異なる点 $P_i \in \mathcal{X}$ $(i = 1, 2, 3)$ を考える．すなわち，P_i をベクトル

$\boldsymbol{x}_i$ $(i=1,2,3)$ で生成される $\mathbb{F}_{q^n}$ の1次元部分空間とする．これらの三つのベクトルは $\mathbb{F}_{q^n}$ 上線形従属であるから，$\alpha, \beta \in \mathbb{F}_{q^n}$ として

$$\boldsymbol{x}_3 = \alpha\boldsymbol{x}_1 + \beta\boldsymbol{x}_2$$

と書ける．しかしこのとき，$U := \mathrm{span}_{\mathbb{F}_q}\{\alpha\boldsymbol{x}_1, \beta\boldsymbol{x}_2\}$ は，すべての P_1, P_2, P_3 と非自明に交わる．$\mathbb{F}_q$ 上のある2次元部分空間 W が各 P_i と非自明に交わると仮定する．このとき，W は任意の $i=1,2,3$ に対して，$\gamma_i\boldsymbol{x}_i$ $(0 \neq \gamma_i \in \mathbb{F}_{q^n})$ を含む．よって，それらのベクトルは $\mathbb{F}_q$ 上線形従属であるから，

$$\gamma_3\boldsymbol{x}_3 = a\gamma_1\boldsymbol{x}_1 + b\gamma_2\boldsymbol{x}_2$$

と書ける．ただし $a, b \in \mathbb{F}_q$．$\boldsymbol{x}_1$, $\boldsymbol{x}_2$ は $\mathbb{F}_{q^n}$ 上で線形独立であるから，$\gamma_3\alpha = a\gamma_1$, $\gamma_3\beta = b\gamma_2$ を得る．したがって，$\gamma_3 U = W$ となり，任意の異なる3点はただ一つのブロックに含まれる． □

問題 26H　α を射影平面 $\boldsymbol{P}$ の共線変換とする．

(1) α がある直線 l 上のすべての点と l 上にない二つの点を固定するとき，α が $\boldsymbol{P}$ の各点を点ごとに固定することを示せ．
(2) α が直線 l 上のすべての点を固定するとき，α が点 P と P を通るすべての直線を固定するようなある点 P が存在する．
（そのような $\boldsymbol{P}$ の自己同型写像を**中心共線変換** (central collineation) とよぶ.）

問題 26I　第23章で，$AG(3,q)$ が $PG(3,q)$ の部分幾何であるということを見た．このとき，その部分幾何の外の部分は射影平面 P であり，$AG(3,q)$ についての**無限遠平面**とよばれる．$q = 2^m$ とし，O を P 上の超卵形（ちょうらんけい，hyperoval）とする．$AG(3,q)$ の点を結合構造 $\boldsymbol{I}$ の点集合とし，$AG(3,q)$ の直線で，P と O で交わる直線の集合を $\boldsymbol{I}$ のブロック集合として $\boldsymbol{I}$ を定義すると，$\boldsymbol{I}$ は generalized quadrangle であることを示せ．

問題 26J　$PG(2,4)$ 上の超卵形 O を考える．O 上にない平面の点をグラフ G の頂点とし，点 x と y を通る直線が O で交わっているならばグラフ G の

辺 (x, y) として，グラフ G を定義する．このとき，次を示せ．

(1) 各辺を含む三角形はただ一つある．

(2) 各三角形 (x, y, z) について，他のすべての点は x, y, z のちょうど一つの点に隣接している．

(3) G は generalized quadrangle である．

問題 26K 任意の対称 (v, k, λ)-デザインを考える．どの 3 点も同一ブロック上にない点の集合 S を**弧** (arc) とよぶ．ただ一点で S と交わるブロックを S の**接線** (tangent) とよぶ．S が接線をもつか否かによって，$|S|$ の上限を見つけよ．

問題 26L 対称デザインにおいて，問題 26K の上限を達成する弧を**卵形**とよぶ．パラメータ $(4\lambda - 1, 2\lambda, \lambda)$ をもつ対称デザインの卵形は補デザインのサイズ 3 の直線であることを示せ．

ノート

他の文献では，「完全 (m, k)-弧」を「最大 (n, k)-弧」とよぶこともあるが，「最大」という用語は，あまりにもいろいろな意味で濫用されるため，ここでは「完全」という．

二次曲面とエルミート多様体の組合せ的性質について，D. K. Ray-Chaudhuri (1962) と R. C. Bose, I. M. Chakravarti (1966) でより詳しく議論されている．

定理 26.3 で用いられた多項式による方法は他の場面でも有用である．たとえば，A. Blokhuis (1994) は，$PG(2, p)$ の非自明なブロッキング集合は少なくとも $(3p + 1)/2$ 点をもつという J. di Paola による予想を証明した．そのアイデアは，ブロッキング集合 S は接線をもつことを用いるものであった．実際，その接線は一般性を失うことなく無限遠直線としてよい．そして，無限遠直線上にない（アフィン平面上の）S の点を (a_i, b_i) $(i = 1, \ldots, p + k)$ とすると，1 ページに及ぶ複雑な議論により，多項式

$$F(t,u)=\prod_{i=1}^{p+k}(t+a_i+ub_i)$$

を調べて，$k\geq\frac{p+1}{2}$ であることが示されている．

参考文献

[1] L. M. Batten (1986), *Combinatorics of Finite Geometries*, Cambridge University Press.

[2] A. Blokhuis (1994), On the size of a blocking set in $PG(2,p)$, *Combinatorica* **14**, 111–114.

[3] R. C. Bose (1959), On the application of finite projective geometry for deriving a certain series of balanced Kirkman arrangements, *Golden Jubilee Commemoration Volume* (1958–59), Calcutta Math. Soc., pp. 341–354..

[4] R. C. Bose and I. M. Chakravarti (1966), Hermitian varieties in a finite projective space $PG(N,q^2)$, *Canad. J. Math.* **18**, 1161–1182.

[5] A. E. Brouwer and A. Schrijver (1978), The blocking number of an affine space, *J. Combinatorial Theory* (A) **24**, 251–253.

[6] P. Dembowski (1968), *Finite Geometries*, Springer-Verlag.

[7] R. H. F. Denniston (1969), Some maximal arcs in finite projective planes, *J. Combinatorial Theory.* **6**, 317–319.

[8] J. W. P. Hirschfeld (1979), *Projective Geometries over Finite Fields*, Clerendon Press.

[9] D. K. Ray-Chaudhuri (1962), Some results on quadrics in finite projective geometry based on Galois fields, *Canad. J. Math.* **14**, 129–138.

第 27 章　差集合と自己同型写像

対称デザインにはアーベル群の（後で定義する）**差集合**から作られるクラスがある．そのようなデザインの一つを例 19.6 で紹介したが，その群はデザインの自己同型群として本章でも登場する．

単純結合構造において，ブロックと点の集まりを同一視する．つまり，ブロック集合 $\mathcal{A}$ を点集合 X の部分集合族と見なす．対称デザイン $(X, \mathcal{A})$，あるいは一般に任意の単純結合構造の**自己同型写像**とは，$\mathcal{A}$ を $\mathcal{A}$ に写す写像である．つまり，$A \subseteq X$ に対して $A \in \mathcal{A}$ であることと $\alpha(A) \in \mathcal{A}$ であることが同値になるような X 上の置換 α のことである．一般の対称デザインの自己同型写像に関する定理から始めよう．

定理 27.1　$\mathcal{S} = (X, \mathcal{A})$ を対称 (v, k, λ)-デザイン，α を $\mathcal{S}$ の自己同型写像とする．このとき，α による固定点の数は α で固定されるブロックの数に等しい．

証明　N を $\mathcal{S}$ の結合行列とする．置換行列 P を，行と列が X の点でラベル付けられていて，

$$P(x, y) := \begin{cases} 1 & \alpha(x) = y \text{ のとき}, \\ 0 & \text{そうでないとき} \end{cases}$$

を満たすものと定義する．置換行列 Q を行と列がブロックでラベル付けられていて，

$$Q(A,B) := \begin{cases} 1 & \alpha(A) = B \text{ のとき,} \\ 0 & \text{そうでないとき} \end{cases}$$

を満たすものと定義する．P のトレースが α の固定点の数に等しく，Q のトレースが α の固定ブロックの数に等しいことに注意せよ．

いま，

$$PNQ^{\mathrm{T}}(x,A) = \sum_{y \in X, B \in \mathcal{A}} P(x,y)N(y,B)Q(A,B)$$
$$= N(\alpha(x), \alpha(A)) = N(x,A)$$

である．つまり，$PNQ^{\mathrm{T}} = N$ である．同様に，$P = NQN^{-1}$ である．よって，相似な行列 P と Q のトレースは等しく，定理は示された．　□

系　点集合 X 上の α のサイクル分解のタイプはブロック集合 $\mathcal{A}$ 上の α のサイクル分解のタイプと同じである．

証明　定理 27.1 より，α^i は各 $i = 1, 2, \ldots$ について，固定ブロックと同数の固定点をもつ．

ある集合 S 上で置換 β が，$i = 1, 2, \ldots, |S|$ について長さ i のサイクルを c_i 個ずつもつと仮定する．f_j で β^j の固定点の数を表すものとする．このとき，

$$f_j = \sum_{i|j} ic_i$$

であり，定理 10.4 のメビウスの反転公式より，

$$jc_j = \sum_{i|j} \mu\left(\frac{j}{i}\right) f_i$$

とわかる．この式のポイントは，各長さのサイクルの数（つまり，β のタイプ）は β の冪乗の固定点の数によって完全に決定されるということである．

□

系　Γ が対称デザインの自己同型群ならば，点集合 X 上の Γ の軌道の数はブロック集合 $\mathcal{A}$ 上の Γ の軌道の数に等しい．とくに，Γ が点集合上可移であることと，Γ がブロック集合上で可移であることは同値である．

証明　定理 10.5 の Burnside の補題より，集合 S 上の置換群 Γ の軌道の数は，$f(\alpha)$ を α で固定される S の元の数とすると，多重集合 $(f(\alpha) \mid \alpha \in \Gamma)$ によって完全に決定される．　□

差集合を紹介する前に，脇道に逸れて任意の 2-デザインの自己同型群の軌道に関する定理を一つ示す．これは **Block の補題**とよばれている．Block (1967) を参照せよ．定理 19.9 より，対称デザインの双対もまた 2-デザインであるから，Block の補題は上の系の別証明である．

定理 27.2　Γ が $v > k$ の 2-(v, k, λ) デザインの自己同型群ならば，点集合 X 上の Γ の軌道の数はブロック集合 $\mathcal{A}$ 上の Γ の軌道の数以下である．

証明　X_1, X_2, $\ldots$, X_s を X 上の Γ の軌道，$\mathcal{A}_1$, $\mathcal{A}_2$, $\ldots$, $\mathcal{A}_t$ を $\mathcal{A}$ 上の Γ の軌道とする．二つの $s \times t$ 行列 C, D を次のように定義する．$C(i,j)$ は固定ブロック $A \in \mathcal{A}_j$ に含まれる点 $x \in X_i$ の数（この数は $\mathcal{A}_j$ 内のどのブロック A についても同じ）とする．$D(i,j)$ は固定点 $x \in X_i$ を含むブロック $A \in \mathcal{A}_j$ の数（この数は X_i 内のどの点 x についても同じ）とする．

$s \times s$ 行列の積 CD^{T} を考える．x が A に含まれ，A が X_l の固定点 y を含むとすると，$CD^{\mathrm{T}}(i,j)$ は順序対 $(x, A) \in X_i \times \mathcal{A}_j$ の数の j についての和である．よって，$i \neq l$ ならば $CD^{\mathrm{T}}(i,l) = \lambda|X_i|$ で，$CD^{\mathrm{T}}(i,i) = (r-\lambda) + \lambda|X_i|$ である．つまり，

$$CD^{\mathrm{T}} = (r-\lambda)I + \lambda\,\mathrm{diag}(|X_1|, |X_2|, \ldots, |X_s|)J$$

これは行列方程式 (19.7) に似ている．$v > k$ より，$r > \lambda$ で，右辺の行列はいろいろな方法，たとえば行列式を計算することにより，正則であることが示される．したがって，C（と D）のランクは s で，これは列の数 t を超えない．　□

* * *

G を位数 v のアーベル群とする．G の k-元部分集合 $D \subseteq G$ が，D の元の差の多重集合 $(x - y \mid x, y \in D)$ に零でない各元 $g \in G$ がちょうど λ 回現れるとき，D を G の (v, k, λ)-**差集合**とよぶ．より正確には，D が (v, k, λ)-差集合であるためには，$x, y \in D$ かつ $x - y = g$ なる順序対 (x, y) の数が，$g \neq 0$ のとき λ，$g = 0$ のとき k であることが必要である．明らかに，$\lambda(v-1) = k(k-1)$ である．

例 27.1　差集合の例を挙げておく．

$(7,3,1)$　$\mathbb{Z}_7$ の部分集合 $\{1,2,4\}$
$(13,4,1)$　$\mathbb{Z}_{13}$ の部分集合 $\{0,1,3,9\}$
$(11,5,2)$　$\mathbb{Z}_{11}$ の部分集合 $\{1,3,9,5,4\}$
$(16,6,2)$　$\mathbb{Z}_4 \times \mathbb{Z}_4$ の部分集合 $\{10,20,30,01,02,03\}$
$(16,6,2)$　$\mathbb{Z}_2 \times \mathbb{Z}_2 \times \mathbb{Z}_2 \times \mathbb{Z}_2$ の部分集合 $\{0000,0001,0010,0100,1000,1111\}$

$1 < k < v-1$ のとき，差集合は**非自明**であるという．$\lambda = 1$ の差集合は**平面的**，もしくは**単純**といわれることがある．

G を位数 v のアーベル群とする．$S \subseteq G$, $g \in G$ について，$S + g$ で，g による S の**平行移動**（translate または shift）

$$S + g := \{x + g \mid x \in S\}$$

を表す．D を G の k-部分集合とし，$x, y \in G$ とする．一般に，x と y の両方を含む平行移動 $D + g$ の数は，$d := x - y$ が D の元の差として起こる回数と等しい．それは，$g \mapsto (x-g, y-g)$ が，集合 $\{g \in G \mid \{x, y\} \subseteq D + g\}$ と，$a - b = x - y$ となるような D の元の順序対 (a, b) の集合の間の 1 対 1 対応を与えるからである．（この共通の値が共通部分 $(D+x) \cap (D+y)$ の大きさにも等しいことも確認せよ．）

とくに，$(G, \{D + g \mid g \in G\})$ が対称 (v, k, λ)-デザインであることと D が (v, k, λ)-差集合であることは同値である．

問題 27A　位数 v の任意の（演算が積で書かれた）群 G の (v, k, λ)-**商集合** (quotient set) とは，次の条件のいずれかを満たす k-部分集合 $D \subseteq G$ である．

(1) 単位元でない各元 $g \in G$ がちょうど λ 回 D の「右」商のリスト $(xy^{-1} \mid x, y \in D)$ に現れる．
(2) 単位元でない各元 $g \in G$ がちょうど λ 回 D の「左」商のリスト $(x^{-1}y \mid x, y \in D)$ に現れる．
(3) 単位元でない各元 $g \in G$ に対して，$|D \cap (Dg)| = \lambda$ である．
(4) 単位元でない各元 $g \in G$ に対して，$|D \cap (gD)| = \lambda$ である．
(5) $(G, \{Dg \mid g \in G\})$ は対称 (v, k, λ)-デザインである．
(6) $(G, \{gD \mid g \in G\})$ は対称 (v, k, λ)-デザインである．

上の 6 個の条件が同値であることを示せ．

定理 27.3 G を位数 v の群とする．G の (v, k, λ)-商集合が存在することと，G に同型かつデザインの点集合上で正則な (sharply transitive) 自己同型群 $\hat{G}$ をもつ対称 (v, k, λ)-デザインが存在することは同値である．

証明 D を G の (v, k, λ)-商集合とする．このとき，$(G, \{gD \mid g \in G\})$ は対称 (v, k, λ)-デザインである．$g \in G$ について，G の置換 $\hat{g}$ を $\hat{g}(x) = gx$ で定義する．このとき，各 $\hat{g}$ は $(G, \{gD \mid g \in G\})$ の自己同型写像で，自己同型群 $\hat{G} = \{\hat{g} \mid g \in G\}$ は明らかに G と同型で，点集合上正則である．

逆に，G が与えられていて，$(X, \mathcal{A})$ を G と同型な $(X, \mathcal{A})$ の正則な自己同型群 $\hat{G}$ をもつ対称 (v, k, λ)-デザインとする．$\hat{G}$ の (v, k, λ)-商集合を明示すれば十分である．

点 $x_0 \in X$ とブロック $A_0 \in \mathcal{A}$ を固定する．

$$D := \{\sigma \in \hat{G} \mid \sigma(x_0) \in A_0\}$$

とおく．この D が $\hat{G}$ の (v, k, λ)-商集合であることを示す．$\hat{G}$ は正則で $|A_0| = k$ より，$|D| = k$ である．α を $\hat{G}$ の単位元でない元とする．このとき，$\alpha D = \{\alpha\sigma \mid \sigma(x_0) \in A_0\} = \{\tau \mid \tau(x_0) \in \alpha(A_0)\}$ であるから，

$$D \cap (\alpha D) = \{\tau \mid \tau(x_0) \in A_0 \cap \alpha(A_0)\}$$

である．いま，$\hat{G}$ は正則であるから，α は固定点をもたず，定理 27.1 より

どのブロックも固定しない．よって，ブロック $\alpha(A_0)$ は A_0 と異なるので，$|A_0 \cap \alpha(A_0)| = \lambda$ で，正則性より，$|D \cap (\alpha D)| = \lambda$ である．これは単位元でないすべての元 α に対して成り立ち，主張は示された．　□

とくに，**巡回** (v,k,λ)-差集合，つまり，$\mathbb{Z}_v$ の差集合が存在することと，巡回自己同型写像，すなわち，長さ v の一つのサイクルで構成される点（またはブロック）上のサイクル分解がある自己同型写像をもつ対称 (v,k,λ)-デザインが存在することは同値である．

さて，アーベル群の差集合に注目しよう．理想的には，すべての差集合を記述・分類したい——どの群が差集合をもっているのか，それがどれくらいあるのかなどを知りたい．これはパラメータの値が小さい場合には可能であろうが，一般に存在性の問題はそれ自体がすでに非常に難しい．

$D \subseteq G$ が (v,k,λ)-差集合であることと，$G \setminus D$ が $(v, v-k, v-2k+\lambda)$-差集合であることは同値である．よって，$k < \frac{1}{2}v$ の場合を考えることにする．

また，D が差集合であることと，D のすべての平行移動が差集合であることは同値であるということにも注意する．

$(v,k) = 1$ のとき，すべての平行移動の剰余類から自然な代表元を選ぶことも考えられる；これは分類の助けになり，次の章で役に立つ．アーベル群 G の部分集合の元の和が 0 のとき，**正規化**されている (normalized) という．

命題 27.4　D を位数 v のアーベル群 G の k-部分集合とする．$(v,k) = 1$ ならば，D は正規化された平行移動をただ一つもつ．

証明　h を D の元の和とする．このとき，平行移動 $D+g$ の元の和は $h+kg$ である．$(v,k) = 1$ より，$h + kg = 0$ を満たす群の元 g がただ一つ存在する．　□

パラメータが $(v,k,\lambda) = (7,3,1)$, $(13,4,1)$, $(11,5,2)$, $(21,5,1)$ のときの正規化された差集合がそれぞれ以下のようになることを確認されたい．

$$\mathbb{Z}_7 \text{ の } \{1,2,4\},\ \{3,5,6\}$$
$$\mathbb{Z}_{13} \text{ の } \{0,1,3,9\},\ \{0,2,5,6\},\ \{0,4,10,12\},\ \{0,7,8,11\}$$
$$\mathbb{Z}_{11} \text{ の } \{1,3,4,5,9\},\ \{2,6,7,8,10\}$$
$$\mathbb{Z}_{21} \text{ の } \{7,14,3,6,12\},\ \{7,14,9,15,18\}$$

これは定理28.3を学ぶと簡単にわかる．例28.2を見よ．もちろん，$(v,k)=1$ のとき，差集合の個数は正規化された差集合の個数の v 倍ある．たとえば，$\mathbb{Z}_{13}$ にはパラメータが $(13,4,1)$ の差集合は52個ある．

最後に，α が群 G の任意の自己同型写像ならば，部分集合 $D \subseteq G$ が差集合であることと，$\alpha(D)$ が差集合であることが同値になることに注意しよう．よって，平行移動と G の対称性を用いることで，与えられた差集合から別の差集合を得ることができる．$D_2 = \alpha(D_1) + g$ となる $\alpha \in \mathrm{Aut}(G)$ と $g \in G$ が存在するとき，G の差集合 D_1, D_2 は**同値**であるという．これが同値関係であることを確認せよ．上に挙げた正規化された差集合は同じパラメータをもつものは互いに同値である．実際に，それぞれの群の位数と互いに素なある整数を掛けることで，それぞれの差集合が他の差集合から得られる．

問題 27B　$\mathbb{Z}_2 \times \mathbb{Z}_2 \times \mathbb{Z}_2 \times \mathbb{Z}_2$ の $(16,6,2)$-差集合はすべて同値であることを示せ．

問題 27C　例19.4のパラメータ $v=4t^2$, $k=2t^2-t$, $\lambda=t^2-t$ の対称デザインが正則アダマール行列に関係しているという事実を思い出してほしい．A と B をそれぞれ群 G, H の $(4x^2, 2x^2-x, x^2-x)$-差集合，$(4y^2, 2y^2-y, y^2-y)$-差集合とする（$x=1$ または $y=1$ を許す）．このとき，

$$D := (A \times (H \backslash B)) \cup ((G \backslash A) \times B)$$

が，$G \times H$ の $(4z^2, 2z^2-z, z^2-z)$-差集合であることを示せ．ただし，$z = 2xy$ である．（よって，G が位数4の群 m 個の直積ならば，G に $(4^m, 2\cdot 4^{m-1} - 2^{m-1}, 4^{m-1} - 2^{m-1})$-差集合が存在する．）

いくつかの既知の差集合族を挙げておく．知られている構成法はすべて

有限体かベクトル空間のどちらか，またはその両方を用いている．最初の例は，本質的にアダマール行列に関する第 18 章の Paley 行列の議論に含まれているが，差集合の形でもう一度述べておく．パラメータが

$$(v, k, \lambda) = (4n-1, 2n-1, n-1)$$

である差集合は**アダマール差集合**とよばれる．

定理 27.5（Paley–Todd）　$q = 4n-1$ を素数冪とする．このとき，$\mathbb{F}_q$ の零でない平方元の集合 D は $\mathbb{F}_q$ の加法群の $(4n-1, 2n-1, n-1)$-差集合である．

証明　明らかに，$|D| = 2n-1$ である．

D は零でない平方元の集合 S の元の積で不変であるから，D の元の差の多重集合 M もこの性質をもつ．また，M は明らかに -1 の積で不変である．$q \equiv 3 \pmod 4$ より，$-1 \notin S$ であり，$\mathbb{F}_q$ の零でないどの元も S に属するか，ある $s \in S$ で $-s$ と書ける．まとめると，M は $\mathbb{F}_q$ の零でないすべての元の積で不変だから，D はある λ について $(4n-1, 2n-1, \lambda)$-差集合である．$\lambda(v-1) = k(k-1)$ より，$\lambda = n-1$ である．　□

定理 27.5 より，$\mathbb{Z}_7$ の差集合 $\{1, 2, 4\}$，$\mathbb{Z}_{11}$ の差集合 $\{1, 3, 4, 5, 9\}$，および $\mathbb{Z}_{19}$ の差集合 $\{1, 4, 5, 6, 7, 9, 11, 16, 17\}$ が得られる．$q = 27$ の場合の $(27, 13, 6)$-差集合は，$\mathbb{Z}_{27}$ ではなく，位数 27 の基本アーベル群 $\mathbb{Z}_3 \times \mathbb{Z}_3 \times \mathbb{Z}_3$ の差集合である．

問題 27D　$q > 3$ ならば，Paley–Todd 差集合は正規化されていることを示せ．

Stanton–Sprott (1958) は別のアダマール差集合族を見つけた．

定理 27.6　q と $q+2$ がいずれも奇数で素数冪のとき，$4n-1 := q(q+2)$ とすると，環 $R := \mathbb{F}_q \times \mathbb{F}_{q+2}$ の加法群に $(4n-1, 2n-1, n-1)$-差集合が存在する．

証明　$U := \{(a, b) \in R \mid a \neq 0, b \neq 0\}$ を R の単数群とする．V を，a,

bがそれぞれ体 $\mathbb{F}_q$, $\mathbb{F}_{q+2}$ において平方元，または a も b も平方元でないような組 (a,b) で構成されている U の部分集合とする．V が指数 2 の U の部分群であること，および，$(-1,-1) \notin V$ であることを確かめよ．ここで，$T := \mathbb{F}_q \times \{0\}$ とおくと，$D := T \cup V$ が題意の差集合であるということを示せばよい．なお，$|D| = q + \frac{1}{2}(q-1)(q+1) = 2n-1$ である．

D は V の元の積により不変であるから，D の元の差の多重集合も，$(-1,-1)$ の積で不変であり，また V の積により不変である．よって，D の元の差の多重集合はすべての U の元の積について不変である．よって，U のすべての元は差として同じ回数現れる．この回数を λ_1 とおく．$x \neq 0$ である R のどの元 $(x,0)$ も D の元の差として現れる回数は等しく，これを λ_2 とおく．$y \neq 0$ である R のどの元 $(0,y)$ も D の元の差として現れる回数は等しく，これを λ_3 とおく．もちろん，

$$k(k-1) = (q-1)(q+1)\lambda_1 + (q-1)\lambda_2 + (q+1)\lambda_3 \tag{27.1}$$

である．

λ_2, λ_3 の値を求めることは簡単である．$x \neq 0$ について，差 $(x,0)$（この形の元は $q-1$ 個ある）は，T の元の差として $q(q-1)$ 回起こり，T の元と V の元の差としては起こらず，V の二つの元の差として $(q+1) \cdot (\frac{1}{2}(q-1))(\frac{1}{2}(q-1)-1)$ 回起こる．よって

$$(q-1)\lambda_2 = q(q-1) + (q+1) \cdot (\frac{1}{2}(q-1))(\frac{1}{2}(q-1)-1)$$

となり，このことから，$\lambda_2 = \frac{1}{4}(q+3)(q-1)$ とわかる．同様にして（問題 27E），$\lambda_3 = \frac{1}{4}(q+3)(q-1)$ であることが示せる．よって，式 (27.1) から $\lambda_1 = \frac{1}{4}(q+3)(q-1)$ も導かれる． □

問題 27E　定理 27.6 の証明中の表記について，$\lambda_3 = \frac{1}{4}(q+3)(q-1)$ を示せ．

q, $q+2$ がどちらも素数（双子素数）であるとき，定理 27.6 から巡回差集合が得られる．s, t が互いに素な整数ならば，$\mathbb{Z}_s \times \mathbb{Z}_t$ と $\mathbb{Z}_{st}$ は加法群として同型である——環としても同型である．同型写像 $\mathbb{Z}_{st} \to \mathbb{Z}_s \times \mathbb{Z}_t$ は $x \pmod{st} \mapsto (x \pmod{s}, x \pmod{t})$ で与えられる．これにより，たとえば，

$\mathbb{Z}_{15}$ の $(15, 7, 3)$-差集合 $\{0, 5, 10, 1, 2, 4, 8\}$ が得られる．

問題 27F　巡回 $(35, 17, 8)$-差集合の元を求めよ．

次に述べる定理 27.7（Singer の定理）の特別な場合として，次のパラメータをもつ，もう一つのアダマール巡回差集合族が得られる．

$$v = 2^t - 1, \quad k = 2^{t-1} - 1, \quad \lambda = 2^{t-2} - 1$$

第23章で $PG(n, q)$ の点と超平面がパラメータ

$$v = \frac{q^{n+1} - 1}{q - 1}, \quad k = \frac{q^n - 1}{q - 1}, \quad \lambda = \frac{q^{n-1} - 1}{q - 1} \tag{27.2}$$

の対称デザインであることを示したことを思い出してほしい．

定理 27.7　任意の素数冪 q と正の整数 n について，位数 v の巡回群に式 (27.2) のパラメータの差集合 D が存在し，それから作られる対称デザインは $PG(n, q)$ の点集合と超平面集合で作られるデザインに同型である．

証明　定理 27.3 から，長さ v の一つのサイクル上の点を入れ換える $PG(n, q)$ の自己同型写像が存在すること，またはこれと同値な，自己同型写像の冪が射影点の集合上可移に作用することさえ示せば十分である．$PG(n, q)$ の点は $\mathbb{F}_q$ 上の $(n+1)$ 次元ベクトル空間 V の 1 次元部分空間である．V から V 自身への任意の正則な線形変換 T は部分空間を同じ次元の部分空間に写すので，$PG(n, q)$ 上の自己同型写像が得られる．

$V := \mathbb{F}_{q^{n+1}}$ を $\mathbb{F}_q$ 上の $(n+1)$ 次元ベクトル空間と見なす．ω を $\mathbb{F}_{q^{n+1}}$ の原始元とし，$\mathbb{F}_q$ 上の V の線形変換 $T : x \mapsto \omega x$ を考える．T が正則で，その冪は射影点上（零でないベクトルの集合上でも！）可移であることは明らかである．□

上の定理 27.7 の証明中で構成された差集合は **Singer 差集合**とよばれる（Singer (1938) を参照せよ）．この構成法のより明示的な表現とその例を与える．ω を $\mathbb{F}_{q^{n+1}}$ の原始元とし，$v := (q^{n+1} - 1)/(q - 1)$ と定義する．$\mathbb{F}_{q^{n+1}}$ の巡回乗法群 $\langle \omega \rangle$ は位数 $q - 1$ の部分群をただ一つもつ，すなわち，

$$\langle \omega^v \rangle = \{\omega^0 = 1, \omega^v, \omega^{2v}, \ldots, \omega^{(q-2)v}\}$$

である．一方，部分体 $\mathbb{F}_q$ の乗法群の位数は $q-1$ であるから，$\mathbb{F}_q = \{0, \omega^0, \omega^v, \omega^{2v}, \ldots, \omega^{(q-2)v}\}$ とわかる．

いま，$\mathbb{F}_{q^{n+1}}$ を $\mathbb{F}_q$ 上のベクトル空間と考えるとき，$\mathbb{F}_{q^{n+1}}$ の二つのベクトル ω^i と ω^j が $\mathbb{F}_{q^{n+1}}$ の同じ 1 次元部分空間をなすことと，ある $0 \neq \alpha \in \mathbb{F}_q$ について $\omega^i = \alpha\omega^j$，つまり $i \equiv j \pmod{v}$ であることは同値である．よって，1 次元部分空間（射影点）の集合 X と，v を法とする剰余群 $\mathbb{Z}_v$ の間の 1 対 1 対応が得られる：

$$\begin{aligned}
0 \leftrightarrow x_0 &= \{0, \omega^0, \omega^v, \omega^{2v}, \ldots, \omega^{(q-2)v}\} \\
1 \leftrightarrow x_1 &= \{0, \omega^1, \omega^{v+1}, \omega^{2v+1}, \ldots, \omega^{(q-2)v+1}\} \\
&\vdots \\
i \leftrightarrow x_i &= \{0, \omega^i, \omega^{v+i}, \omega^{2v+i}, \ldots, \omega^{(q-2)v+i}\} \\
&\vdots \\
v-1 \leftrightarrow x_{v-1} &= \{0, \omega^{v-1}, \omega^{2v-1}, \omega^{3v-1}, \ldots, \omega^{(q-1)v-1}\}
\end{aligned}$$

写像 $x_i \mapsto x_{i+1}$（添え字は v を法とする）は射影空間の自己同型写像である．差集合を得るために，U を $\mathbb{F}_{q^{n+1}}$ の任意の n 次元部分空間とし，$D := \{i \in \mathbb{Z}_v \mid x_i \in U\}$ とおく．U として（$\mathbb{F}_{q^{n+1}}$ から $\mathbb{F}_q$ への）トレースが 0 である元からなる部分空間を選んだとき，正規化された差集合が得られる．

例 27.2　$n = 2$, $q = 5$ の場合を考え，$(31, 6, 1)$-差集合を構成する．多項式 $y^3 + y^2 + 2$（係数は $\mathbb{F}_5$ の元）の零点 ω は $\mathbb{F}_{5^3}$ の原始元であり，1, ω, ω^2 は $\mathbb{F}_5$ 上のベクトル空間としての $\mathbb{F}_{5^3}$ の基底である．$\mathbb{F}_{5^3}$ の零でない 124 個の元は部分群 $\langle \omega^{31} \rangle = \{3, 4, 2, 1\} = \mathbb{F}_5 \setminus \{0\}$ について 31 個の剰余類に分けられ，各剰余類は 1 次元部分空間の非零ベクトル全体である．2 次元部分空間として $U := \mathrm{span}\{1, \omega\}$ を選ぶ．U 上の射影点の代表元として 1, ω, $\omega + 1$, $\omega + 2$, $\omega + 3$, $\omega + 4$ を選ぶことができ，少し計算をすると，

$$1 = \omega^0$$
$$\omega = \omega^1$$
$$\omega + 1 = \omega^{29}$$
$$\omega + 2 = \omega^{99}$$
$$\omega + 3 = \omega^{80}$$
$$\omega + 4 = \omega^{84}$$

が得られる．結果として $\mathbb{Z}_{31}$ の Singer 差集合

$$\{0, 1, 29, 6, 18, 22\}$$

が得られる．

問題 27G　$\mathbb{Z}_{57}$ の $(57, 8, 1)$-差集合を求めよ．（手計算で見つけるのは少し困難かもしれない．）

$n = 3$, $q = 2$ のときを考える．このとき，$PG(3, 2)$ の点は $\mathbb{F}_{2^4}$ の零でない元と 1 対 1 に対応していて，$\mathbb{F}_{2^4}$ の零でない元は 15 を法とする剰余類と 1 対 1 に対応している．この最小の 3 次元射影空間のすべての直線と平面を書き出すことは，巡回自己同型写像を理解する上で役に立つであろう．

y^4+y+1（係数は $\mathbb{F}_2$ の元）の零点 ω は $\mathbb{F}_{2^4}$ の原始元であり，$\omega^3, \omega^2, \omega, 1$ は $\mathbb{F}_2$ 上の $\mathbb{F}_{2^4}$ の基底をなす．$\mathbb{F}_{2^4}$ の任意の元は $a_3\omega^3 + a_2\omega^2 + a_1\omega + a_0$ と一意に表すことができ，これを以下 $a_3a_2a_1a_0$ と略す．このとき，$\omega^4+\omega+1 = 0$ であり，つまり，$\omega^4 = 0011$ であることがわかる．まず次のように ω の冪のベクトル代表元の表が得られる．

$\mathbb{F}_{2^4}$

$\omega^0 = 0001$	$\omega^5 = 0110$	$\omega^{10} = 0111$
$\omega^1 = 0010$	$\omega^6 = 1100$	$\omega^{11} = 1110$
$\omega^2 = 0100$	$\omega^7 = 1011$	$\omega^{12} = 1111$
$\omega^3 = 1000$	$\omega^8 = 0101$	$\omega^{13} = 1101$
$\omega^4 = 0011$	$\omega^9 = 1010$	$\omega^{14} = 1001$

$PG(3,2)$

	直線		平面
$\{0,5,10\}$	$\{0,1,4\}$	$\{0,2,8\}$	$\{1,2,4,8,0,5,10\}$
$\{1,6,11\}$	$\{1,2,5\}$	$\{1,3,9\}$	$\{2,3,5,9,1,6,11\}$
$\{2,7,12\}$	$\{2,3,6\}$	$\{2,4,10\}$	$\{3,4,6,10,2,7,12\}$
$\{3,8,13\}$	$\{3,4,7\}$	$\{3,5,11\}$	$\{4,5,7,11,3,8,13\}$
$\{4,9,14\}$	$\{4,5,8\}$	$\{4,6,12\}$	$\{5,6,8,12,4,9,14\}$
	$\{5,6,9\}$	$\{5,7,13\}$	$\{6,7,9,13,5,10,0\}$
	$\{6,7,10\}$	$\{6,8,14\}$	$\{7,8,10,14,6,11,1\}$
	$\{7,8,11\}$	$\{7,9,0\}$	$\{8,9,11,0,7,12,2\}$
	$\{8,9,12\}$	$\{8,10,1\}$	$\{9,10,12,1,8,13,3\}$
	$\{9,10,13\}$	$\{9,11,2\}$	$\{10,11,13,2,9,14,4\}$
	$\{10,11,14\}$	$\{10,12,3\}$	$\{11,12,14,3,10,0,5\}$
	$\{11,12,0\}$	$\{11,13,4\}$	$\{12,13,0,4,11,1,6\}$
	$\{12,13,1\}$	$\{12,14,5\}$	$\{13,14,1,5,12,2,7\}$
	$\{13,14,2\}$	$\{13,0,6\}$	$\{14,0,2,6,13,3,8\}$
	$\{14,0,3\}$	$\{14,1,7\}$	$\{0,1,3,7,14,4,9\}$

$q=2$ のとき，Singer 差集合はアダマール差集合のパラメータをもつことに注意せよ．定理 27.5 と定理 27.7 から $(31,15,7)$-差集合が得られるが，これら二つの差集合は同値でなく，「同型」でさえない．二つの差集合は対応する対称デザインが同型であるとき，**同型**であるという．同値な差集合は必ず同型になるが，その逆は必ずしも成り立たない．31 を法とする平方剰余の差集合 D について

$$D \cap (D+1) \cap (D+3) = \{5,8,10,19\}$$

が成り立つ．平面の共通部分もまた平面で，$PG(4,2)$ はちょうど 4 点からなる平面をもたないから，デザイン $(\mathbb{Z}_{31}, \{D+g \mid g \in \mathbb{Z}_{31}\})$ は $PG(4,2)$ の点と超平面がなすデザインと同型にはなれない．

Gordon–Mills–Welch (1962) は，Singer の定理の構成法が，いくつかの場合に，同じパラメータをもつ同値でない多くの差集合を構成できるように

改良されることを示した.

問題 27H　D をアーベル群 G の $(n^2+n+1, n+1, 1)$-差集合とするとき, $-D$ は D に付随する射影平面の卵型 (oval) であることを示せ.

問題 27I　q を素数冪として, $G=\{0, a_0, a_1, \ldots, a_q\}$ を位数 $q+2$ の任意の群とする. V を $\mathbb{F}_q$ 上の 2 次元ベクトル空間とし, U_0, U_1, $\ldots$, U_q をその 1 次元部分空間とする.

$$D := \bigcup_{i=0}^{q} \{a_i\} \times U_i$$

が $G \times V$ の差集合であることを示せ. たとえば, $(45, 12, 3)$-差集合が得られる.

ノート

巡回差集合を一般の群について拡張するアイデアは R. H. Bruck (1955) による.

問題 27I は McFarland (1973) の結果である.

定理 27.2 は, 任意の 2-デザインが, 単純であるかどうかに関わらず成り立つ. もちろん, 任意の結合構造 $\boldsymbol{S} = (\mathcal{P}, \mathcal{B}, \boldsymbol{I})$ の自己同型写像を定義しなければならない. 正確には, $(x, A) \in \boldsymbol{I}$ と $(\alpha(x), \beta(A)) \in \boldsymbol{I}$ が等価であるような $\mathcal{P}$ 上の置換 α と $\mathcal{B}$ 上の置換 β の組 (α, β) を $\boldsymbol{S}$ の自己同型写像とよぶ. 自己同型写像全体は座標ごとの合成に関して群をなす. 自己同型群 Γ の第 1 座標に関する置換 α は点の置換群 Γ_1 をなし, 自己同型群 Γ の第 2 座標に関する置換 β はブロックの置換群 Γ_2 をなす. 点, ブロック上の Γ の軌道は, それぞれ Γ_1, Γ_2 の軌道を意味する.

参考文献

[1] R. E. Block (1967), On the orbits of collineation groups, *Math. Z.* **96**, 33–49.

[2] R. H. Bruck (1955), Difference sets in a finite group, *Trans. Amer. Math. Soc.* **78**, 464–481.

[3] B. Gordon, W. H. Mills, and L. R. Welch (1962), Some new difference sets, *Canad. J. Math.* **14**, 614–625.

[4] R. L. McFarland (1973), A family of difference sets in non-cyclic groups, *J. Combinatorial Theory (A)* **15**, 1–10.

[5] J. Singer (1938), A theorem in finite projective geometry and some applications to number theorey, *Trans. Amer. Math. Soc.* **43**, 377–385.

[6] R. G. Stanton and D. A. Sprott (1958), A family of difference sets, *Canad. J. Math.* **10**, 73–77.

第28章　差集合と群環

差集合の研究において群環は自然で便利な理論的枠組みを与える．差集合の存在は群環上の特定の代数方程式の解の存在と同値である．ここでは，Bruck–Ryser–Chowla の定理より強い，差集合のパラメータに関する数論的存在条件を得るとともに，M. Hall, Jr. による有名な multiplier 定理を導くために群環を用いる．

R を環（可換で単位元 1 をもつ）とし，G を（加法に関する）有限アーベル群とする．**群環** $R[G]$ の要素は，各 $g \in G$ について係数 $a_g \in R$ をもつ形式和

$$A = \sum_{g \in G} a_g x^g$$

で表される．（x は単なる記号である．重要なのは G の各要素 g に対して R の要素 a_g が対応している，つまり，群環の要素は写像 $G \to R$ と 1 対 1 に対応するということである.）

加法とスカラー倍を自然に

$$\sum_{g \in G} a_g x^g + \sum_{g \in G} b_g x^g := \sum_{g \in G} (a_g + b_g) x^g$$

$$c \sum_{g \in G} a_g x^g := \sum_{g \in G} (ca_g) x^g$$

と定義する．$R[G]$ における乗法は

$$\sum_{g \in G} a_g x^g \sum_{g \in G} b_g x^g := \sum_{g \in G} \left(\sum_{h+h'=g} a_h b_{h'} \right) x^g$$

と定義する．

これらの定義により，$R[G]$ は可換で結合法則を満たす R-代数である．この表記はアーベル群に適しており，多項式と似た性質をもつ．G が v を法とする剰余類からなる加法群のとき，群環 $R[\mathbb{Z}_v]$ は形式和 $\sum_{i=0}^{v-1} r_i x^i$ の集合であり（指数は v を法とする），多項式環 $R[x]$ の剰余環 $R[x]/(x^v - 1)$ と同型であることに注意する．便宜上，一般に任意の群環 $R[G]$ の要素を $A(x)$, $B(x)$, ... と書く．$x^0 \in R[G]$ は $R[G]$ における乗法の単位元であり，x^0 を 1 と書く．

ここではとくに，群環 $\mathbb{Z}[G]$ を扱う．部分集合 $A \subseteq G$ に対して，$A(x) \in \mathbb{Z}[G]$ を

$$A(x) = \sum_{g \in A} x^g$$

と定義する．とくに，$G(x) = \sum_{g \in G} x^g$ である．$A, B \subseteq G$ について，

$$A(x)B(x) = \sum_{g \in G} c_g x^g$$

と書くと，c_g は A と B の元の和の多重集合

$$(h + h' \mid h \in A,\ h' \in B)$$

に g が現れる回数である．

$A(x) = \sum_{g \in G} a_g x^g \in \mathbb{Z}[G]$ に対して，

$$A(x^{-1}) := \sum_{g \in G} a_g x^{-g}$$

と書く．位数 v の群 G の k-元部分集合 D について，D が G において (v, k, λ)-差集合であることは，$n := k - \lambda$ としたときに群環 $\mathbb{Z}[G]$ において等式

$$D(x)D(x^{-1}) = n + \lambda G(x)$$

が成り立つことと同値である．

$\mathbb{Z}[G]$ から $\mathbb{Z}$ への写像

$$A(x) \mapsto A(1) := \sum_{g \in G} a_g \in \mathbb{Z}$$

は重要な準同型写像である．

命題 28.1　v, k, λ を

$$\lambda(v-1) = k(k-1)$$

を満たす正の整数，G を位数 v のアーベル群とする．G において (v,k,λ)-差集合が存在することと，$n := k - \lambda$ としたときに等式

$$A(x)A(x^{-1}) = n + \lambda G(x) \tag{28.1}$$

を満たす $A(x) \in \mathbb{Z}[G]$ が存在することは同値である．

証明　G の部分集合 D について，$D(x)$ が式 (28.1) を満たすことは，D が (v,k,λ)-差集合であるための必要十分条件であることをすでに指摘した．あとは，式 (28.1) の解 $A(x)$ が存在するならば，係数 b_g が $0, 1$ である解 $B(x) = \sum_{d \in G} b_g x^g$ も存在することを示せばよい．

$A(x)$ が式 (28.1) を満たすと仮定し，$\mathbb{Z}[G]$ から $\mathbb{Z}$ への準同型写像 $x \mapsto 1$ を適用する．

$$(A(1))^2 = n + \lambda v = k^2$$

が得られ，$A(1) = k$ または $-k$ である．いま $A(x)$ が式 (28.1) を満たしているならば，$B(x) = -A(x)$ もこの式を満たすから，$A(1) = \sum a_g = k$ と仮定してよい．

$A(x)A(x^{-1})$ における $1 = x^0$ の係数は $k = \sum_{g \in G} a_g^2$ である．ゆえに，$\sum_{g \in G} a_g(a_g - 1) = 0$ である．しかし，$a(a-1)$ は整数 a が 0 または 1 でない限り，真に正である．　□

どのような整数 t についても，$g \mapsto tg$ は群 G から G 自身への準同型写像であり，誘導される写像 $\mathbb{Z}[G] \to \mathbb{Z}[G]$，すなわち

$$A(x) = \sum_{g \in G} a_g x^g \mapsto A(x^t) := \sum_{g \in G} a_g x^{tg}$$

は環準同型写像である．$A, B \in \mathbb{Z}[G]$, $n \in \mathbb{Z}$ について，$A - B = nC$ となる $C \in \mathbb{Z}[G]$ が存在するとき $A \equiv B \pmod{n}$ と書く．ここでよく用いられる簡単な補題を紹介する．

補題 28.2　p を素数，$A \in \mathbb{Z}[G]$ とする．このとき，

$$(A(x))^p \equiv A(x^p) \pmod{p}$$

証明　$A(x)$ の 0 でない係数の個数についての数学的帰納法で示す．$A(x) = 0$ のとき補題は成り立つ．いま，$B^p(x) \equiv B(x^p) \pmod{p}$ のとき $A(x) = cx^g + B(x)$ ならば，$\bmod p$ で

$$\begin{aligned} A^p(x) &= (cx^g + B(x))^p \equiv (cx^g)^p + B^p(x) \\ &= c^p x^{pg} + B^p(x) \equiv cx^{pg} + B(x^p) = A(x^p) \end{aligned}$$

となる．　□

G をアーベル群，D を G の差集合とする．G の自己同型写像 α は，差集合 $\alpha(D)$ が D の平行移動である，つまり $\alpha(D) = D + g$ となる $g \in G$ が存在するとき，D の **multiplier** とよばれる．たとえば，$\mathbb{Z}_{13}$ で $\{0, 6, 9, 8\} = \{0, 2, 3, 7\} + 6$ であるから，自己同型写像 $x \mapsto 3x$ は $(13, 4, 1)$-差集合 $\{0, 2, 3, 7\}$ の multiplier であることがわかる．

t が G の位数と互いに素な整数ならば，$x \mapsto tx$ は G の自己同型写像である．なぜならば，写像 $x \mapsto t_1 x$ と $x \mapsto t_2 x$ が一致することは，v^* を G の指数すなわち G の元の位数の最小公倍数としたとき，$t_1 \equiv t_2 \pmod{v^*}$ が成り立つことに同値となるからである．$x \mapsto tx$ が G における差集合 D の multiplier のとき，t を D の **numerical multiplier**，もしくは **Hall multiplier** とよぶ．多くの差集合（たとえば，知られているすべての巡回差集合）が必ず自明でない numerical multiplier をもたなければならないことは驚くべきことである．

問題 28A　p を素数とし，$q = p^t$ とする．p が前章で触れた Singer 差集合

の multiplier であることを証明せよ．

G の自己同型写像 α が G の差集合 D の multiplier であるための必要十分条件が，群環 $\mathbb{Z}[G]$ において $D(x^\alpha) = x^g \cdot D(x)$ となる $g \in G$ が存在することであることに注目せよ．

定理 28.3（第 1 multiplier 定理） D を位数 v のアーベル群 G における (v, k, λ)-差集合とする．p を素数，$p|n$, $(p, v) = 1$, $p > \lambda$ とする．このとき，p は D の numerical multiplier である．

証明の一部を補題として示しておこう．

補題 28.4 α を G の自己同型写像とし，D を G の (v, k, λ)-差集合とする．

$$S(x) := D(x^\alpha)D(x^{-1}) - \lambda G(x)$$

とおく．このとき，α が D の multiplier であることは $S(x)$ が非負係数のみをもつことと同値である．

証明 まず，α が multiplier ならば，$D(x^\alpha) = x^g \cdot D(x)$ となる $g \in G$ が存在することがわかる．このとき，

$$D(x^\alpha)D(x^{-1}) = x^g \cdot D(x)D(x^{-1}) = x^g(n + \lambda G(x)) = nx^g + \lambda G(x)$$

である．よって，この場合は上で定義した $S(x)$ が nx^g と等しくなるような $g \in G$ が存在する．とくに，これは非負係数しかもたない．逆に，$D(x^\alpha)D(x^{-1}) = nx^g + \lambda G(x)$ ならば，これに $D(x)$ をかけて

$$D(x^\alpha)(n + \lambda G(x)) = nx^g \cdot D(x) + \lambda D(x)G(x),$$
$$nD(x^\alpha) + \lambda kG(x) = nx^g \cdot D(x) + \lambda kG(x)$$

となる．よって，$D(x^\alpha) = x^g \cdot D(x)$ となり，α は multiplier である．

いま，$x \mapsto x^\alpha$ は $\mathbb{Z}[G]$ の自己同型写像であるから，$D(x^\alpha)D(x^{-\alpha}) = n + \lambda G(x)$，つまり，$\alpha(D)$ も差集合であり，

$$\begin{aligned}S(x)S(x^{-1}) &= \{D(x^\alpha)D(x^{-1}) - \lambda G(x)\}\{D(x^{-\alpha})D(x) - \lambda G(x)\}\\ &= \{n + \lambda G(x)\}^2 - 2\lambda k^2 G(x) + \lambda^2 v G(x)\\ &= n^2 + 2\lambda(n + \lambda v - k^2)G(x) = n^2\end{aligned}$$

となる．

ここで，非負係数 s_g で $S(x) = \sum_{g\in G} s_g x^g$ と書けると仮定する．$g, h \in G$ について $s_g > 0$ かつ $s_h > 0$ ならば，$S(x)S(x^{-1}) = n^2$ において x^{g-h} の係数は最小で $s_g s_h$，つまり真に正であるから，$x^{g-h} = x^0$，すなわち $g = h$ である．よって，$S(x)$ は正の係数をただ一つもつことができ，それを $S(x) = s_g x^g$ としよう．等式 $S(x)S(x^{-1}) = n^2$ より $s_g = n$ でなければならず，$S(x) = nx^g$ と書ける．したがって上で述べたように，α が multiplier であるといえる．□

定理 28.3 の証明　$S(x) := D(x^p)D(x^{-1}) - \lambda G(x)$ とおく．補題 28.4 より，$S(x)$ が非負係数のみをもつことを示せば十分である．p は n を割り切り，$\lambda k^{p-1} \equiv \lambda^p \equiv \lambda \pmod p$ であるから，補題 28.2 より，

$$\begin{aligned}D(x^p)D(x^{-1}) &\equiv D^p(x)D(x^{-1}) \equiv D^{p-1}(x)D(x)D(x^{-1})\\ &\equiv D^{p-1}(x)\cdot(n + \lambda G(x)) \equiv nD^{p-1}(x) + \lambda k^{p-1}G(x)\\ &\equiv \lambda G(x) \pmod p\end{aligned}$$

となる．ゆえに，$D(x^p)D(x^{-1})$ の係数は明らかに非負であり，すべて p を法として λ と合同である．$p > \lambda$ だから，$D(x^p)D(x^{-1})$ の係数は λ 以上でなければならない，つまり，$S(x)$ は非負係数のみをもつ．□

問題 28B　$S(x)S(x^{-1}) = 4$ であり，$S(x) \neq \pm 2x^g$ という性質をもつ $\mathbb{Z}[\mathbb{Z}_7]$ における元 $S(x)$ を求めよ．

$p > \lambda$ という仮定は定理 28.3 の証明において，なくてはならない条件であった．しかし，すべての既知の差集合において，n のすべての素因数（v を割り切らない）は multiplier である．つまり，仮定 $p > \lambda$ は不要かもしれないが，いまでも，この仮定が必要かどうかは古典的な未解決問題である．第 1 multiplier 定理の一般化がいくつか知られているが，それらはいず

れも条件 $p > \lambda$ を取り除くことができれば自明なものとなる．以下では，まず，第 1 multiplier 定理の応用についていくつかの結果を述べ，次に，定理の一般化について述べる．

系　$\lambda = 1$ のとき，n のすべての素因数，したがって n のすべての約数は任意の $(n^2+n+1, n+1, 1)$-差集合の multiplier である．

例 28.1　$n \equiv 0 \pmod 6$ のとき，$(n^2+n+1, n+1, 1)$-差集合は存在しない．なぜならば，そのような差集合 D が存在すると仮定したとき，必要なら D をその平行移動に置き換えて，D は正規化されている，すなわち，すべての multiplier で固定されているとしても一般性を失わない．2 も 3 も multiplier になるから，$x \in D$ について，$2x$ と $3x$ も D に属する．このとき，差 x は 2 回起こる．すなわち，1 回は $2x - x$ で，もう 1 回は $3x - 2x$ で起きる．これらは $3x \neq 2x$，つまり，$x \neq 0$ である限り 2 回起こることになり，$\lambda = 1$ に反する．

問題 28C　n が 10, 14, 15, 21, 22, 26, 34, 35 のいずれかで割り切れるとき，$(n^2+n+1, n+1, 1)$-差集合が存在しないことを証明せよ．

multiplier 定理などを用いると，平面的差集合は，n が素数冪でない限り，$n \leq 3600$ の範囲では存在しないことを示すことができる．しかし，一般に，n が素数冪でなければ，平面的差集合は存在しないという予想は未解決である．

例 28.2　$\mathbb{Z}_{21}$ における $(21, 5, 1)$-差集合 D を考える．第 1 multiplier 定理により，2 は multiplier であるから，$2D = D$ である．ゆえに，D は $\mathbb{Z}_{21}$ において $x \mapsto 2x$ のサイクルの和集合でなければならない．これらは

$$\{0\},\ \{1,2,4,8,16,11\},\ \{3,6,12\},\ \{5,10,20,19,17,13\}$$
$$\{7,14\},\ \{9,18,15\}$$

である．しかし，D は 5 個の元をもつから，もしそのような差集合があるならば，D は $\{7,14,3,6,12\}$ か $\{7,14,9,18,15\}$ でなければならない．これらはいずれも差集合であることがわかる．そして，一方は他方の -1 倍

であるから，このパラメータをもつ42個の差集合はすべて同値である．

問題 28D　パラメータが $(7,3,1)$, $(11,5,2)$, $(13,4,1)$, $(19,9,4)$, $(31,10,3)$, $(37,9,2)$ の正規化された差集合をすべて見つけよ．（注意：これらのパラメータのうち一つについては差集合が存在しない．）

ここで，群環に関する簡単な補題を二つ紹介する．

補題 28.5　G を位数 v のアーベル群，p を $p \nmid v$ を満たす素数とする．$A \in \mathbb{Z}[G]$ とし，ある正の整数 m について $A^m \equiv 0 \pmod{p}$ と仮定する．このとき，$A \equiv 0 \pmod{p}$ である．

証明　$q \geq m$ かつ $q \equiv 1 \pmod{v}$ となる p の冪乗 $q = p^e$ を選ぶ．このとき，$A^q(x) \equiv 0 \pmod{p}$ となる．しかし，補題 28.2 により，$A^q(x) \equiv A(x^q) \pmod{p}$ であるから，$A(x^q) \equiv 0 \pmod{p}$ である．$q \equiv 1 \pmod{v}$ であるから，すべての $g \in G$ について $qg = g$ であり，$A(x) = A(x^q)$ である．　□

$\mathbb{Z}[G]$ において $x^g \cdot G(x) = G(x)$ であることに留意する．これより，

$$A(x)G(x) = A(1)G(x)$$

となる．$n \in \mathbb{Z}$, $A, B \in \mathbb{Z}[G]$ に対して，$A - B$ が n と $G = G(x)$ で生成された $\mathbb{Z}[G]$ におけるイデアルの元，つまり，ある $C \in \mathbb{Z}[G]$ について

$$A - B = nC + mG$$

が成り立つとき，$A \equiv B \pmod{n, G}$ と表す．

補題 28.6　G を位数 v のアーベル群，p を $p \nmid v$ なる素数とする．$A \in \mathbb{Z}[G]$ かつある正の整数 m について

$$A^m \equiv 0 \pmod{p, G}$$

が成り立つならば，$A \equiv 0 \pmod{p, G}$ である．

証明　$q \equiv 1 \pmod{v}$, $q \geq m$ となる $q = p^e$ を選ぶ．このとき，$A^q(x) \equiv 0$

(mod p, G) で $A^q(x) \equiv A(x^q) = A(x)$ (mod p) である． □

定理 28.7（第 2 multiplier 定理） D を指数が v^* であるアーベル群 G の (v,k,λ)-差集合とする．t を $(t,v)=1$ を満たす整数とする．また，$m>\lambda$ を満たす $n:=k-\lambda$ の約数 m で，m の各素因数 p について $p^f \equiv t \pmod{v^*}$ となるような整数 f が存在するものがあると仮定する．このとき，t は D の numerical multiplier である．

証明 補題 28.2, 28.4, 28.5, および次の結果を用いる．

D を G の (v,k,λ)-差集合とし，α を G の自己同型写像とする．$S(x):=D(x^\alpha)D(x^{-1})-\lambda G(x)$ とおく．α の位数を e とすると，α^e は単位元である．このとき，群環 $\mathbb{Z}[G]$ において，

$$S(x)S(x^\alpha)S(x^{\alpha^2})\cdots S(x^{\alpha^{e-1}}) = n^e$$

が成り立つことを示そう．任意の整数 i について，

$$D(x^{\alpha^i})D(x^{-\alpha^i}) = n+\lambda G(x) \equiv n \pmod{G}$$

であり，

$$\begin{aligned} S(x^{\alpha^i}) &= D(x^{\alpha^{i+1}})D(x^{-\alpha^i}) - \lambda G(x) \\ &\equiv D(x^{\alpha^{i+1}})D(x^{-\alpha^i}) \pmod{G} \end{aligned}$$

であることに注意しよう．このとき，

$$\begin{aligned} &S(x)S(x^\alpha)S(x^{\alpha^2})\cdots S(x^{\alpha^{e-1}}) \\ &\quad \equiv \{D(x^\alpha)D(x^{-1})\}\{D(x^{\alpha^2})D(x^{-\alpha})\}\cdots\{D(x)D(x^{-\alpha^{e-1}})\} \\ &\quad \equiv \{D(x)D(x^{-1})\}\{D(x^\alpha)D(x^{-\alpha})\}\cdots\{D(x^{\alpha^{e-1}})D(x^{-\alpha^{e-1}})\} \\ &\quad \equiv n^e \pmod{G} \end{aligned}$$

である．ゆえに，ある整数 l について $S(x)S(x^\alpha)\cdots S(x^{\alpha^{e-1}}) = n^e + lG(x)$ である．しかし，$S(1)=(D(1))^2-\lambda G(1)=k^2-\lambda v=n$ である．よって，準同型写像 $x\mapsto 1$ を考えると，$n^e=n^e+lv$ が得られ，$l=0$ となる．

定理の証明を続けるために，$S(x):=D(x^t)D(x^{-1})-\lambda G(x)$ とおく．t が

multiplierであることを示すには，補題28.4により，$S(x)$が非負係数のみをもつことを示せば十分である．$S(x)$の各係数は$-\lambda$以上であり，$m > \lambda$であるから，$S(x) \equiv 0 \pmod{m}$を示すことができれば，係数の非負性がいえる．したがって，pが素数でp^iがmを割り切るときは常に$S(x) \equiv 0 \pmod{p^i}$が成り立つことを証明すれば十分である．以下，これを示す．

eをtの$\bmod\ v^*$での位数とすると，$t^e \equiv 1 \pmod{v^*}$となる．上で示したように，

$$S(x)S(x^t)S(x^{t^2})\cdots S(x^{t^{e-1}}) = n^e$$

となる．pをmの素因数とし，fを$p^f \equiv t \pmod{v^*}$を満たす整数とする．このとき，

$$S(x)S(x^{p^f})S(x^{p^{2f}})\cdots S(x^{p^{f(e-1)}}) = n^e$$

である．

nを割り切るpの冪乗の中で最も大きいものをp^iとし，$S(x)$（のすべての係数）を割り切るpの冪乗の中で最も大きいものをp^jとすると，$S(x) = p^jT(x)$と書ける．ただし，$T(x) \not\equiv 0 \pmod{p}$である．すると，

$$p^jT(x)p^jT(x^{p^f})\cdots p^jT(x^{p^{f(e-1)}}) = n^e$$

となるから，p^jがnを割り切り（よって$j \leq i$），

$$T(x)T(x^{p^f})\cdots T(x^{p^{f(e-1)}}) = (\frac{n}{p^j})^e$$

となる．$j < i$と仮定すると，$(\frac{n}{p^j})^e$はpで割り切れる．このとき，

$$\begin{aligned} 0 &\equiv T(x)T(x^{p^f})\cdots T(x^{p^{f(e-1)}}) \\ &\equiv T(x)T^{p^f}(x)\cdots T^{p^{f(e-1)}}(x) \\ &\equiv (T(x))^{1+p^f+\cdots+p^{f(e-1)}} \pmod{p} \end{aligned}$$

であるが，このとき補題28.5より，$T(x) \equiv 0 \pmod{p}$であり，これはjの取り方に矛盾する．ゆえに，$i = j$である．　□

系　$n = p^e$，pは素数，$(p,\ v) = 1$であるならば，pは任意の(v, k, λ)-差集

合の numerical multiplier である．

証明　差集合 D とその補集合 $G \setminus D$ は同じ multiplier をもっている．ゆえに，$k < \frac{1}{2}v$ と仮定してよく，$n > \lambda$ となる．定理 28.7 において，$m = n$, $t = p$ とすればよい．　□

例 28.3　$(25, 9, 3)$-差集合を考える．上の定理において，$t = 2$, $m = 6$ とすると，$3^3 \equiv 2 \pmod{25}$ であるから，2 が multiplier であることがわかる．

問題 28E　パラメータ $(15, 7, 3)$, $(25, 9, 3)$, $(39, 19, 9)$, $(43, 15, 5)$, $(61, 16, 4)$ をもつ正規化された差集合をすべて見つけよ．また，各パラメータの組について，それらの正規化された差集合が同値であるかどうか決定せよ．（注意：上のパラメータをもつ差集合は存在しないものが多い．）

問題 28F　D を非自明な (v, k, λ)-差集合とする．-1 が D の multiplier ならば，v は偶数であることを証明せよ．

問題 28G　-1 を multiplier としてもつ $\mathbb{Z}_6 \times \mathbb{Z}_6$ における $(36, 15, 6)$-差集合を見つけよ．

* * *

D を偶数位数 v のアーベル群 G の (v, k, λ)-差集合とする．定理 19.11 (1) より，n は平方数でなければならない．しかし，差集合の場合は，さらに n はどのような整数の平方数でなければならないかということもわかる．A をアーベル群 G の指数 2 の任意の部分群とする．D が A の a 個の元と $B := G \setminus A$ の b 個の元からなるとしよう．B の各元は D の差として λ 回ずつ現れ，一つの元が A に属し，もう一つの元が B に属する差だけが B にあるから，$2ab = \frac{1}{2}\lambda v$ である．これと $a + b = k$ より，$(a - b)^2 = n$ であることがわかる．

いま v が 3 で割り切れると仮定し，A を G の指数 3 の部分群，B と C を G における A の剰余類とする．D が A の元を a 個，B の元を b 個，C の元を c 個含むとする．B に属する D の差の数は $ba + cb + ac$ であり，一方，それは $\frac{1}{3}\lambda v$ とならなければならない．これと $a + b + c = k$ より，$4n =$

$(b+c-2a)^2+3(b-c)^2$ であることがわかる．いま，すべての整数がある平方数と別の平方数の 3 倍との和で書けるわけではないから，この条件より，特定の差集合の非存在がいえる．たとえば，パラメータ $(39,19,40)$ をもつ対称デザインは存在するが，$4n=40$ は上のように書けないから $(39,19,9)$-差集合は存在しない．

群環の準同型写像を考えることで上の差集合のパラメータに関する必要条件を一般化しよう．$\alpha : G \to H$ が準同型写像ならば，α は環準同型写像 $\mathbb{Z}[G] \to \mathbb{Z}[H]$ を誘導する．

$$A(x) = \sum a_g x^g \mapsto A(x^\alpha) := \sum a_g x^{\alpha(g)} \in \mathbb{Z}[H]$$

定理 28.8　D をアーベル群 G の (v,k,λ)-差集合とする．$u>1$ を v の約数とする．p が n の素因数で，ある整数 f について

$$p^f \equiv -1 \pmod{u}$$

が成り立つならば，p は n の無平方因子を割り切らない．

証明　より強い主張を証明しよう．$\alpha : G \to H$ を位数が u で，指数が u^* の群 H の上への準同型写像とする．p が素数で，ある f について $p^f \equiv -1 \pmod{u^*}$ を満たすと仮定する．n が p の偶数乗 p^{2j} で割り切れることと，この j について

$$\mathbb{Z}[H] \text{ において，} D(x^\alpha) \equiv 0 \pmod{p^j, H}$$

となることを示す．言い換えれば，$D(x^\alpha)$ のすべての係数（これは α の核の各剰余類に属する D の元の数である）が互いに p^j を法として合同であることを示す．

n を割り切る p の冪乗の中で最も大きいものを p^i とする．仮定 $p^f \equiv -1 \pmod{u^*}$ は $\mathbb{Z}[H]$ において $D(x^{-\alpha}) = D(x^{p^f\alpha})$ を意味するから，

$$\begin{aligned} D(x^\alpha)D(x^{p^f\alpha}) &= D(x^\alpha)D(x^{-\alpha}) \\ &= n + \lambda\frac{v}{u}H(x) \equiv 0 \pmod{p^i, H} \qquad (28.2) \end{aligned}$$

である．$D(x^\alpha) \equiv 0 \pmod{p^j, H}$ となるような p の冪乗のうち最も大きい

ものをp^jとおく．$D(x^\alpha) \equiv p^j A(x) \pmod{H}$となる．読者は，式(28.2)が$2j \le i$であることを意味し，そして，$2j < i$ならば$A(x)A(x^{p^f}) \equiv 0 \pmod{p, H}$であることがわかるであろう．しかし，補題28.2と補題28.6より，$A(x)^{1+p^f} \equiv 0 \pmod{p, H}$であり，さらに，$A(x) \equiv 0 \pmod{p, H}$である．これは$j$の選び方と矛盾するので，$2j = i$である． □

定理28.8の結論は次の通りである．vが3で割り切れるならば，nの無平方因子のすべての素因数がmod 3で0もしくは1と合同である．vが5で割り切れるならば，nの無平方因子のすべての素因数がmod 5で0もしくは1と合同である．vが7で割り切れるならば，nの無平方因子のすべての素因数がmod 7で0, 1, 2, 4のいずれかと合同である．

例28.4　定理28.8の証明の中で得たより強い主張の応用例を考えよう．Gに$(154, 18, 2)$-差集合Dが存在するとする．$\alpha : G \to H$を位数$u = 11$の群Hの上への準同型写像とする．$p := 2$とする．$2^5 \equiv -1 \pmod{11}$であるから，$D(x^\alpha) \equiv 0 \pmod{4, H}$であると結論付けられる．これは$D(x^\alpha)$の11個のすべての係数が4を法としてある整数$h$と合同であることを意味する．11個の係数の和は18だから，hは2である．しかし，このとき係数の和は少なくとも22であり，この条件はそのような差集合が存在しないことを示している．

問題28H　Dをアーベル群Gの$(q^4+q^2+1, q^2+1, 1)$-差集合とする．$\alpha : G \to H$を位数$u := q^2-q+1$の群Hの上への準同型写像とする．αの核のどのような剰余類も，Dから得られる位数q^2の射影平面のBaer部分平面の点集合であることを示せ．たとえば，位数4の射影平面の21点は三つのファノ配置に分割される．

問題28I　Dをアーベル群Gの$(q^3+q^2+q+1, q^2+q+1, q+1)$-差集合とし，$\alpha : G \to H$を位数$u := q+1$の群$H$の上への準同型写像とする．$D$の平行移動が$q+1$個の点もしくは一つの点で$\alpha$の核の剰余類と交わることを示せ．さらに，$D$から得られた対称デザインが$PG_3(q)$の点と平面からなるならば，それらの剰余類は卵形体（ovoid，例26.5参照）であることを示せ．

ノート

有名なmultiplier定理は最初に巡回平面的差集合の場合について，Hall (1947)により証明された．それはHall–Ryser (1951)によって$\lambda > 1$の場合に一般化され，さらにいろいろな方向に拡張された．たとえば，Mann (1965), Baumert (1971), Lander (1983)を見よ．代数的整数論とアーベル群の指標はこれらの結果の証明に有用であるが，本章では群環のみを用いて定理28.7と28.8の証明を与えた．

Marshall Hall (1910–1990)は組合せデザイン論と同様に，群論や符号理論においても基盤となる研究を行った．彼は著者たちを含む多くの数学者に多大な影響を与えた．

定理28.8はK. Yamamoto (1963)による．

参考文献

[1] L. D. Baumert (1971), *Cyclic Difference Sets*, Lecture Notes in Math. **182**, Springer-Verlag.

[2] M. Hall (1947), Cyclic projective planes, *Duke J. Math.* **14**, 1079–1090.

[3] M. Hall and H. J. Ryser (1951), Cyclic incidence matrices, *Canad. J. Math.* **3**, 495–502.

[4] E. S. Lander (1983), *Symmetric Designs: An Algebraic Approach*, London Math. Soc. Lecture Note Series **74**, Cambridge University Press.

[5] H. B. Mann (1965), *Addition Theorems*, Wiley.

[6] K. Yamamoto (1963), Decomposition fields of difference sets, *Pacific J. Math.* **13**, 337–352.

第29章　符号と対称デザイン

この章では，第20章で紹介したいくつかの話題について詳しく述べる．第20章では，位数が$n \equiv 2 \pmod 4$であるような射影平面の生成行列の行は，2進符号を張り，その拡張符号は自己双対であることを学んだ．1985年に，H. A. Wilbrinkらによってその結果を用いて，$n > 2$で$n \equiv 2$ $\pmod 4$の場合には平面的差集合が存在しないということが示された．定理29.7を参照されたい．

別の素体$\mathbb{F}_p$上の結合行列の行によって張られる符号についても考えることができる．定理20.6と本質的に同様な証明により，次の定理が導かれる．

定理 29.1　素数pが$n := k - \lambda$を割り切るとき，対称(v, k, λ)-デザインの生成行列Nの行で$\mathbb{F}_p$上で張られる符号Cの，$\mathbb{F}_p$上の次元は高々$(v+1)/2$である．もし，$(p, k) = 1$で，p^2がnを割り切らないならば，このp進符号の次元はちょうど$(v+1)/2$となる．

問題 29A　定理29.1を証明せよ．

一般には，符号Cを拡張して，通常のドット積に関して$\mathbb{F}_p^v$上で自己直交であるような，長さ$v+1$の符号を得ることはできない．ここでは，奇素数pに対して，別の「スカラー積」を考えてみよう．

体$\mathbb{F}$上の正則な$m \times m$行列Bと$\boldsymbol{x}$, $\boldsymbol{y} \in \mathbb{F}^m$に対して，スカラー積（または二次形式）

$$\langle \boldsymbol{x}, \boldsymbol{y} \rangle := \boldsymbol{x} B \boldsymbol{y}^{\mathrm{T}}$$

を考える．$\mathbb{F}^m$ の部分空間 C について，

$$C^B := \{\boldsymbol{x} \mid \text{すべての } \boldsymbol{y} \in C \text{ に対して } \langle \boldsymbol{x}, \boldsymbol{y} \rangle = 0\}$$

とする．このとき，C と C^B は相補的な次元をもっていて，$(C^B)^B = C$ である．$C \subseteq C^B$ のとき，C は**全等方的** (totally isotropic) であるという．この用語はこの自己直交性の一般化にふさわしいものであり，次の Witt の定理で用いられている．この定理の証明は，本質的には定理 26.6 の一部を言い換えたものである．

定理 29.2　標数が奇数の体 $\mathbb{F}$ 上の対称な正則行列 B について，$\mathbb{F}^m$ 上の次元 $m/2$ の全等方的な部分空間が存在することは，$(-1)^{m/2}\det(B)$ が $\mathbb{F}$ 上で平方数となることと同値である．

証明　$m/2$ 次元の全等方的な部分空間は，$PG(m-1, 2)$ 上の射影点の集合と見なすと，非退化な二次形式

$$f(\boldsymbol{x}) = \boldsymbol{x} B \boldsymbol{x}^{\mathrm{T}}$$

によって定義される二次曲面 Q に完全に含まれるような $(m/2)-1$ 次元のフラットである．定理 26.6 より，そのような部分空間が存在することと Q が双曲型 (hyperbolic) であることは同値である．したがって，Q が双曲型であることと $(-1)^{m/2}\det(B)$ が $\mathbb{F}$ で平方数となることが同値となることを確かめればよい．

f_1 が f と射影同値な二次形式であれば，$B_1 = UBU^{\mathrm{T}}$ なる正則行列 U が存在して，$f_1(\boldsymbol{x}) = \boldsymbol{x} B_1 \boldsymbol{x}^{\mathrm{T}}$ と書ける．当然，$(-1)^{m/2}\det(B)$ が平方数となることは $(-1)^{m/2}\det(B_1)$ が平方数となることと同値である．

もし Q が双曲型ならば，f は二次形式 $f_1 = x_1x_2 + \cdots + x_{m-1}x_m$ と同値で B_1 は行列

$$W = \frac{1}{2}\begin{pmatrix} 0 & 1 \\ 1 & 0 \end{pmatrix}$$

を対角上に $m/2$ 個ならべたようなブロック対角行列となる．そのとき，$(-1)^{m/2}\det(B_1)=1/2^m$ となり，平方数となる．

もし Q が楕円型ならば，f は二次形式 $f_1 = x_1x_2+\cdots+x_{m-3}x_{m-2}+p(x_{m-1},x_m)$ と同値である．ただし $p(x,y)=ax^2+2bxy+cy^2$ は $\mathbb{F}$ 上の既約な二次形式であり，ここで B_1 は $(m/2)-1$ 個の行列 W と，ある行列

$$\begin{pmatrix} a & b \\ b & c \end{pmatrix}$$

が対角上に並ぶブロック対角行列である．このとき，$(-1)^{m/2}\det(B_1)=(b^2-ac)/2^{m-2}$ となり，この値は p が既約であることから $\mathbb{F}$ 上の非平方数となる． □

次元がその長さの半分に等しい全等方的な部分空間を**自己双対**とよぶと便利である．E. S. Lander (1983) は，長さ $v+1$ の p 進符号の集合族と，対称デザインのスカラー積を，n がちょうど p の奇数冪で割り切れるとき，符号の一つが自己双対となるように対応させる方法を示した．このとき定理 29.2 はそのような対称デザインのパラメータの条件を与える．これらの条件は Bruck–Ryser–Chowla の定理（定理 19.11）の結果としてすでに取り上げられている．ある意味で，これらの自己双対符号は，Bruck–Ryser–Chowla の定理の一部に「組合せ論的な解釈」を与えている．その符号はデザインのもつ情報を伝承し，その情報から対称デザインの理論でのさらなる応用が導かれる．詳しくは Lander (1983) を参照されたい．

定理 29.3　n が素数 p の奇数冪でちょうど割り切れる対称 (v,k,λ)-デザインが存在したと仮定する．このとき，$n=p^f n_0$（f は奇数），$\lambda=p^b\lambda_0$ と表す．ただし，$(n_0,p)=(\lambda_0,p)=1$ であるとする．このとき，長さ $v+1$ の p 進符号で，

$$B=\begin{cases} \mathrm{diag}(1,1,\ldots,1,-\lambda_0) & b\text{ が偶数のとき，}\\ \mathrm{diag}(1,1,\ldots,1,n_0\lambda_0) & b\text{ が奇数のとき} \end{cases}$$

に対応するスカラー積に関して，自己双対なものが存在する．

よって，定理 29.2 より，

$$\begin{cases} -(-1)^{(v+1)/2}\lambda_0 \text{ が平方数} \pmod p & b \text{ が偶数のとき,} \\ (-1)^{(v+1)/2} n_0 \lambda_0 \text{ が平方数} \pmod p & b \text{ が奇数のとき} \end{cases}$$

が成り立つ.

定理 29.3 の証明のために，まず二つの命題を示す.

任意の整数 $m \times m$ 行列 A が与えられたとき，その行のすべての**整数係数**の線形結合の $\mathbb{Z}$ 加群 $M(A)$，すなわち，

$$M(A) := \{\boldsymbol{y}A \mid \boldsymbol{y} \in \mathbb{Z}^m\}$$

を考える．素数 p を固定して，任意の自然数 i に対して，次の加群を定義する.

$$M_i := \{\boldsymbol{x} \in \mathbb{Z}^m \mid p^i \boldsymbol{x} \in M(A)\}$$
$$N_i := \{\boldsymbol{y} \in \mathbb{Z}^m \mid A\boldsymbol{y}^{\mathrm{T}} \equiv 0 \pmod{p^{i+1}}\}$$

$M_0 = M(A)$ であり，すべての i に対して，$M_i \subseteq M_{i+1}$, $N_i \supseteq N_{i+1}$ となっている．ここで，

$$C_i := M_i \pmod p, \quad D_i := N_i \pmod p \tag{29.1}$$

とする．つまり，M_i または N_i のすべての整数ベクトルを mod p で読んだものを C_i または D_i とする．このとき，各 C_i, D_i はベクトル空間 $\mathbb{F}_p^n$ の部分空間，つまり $\boldsymbol{p}$ **進線形符号**となる．明らかに，

$$C_0 \subseteq C_1 \subseteq C_2 \subseteq \cdots \quad \text{かつ} \quad D_0 \supseteq D_1 \supseteq D_2 \supseteq \cdots$$

である.

命題 29.4 すべての非負整数 i について，$C_i^{\perp} = D_i$ である.

証明 $\boldsymbol{x}$ と $\boldsymbol{y}$ を整数ベクトルで，$\boldsymbol{x} \pmod p \in C_i$ と $\boldsymbol{y} \pmod p \in D_i$ とする．よって，ある整数ベクトル $\boldsymbol{a}$, $\boldsymbol{b}$, $\boldsymbol{z}$ について，

$$p^i(\boldsymbol{x} + p\boldsymbol{a}) = \boldsymbol{z}A \quad \text{かつ} \quad A(\boldsymbol{y} + p\boldsymbol{b})^{\mathrm{T}} \equiv 0 \pmod{p^{i+1}}$$

である．このとき，

$$p^i(\boldsymbol{x}+p\boldsymbol{a})(\boldsymbol{y}+p\boldsymbol{b})^{\mathrm{T}}=\boldsymbol{z}A(\boldsymbol{y}+p\boldsymbol{b})^{\mathrm{T}}\equiv 0 \pmod{p^{i+1}}$$

であり，これは $\mathbb{F}_p$ 上で $\boldsymbol{x}\cdot\boldsymbol{y}^{\mathrm{T}}=0$ であることを意味する．

C_i と D_i の次元を足し合わせて n になることを示せば証明が完結する．あるユニモジュラー行列（自身も逆行列も整数成分からなる行列）E, F が存在して，$S := EAF$ が対角行列で，その対角成分 $d_1, d_2, \ldots, d_m$ が整数で $d_1 \mid d_2 \mid \cdots \mid d_m$ となる．（S を A の **Smith 標準形**とよび，これらの d_i を**単因子**という．）ここで，加群を

$$M'_i := \{\boldsymbol{x} \mid p^i\boldsymbol{x} \in M(S)\},$$
$$N'_i := \{\boldsymbol{y} \mid S\boldsymbol{y}^{\mathrm{T}} \equiv 0 \pmod{p^{i+1}}\}$$

と定義すると，加群 M_i, N_i はそれぞれ，加群 M'_i, N'_i と，どちらももう一方にユニモジュラーな線形変換を作用させて得られるという意味で，**同値**である．よって，M_i と M'_i の $\mathbb{F}_p$ 上の次元は等しく，N_i と N'_i についても同様である．

p^{i+1} は $d_1, \ldots, d_t$ を割り切らないが，$d_{t+1}, \ldots, d_m$ を割り切ると仮定する．このとき，$\boldsymbol{y} \in N'_i$ であることは，$\boldsymbol{y}$ の初めの t 個の成分が p で割り切れることを意味する．したがって，初めの t 個の成分が 0 である任意のベクトル $\boldsymbol{y}$ は，N'_i の元である．よって，$N'_i \pmod p$ は標準基底ベクトルの最後から $m-t$ 個のベクトルによって張られる $m-t$ 次元部分空間である．同様に，$\boldsymbol{x} \in M'_i$ は最後から $d-t$ 個の成分が p で割り切れることを意味し，少しの考察により，$M'_i \pmod p$ は標準基底ベクトルの最初の t 個のベクトルによって張られる t 次元部分空間であることがわかる． □

命題 29.5　A, B, U を $m \times m$ の整数行列で，

$$ABA^{\mathrm{T}} = nU \tag{29.2}$$

を満たし，U, B はある素数 p について mod p で正則であるとする．$n = p^e n_0$ と表す．ただし，$(p, n_0) = 1$ とする．式 (29.1) のように，A から p 進符号の列 C_i を定義する．このとき，$C_e = \mathbb{F}_p^m$ で，

$$C_i^B = C_{e-i-1} \quad (i = 0, 1, \ldots, e-1)$$

である．とくに e が奇数ならば，$C_{\frac{1}{2}(e-1)}$ は $\mathbb{F}_p^m$ 上で B で定義されるようなスカラー積に関する自己双対 p 進符号となる．

証明　$\boldsymbol{x}$, $\boldsymbol{y}$ は整数成分からなるベクトルで，$\boldsymbol{x} \pmod p \in C_i$，$\boldsymbol{y} \pmod p \in C_{e-i-1}$ を満たすものとする．つまり，ある整数値ベクトル $\boldsymbol{z}_1$，$\boldsymbol{z}_2$，$\boldsymbol{a}_1$，$\boldsymbol{a}_2$ が存在して，

$$p^i(\boldsymbol{x} + p\boldsymbol{a}_1) = \boldsymbol{z}_1 A, \quad p^{e-i-1}(\boldsymbol{y} + p\boldsymbol{a}_2) = \boldsymbol{z}_2 A$$

と書ける．このとき，式 (29.2) より，

$$p^{e-1}\langle \boldsymbol{x}, \boldsymbol{y} \rangle = p^{e-1}\boldsymbol{x}B\boldsymbol{y}^{\mathrm{T}} \equiv \boldsymbol{z}_1 ABA^{\mathrm{T}}\boldsymbol{z}_2^{\mathrm{T}} \equiv 0 \pmod{p^e}$$

となる．よって，$\mathbb{F}_p$ 上で $\langle \boldsymbol{x}, \boldsymbol{y} \rangle = 0$, $C_{e-i-1} \subseteq C_i^B$ とわかる．

ここで，$\boldsymbol{x} \in C_i^B$ とする．これは $\boldsymbol{x}B \in C_i^{\perp}$ を意味し，命題 29.4 より D_i に等しく，$\mathrm{mod}\, p$ で見ると $\boldsymbol{x}$ となるようなある整数ベクトル $\boldsymbol{x}'$ に対して，

$$\boldsymbol{x}'BA^{\mathrm{T}} \equiv 0 \pmod{p^{i+1}}$$

となる．式 (29,2) から，$A \cdot BA^{\mathrm{T}}U^{-1} = nI$ となり，任意の行列は自身の逆行列と可換であるので，

$$BA^{\mathrm{T}}U^{-1} \cdot A = nI \tag{29.3}$$

となる．U は mod p で正則であるので，dU^{-1} は，p と互いに素なある整数 d，たとえば $d := \det(U)$ について整数行列となる．式 (29.3) の左側から $d\boldsymbol{x}'$ を掛けると，

$$\boldsymbol{x}'BA^{\mathrm{T}}(dU^{-1})A = p^e dn_0 \boldsymbol{x}'$$

となり，

$$\boldsymbol{z}A = p^{e-i-1}dn_0\boldsymbol{x}'$$

となる．ただし，$\boldsymbol{z} := \frac{1}{p^{i+1}}\boldsymbol{x}'BA^{\mathrm{T}}(dU^{-1})$ は整数ベクトルである．これは，

$p^{e-i-1}dn_0\boldsymbol{x}'$ が M_{e-i-1} の元であることを意味しており，したがって，$\boldsymbol{x} \in C_{e-i-1}$ となる．

$C_e = \mathbb{F}_p^m$ であるという主張はやさしい問題として読者に残しておこう．

□

問題 29B $C_e = \mathbb{F}_p^m$ を証明せよ．

定理 29.3 の証明 N を対称 (v, k, λ)-デザインの結合行列とし，p を素数とする．$(\lambda_0, p) = 1$ なる λ_0 と，$a \geq 0$ について，$\lambda = p^{2a}\lambda_0$ と仮定する．λ が p の奇数冪で割り切れるときについては後で説明する．

$$A := \begin{pmatrix} & & & p^a \\ & N & & \vdots \\ & & & p^a \\ p^a\lambda_0 & \cdots & p^a\lambda_0 & k \end{pmatrix}, \quad B := \begin{pmatrix} 1 & & & 0 \\ & \ddots & & \\ & & 1 & \\ 0 & & & -\lambda_0 \end{pmatrix} \tag{29.4}$$

とする．読者は，N の性質と関係式 $\lambda(v-1) = k(k-1)$ を用いて，$ABA^{\mathrm{T}} = nB$ となることを確かめられたい．

λ が p の偶数冪を因数にもつとき，$U := B$ として，命題 29.5 を，式 (29.4) の行列 A, B の場合に適用する．

一方，λ が p の奇数冪を因数にもつとき，与えられた対称デザインの補デザイン，すなわち，対称 $(v, v-k, \lambda')$ デザインを考える．このとき，$\lambda' = v - 2k + \lambda$ であり，$\lambda\lambda' = n(n-1)$ であることから，$\lambda' = p^c\lambda_0'$（ただし，$(\lambda_0', p) = 1$）と表すと，c は奇数で，

$$\lambda_0\lambda_0' = n_0(n-1) \equiv -n_0 \pmod{p}$$

となる．$-\lambda_0'$ を $\lambda_0 n_0$ に替えても，$\bmod p$ で平方因子だけしか異ならないので，上の結果が成立する． □

次の定理は，問題 19M の結果であるが，定理 29.3 の証明に近い証明を与えておこう．

定理 29.6 位数が $n \equiv 2 \pmod{4}$ の **カンファレンス行列**（conference 行列）が存在するならば，素数 $p \equiv 3 \pmod{4}$ で，$n-1$ の無平方因子

(square-free part) を割るものは存在しない．

証明　位数 n のカンファレンス行列 A は，$AA^{\mathrm{T}} = (n-1)I_n$ を満たす整数行列である．命題 29.5 で，$A = U = I$ とすると，$n-1$ の無平方因子のどの約数 p（p は素数）に対しても，後半の条件を満たし，標準的な内積に関して長さ n の自己双対 p 進符号が存在する．定理 29.2 から，そのような各素数 p は，$p \equiv 1 \pmod 4$ であるとわかる．□

* * *

素数 p がアーベル群 G の位数 v を割り切らないとき，群環 $\mathbb{F}_p[G]$ は，$\mathbb{F}_p = \mathbb{Z}_p$ 上の**半単純代数** (semi-simple algebra) となる．半単純代数とは，0 でない冪零元 (nilpotents) が存在しない，つまり，$a \neq 0$ で，ある非負整数 m に対して $a^m = 0$ となる a が存在しない代数である．零元以外の冪零元が存在しないことは，補題 28.5 より示されている．Wedderburn の定理より，体 F 上の単位元 $\mathcal{A}$ をもつ可換な半単純代数は，F の拡大体の直積と同型である．よって，$\mathcal{A}$ の各イデアル $\mathcal{I}$ は単項イデアルで，**冪等元** e，つまり $e^2 = e$ となる元 e で生成される．証明は代数学の上級者向けのテキストを参照されたい．

この情報がすべて必要なわけではないが，冪等元で生成された単項イデアルについて，必要な事実がいくつかある．これらはよい演習問題である．

最初に，$\mathcal{I} = \langle e_1 \rangle$ かつ $\mathcal{I} = \langle e_2 \rangle$ で，e_1, e_2 ともに冪等元であれば，$e_1 = e_2$ である．$\mathcal{I}_1 = \langle e_1 \rangle, \mathcal{I}_2 = \langle e_2 \rangle$ で e_1, e_2 ともに冪等元であるとする．このとき，

$$\mathcal{I}_1 \cap \mathcal{I}_2 = \langle e_1 e_2 \rangle, \quad \mathcal{I}_1 + \mathcal{I}_2 = \langle e_1 + e_2 - e_1 e_2 \rangle$$

となる．$e_1 e_2$ も $e_1 + e_2 - e_1 e_2$ も冪等元であることに注意しよう．

定理 29.7　D を位数 $v := n^2+n+1$ のアーベル群 G の $(n^2+n+1, n+1, 1)$-差集合とする．このとき，$n \equiv 0 \pmod 2$ で $n \not\equiv 0 \pmod 4$ ならば，$n = 2$ である．$n \equiv 0 \pmod 3$ で $n \not\equiv 0 \pmod 9$ ならば，$n = 3$ である．

証明　D を，アーベル群 G の $(n^2+n+1, n+1, 1)$-差集合として，素数 p

を n の約数とする．定理 28.3 より，p は D の multiplier で，以下，D は p によって固定されているものとする．以下，$\mathbb{F}_p$-代数 $\mathbb{F}_p[G]$ 上で考える．

$\mathcal{I}_1$ を $D(x)$ で生成される $\mathbb{F}_p[G]$ のイデアルとし，$\mathcal{I}_2$ を $D(x^{-1})$ で生成されるイデアルとする．

$D(x^p) = D(x)$ であり，補題 28.2 より $D^p(x) = D(x^p)$ であるから，$\mathbb{F}_p[G]$ で $D^p(x) = D(x)$ となる．このとき，$D^{p-1}(x)$ は冪等元で，$\mathcal{I}_1$ を生成する．同様に，$D^{p-1}(x^{-1})$ は $\mathcal{I}_2$ の，冪等元の生成元である．$\mathcal{I}_1 \cap \mathcal{I}_2$ の生成元は，

$$D^{p-1}(x)D^{p-1}(x^{-1}) = (n + G(x))^{p-1} = G(x)$$

で，$\mathcal{I}_1 + \mathcal{I}_2$ の冪等元の生成元は，

$$D^{p-1}(x) + D^{p-1}(x^{-1}) - G(x)$$

である．

いま，$\mathcal{I}_1$ と $\mathcal{I}_2$ の $\mathbb{F}_p$ 上の次元を求めたい．一般に $A(x)$ で生成される単項イデアルの階数は，$x^g A(x)$ $(g \in G)$ の係数を行とする $v \times v$ 行列の階数である．この行列は，$A(x) = D(x)$ または $D(x^{-1})$ のとき，対称 $(n^2 + n + 1, n+1, 1)$-デザインの結合行列になっている．いま，p^2 が n を割り切らないと仮定すると，定理 29.1 より，$\mathcal{I}_1$ と $\mathcal{I}_2$ は $(v+1)/2$ 次元である．$\mathcal{I}_1 \cap \mathcal{I}_2$ の次元は 1 であるので，それらの和は v 次元でなくてはならない．群環全体をイデアルと見たときの冪等生成元は 1 であるから，$\mathbb{F}_p[G]$ 上

$$D^{p-1}(x) + D^{p-1}(x^{-1}) - G(x) = 1 \tag{29.5}$$

とわかる．

$p = 2, 3$ のときのみ上式が利用できる．$p = 2$ のとき，式 (29.5) は，$\mathbb{Z}[G]$ で $D(x) + D(x^{-1}) \equiv 1 + G(x) \pmod 2$ となることを意味する．$1 + G(x)$ の奇数係数の個数は $v - 1 - n^2 + n$ である．しかし，$D(x) + D(x^{-1})$ の奇数係数の個数が $2(n+1)$ を超えないことは，$n \leq 2$ からわかる．

$p = 3$ のとき，式 (29.5) は，$\mathbb{Z}[G]$ で $D^2(x) + D^2(x^{-1}) \equiv 1 + G(x) \pmod 3$ となることを意味する．$D^2(x)$ と $D^2(x^{-1})$ の 0 でない係数は，$n + 1$ 個の係数 1 と，$\binom{n+1}{2}$ 個の係数 2 からなる．C が任意の平面的差集合な

らば，各 $g \in C$ について，$C^2(x)$ に項 x^{2g} があり，各非順序対 $\{g, h\} \subseteq C$ について，項 $2x^{g+h}$ が存在する．$\lambda = 1$ より，$\{g_1, h_1\} \neq \{g_2, h_2\}$ ならば，$g_1+h_1 \neq g_2+h_2$ となる．そのような群環の二つの要素の和は mod 3 で 1 と合同な係数を $\binom{n+1}{2} + 2(n+1)$ 個より多くもつことはできないが，$1+G(x)$ は $n^2 + n$ 個の係数 1 をもつ．したがって，$n \geq 4$ といえる．　□

問題 29C　D を $n \equiv 2 \pmod 4$ の差集合とし，2 が D の multiplier であるとする．このとき，D のパラメータを n の関数として表せ．

ノート

定理 29.3 およびその証明への導入は，Lander (1983) に見られるように，p 進数の概念を用いるとよりエレガントに示すことができるが，ここでは，p 進数を用いずに示す方法を選んだ．

参考文献

[1] D. Jungnickel and K. Vedder (1984), On the geometry of planar difference sets, *European J. Combinatorics* **5**, 143–148.

[2] E. S. Lander (1983), *Symmetric Designs: An Algebraic Approach*, London Math. Soc. Lecture Note Series **74**, Cambridge University Press.

[3] V. Pless (1986), Cyclic projective planes and binary extended cyclic self-dual codes, *J. Combinatorial Theory* (A) **43**, 331–333.

[4] H. A. Wilbrink (1985), A note on planar difference sets, *J. Combinatorial Theory* (A) **38**, 94–95.

第30章　アソシエーションスキーム

$n \geq k$ とする．n 元集合の二つの k-元部分集合 A, B に対して，それらの間に $k+1$ 通りの関係が考えられる．すなわち，二つの集合が等しいとき，$k-1$ 個の要素を共有するとき，$k-2$ 個の要素を共有するとき，...，あるいは，それらが排反のときの $k+1$ 通りである．

A を二つ以上の要素をもつアルファベットとし，$\boldsymbol{a}, \boldsymbol{b} \in A^k$ を二つの語（長さ k の列）とすると，これらの二つの語の間には $k+1$ 通りの可能な関係がある．すなわち，二つの語が等しいとき，$k-1$ 個の座標が等しいとき，$k-2$ 個の座標が等しいとき，...，すべての座標が異なるときである．

上に見たような，ある集合とその上での互いに排反ですべての場合を尽くす二項関係は，すぐ後で定義する**アソシエーションスキーム**の例である．アソシエーションスキームは組合せ論の基礎の一つであり，少し難しいが，アソシエーションスキームを本章に入れることにした．アソシエーションスキームの構造は前章までにも暗に含まれている．2-クラスのアソシエーションスキームは，第21章の強正則グラフと同値であり，すでに議論してきた．この章では，第21章の一部の内容をより詳細に議論するが，最終目標は第21章とは異なるところにある．

アソシエーションスキームは，統計における実験計画法に起源があるが，Ph. Delsarte (1973) は，アソシエーションスキームがこの種の分野を統一的に扱うのに適していることを示した．とくに，符号理論と t-デザインの理論は，当初は独立に発展してきたが，それらのある側面はアソシエーションスキームにおける「双対的な」様相を呈している．たとえば，定理

19.8 のフィッシャーの不等式とその一般化は，形式的に，定理 21.1 の球詰め込み限界式の双対関係にある．本章では，完全符号と「タイト (tight)」t-デザインおよび直交配列の形式的双対性に関する Lloyd の定理の証明を与える．アソシエーションスキームの部分集合の分布ベクトルに関する定理 30.3 の Delsarte の不等式は符号語数に関する「線形計画限界式」を与え，また，極値集合論においても興味深い結果である．

集合 $\mathfrak{X}$ に対して，その直積集合 $\mathfrak{X} \times \mathfrak{X}$ の部分集合を $\mathfrak{X}$ 上の**二項関係**とよぶ．点集合 $\mathfrak{X}$ 上で，$\mathfrak{X} \times \mathfrak{X}$ を分割する $k+1$ 通りの対称的な二項関係を R_0, R_1, ..., R_k とする．ただし，各 R_i は空でなく，$R_0 = \{(x,x) \mid x \in \mathfrak{X}\}$ を恒等関係とよぶ．このとき，各 $0 \le \ell, i, j \le k$ に対して，ある非負整数 p_{ij}^{ℓ} が存在して，次の公理を満たすとする．任意に与えられた $(x,y) \in R_\ell$ に対して，$(x,z) \in R_i$, $(z,y) \in R_j$ を満たす要素 $z \in \mathfrak{X}$ がちょうど p_{ij}^{ℓ} 個存在する．このとき，上記の点集合 $\mathfrak{X}$ は，二項関係 R_0, R_1, ..., R_k をもつ ***k*-クラスのアソシエーションスキーム**あるいは単に**スキーム**であるという．また，$(x,y) \in R_i$ のとき，$x, y \in \mathfrak{X}$ は ***i*-種アソシエート**であるという．

このとき，非負整数 p_{ij}^{ℓ} の組をスキームの**パラメータ**という．p_{ii}^{0} の存在は，$\mathfrak{X}$ の任意の要素に対して，一定個数の i-種アソシエートである要素が存在することを意味する．この値を通常，n_i と書く．ここに，

$$p_{ii}^{0} = n_i \text{ かつ } p_{ij}^{0} = 0 \quad (i \neq j \text{ のとき}) \tag{30.1}$$

および

$$n_0 = 1, \quad n_0 + n_1 + \cdots + n_k = N$$

が成り立つ．ただし，$N = |\mathfrak{X}|$ である．n_0, n_1, ..., n_k はスキームの**次数** (degree) とよばれる．

例 30.1　ジョンソンスキーム $J(v,k)$：スキーム $J(v,k)$ の点集合は v 元集合 S の $\binom{v}{k}$ 個の k 元部分集合の族である．二つの k 元部分集合 A と B が $|A \cap B| = k - i$ を満たすとき，i-種アソシエートであるという．したがって，0-種アソシエートは，二つの部分集合が等しいことを意味する．パラメータ p_{ij}^{ℓ} の存在は，その構造の対称性からわかり，二項係数の積和で書け

ることもわかるであろう．しかし，煩雑さをさけるため，ここでは具体的には書かないことにする．

例 30.2　ハミングスキーム $H(n,q)$：スキーム $H(n,q)$ の点集合はサイズ q のアルファベット上の長さ n の q^n 個の語の集まりである．二つの語 x, y は，それらが，i 個の座標で異なるとき，i-種アソシエートであるという．0-種アソシエートのときは，二つの語が等しい．パラメータ p_{ij}^{ℓ} の存在は，構造の対称性からわかり，二項係数と $q-1$ の冪乗の積和で書けることもわかるが，具体的には書かない．

たとえば，スキーム $H(5,3)$ は 243 点をもつ 5-クラスのスキームである．読者は，$n_1 = 5 \cdot 2$, $n_2 = 10 \cdot 4$ などを確かめよ．

関係 R_i は頂点集合 $\mathfrak{X}$ 上の隣接関係を表すグラフ G_i と見なすことができる．（アソシエーションスキームは辺集合の特殊な分割，あるいは完全グラフの辺彩色である．）2-クラスのアソシエーションスキームを考えると，G_1 は次数 n_1，$\lambda = p_{11}^1$，$\mu = p_{11}^2$ の強正則グラフである．実際，強正則グラフにおいて，二つの異なる頂点が G の辺で結ばれていれば，それらは 1-種アソシエートであるとし，そうでなければ，2-種アソシエートであるとすると，2-クラスのアソシエーションスキームが得られる．このとき，他のパラメータも一定であり，グラフのパラメータから計算できる．たとえば，$p_{12}^1 = k - \lambda - 1$ である．

グラフ G において，頂点 x から距離 i にあり，かつ，頂点 y から距離 j にある頂点の数が，x, y によらずそれらの間の距離 ℓ だけによって決まるとき，G を**距離正則グラフ**という．すなわち，この場合，G において二つの頂点の距離が i であるときに限り i-種アソシエートであると定義することによりアソシエーションスキームが得られる．（そして，クラスの数はグラフの直径である．）Brouwer–Cohen–Neumaier (1989) を参照されたい．このようにして，得られるスキームは**距離スキーム**とよばれる．例 30.1 および例 30.2 のスキームは距離スキームである．また，下記の例 30.3 および例 30.4 のスキームも距離スキームである．

スキームにおいて，パラメータ p_{ij}^{ℓ} が存在することが重要であり，その値自身はさほど重要ではない．しばしば，それらの値をきれいに表現するのが難しいことが少なくない．たとえば，スキーム $J(v,k)$ において，p_{ij}^{ℓ} の表現に二項係数の3重和が必要になる．上に挙げた例では，その構造の対称性が p_{ij}^{ℓ} の存在を保証している．正確にいうと，いずれの場合にも，ある置換群 G が存在して，$\mathfrak{X}$ 上で，二つの順序対 (x_1, y_1) と (x_2, y_2) が同じ関係 R_i に属するのは，$\sigma(x_1) = x_2$, $\sigma(y_1) = y_2$ となるある置換 $\sigma \in G$ が存在するときに限るという性質が成り立っている．すなわち，関係 R_0, R_1, $\ldots$, R_k は $\mathfrak{X}\times\mathfrak{X}$ 上の G の軌道である．（ただし，R_0 は任意の (x,x) $(x \in \mathfrak{X})$ の自明な軌道である．）例30.1では，G は v 元集合の k 元部分集合の族の上に対称群 S_v を作用させる群と考えると，k 元集合の順序対から別の k 元集合の順序対への写像が存在するのは，両方の対の共通部分のサイズが同じときのみである．例30.2では，G は S_q の S_n によるリース積（wreath product，すなわち，n 座標の任意の置換と各座標ごとの q 文字の独立な置換がなす群）である．二つの長さ n の語の間の変換が存在することは，同じ数の座標でそれらが一致している場合に限られる．

一般に，もし，G が，$\mathfrak{X} \times \mathfrak{X}$ 上対称な軌道をもつ $\mathfrak{X}$ 上可移な置換群であるとすると，それらの軌道は $\mathfrak{X}$ 上のアソシエーションスキームの関係となる可能性がある．下記の三つの例はこのような例である．

例 30.3　この例はジョンソンスキームの q-類似である．$\mathbb{F}_q$ 上の v 次元空間 V の k 次元部分空間の族を点集合とする．二つの k 次元部分空間 A, B に対して，$\dim(A \cap B) = k - i$ であるとき，A と B は i-種アソシエートであると定義する．

例 30.4　$\mathbb{F}_q$ 上の $k \times m$ 行列の全体を点集合とする．ただし，$k \leq m$ とする．二つの行列 A, B に対して，$A - B$ のランクが $k - i$ のとき，A と B は i-種アソシエートとする．この例を上に述べたようなフレームワークで考えるために，$\mathfrak{X}$ をすべての $k \times m$ 行列の集合とし，G をすべての置換 $X \to UXW + C$ の集合とする．ただし，U はすべての $k \times k$ 正則行列を動き，W はすべての $m \times m$ 正則行列を，C はすべての $k \times m$ 行列を動くとする．(A, B) と (A', B') を $A - B$ と $A' - B'$ のランクが等しい $k \times m$ 行列の組とすると，$U(A - B)W = A' - B'$ を満たす U, W が存在し，$X \to UXW + (B' - UBW)$ とおくと，これらの組の間の写像ができる．

例 30.5　円分スキームは以下のように定義される．q を素数羃とし，k を $q-1$ の約数とする．C_1 を $\mathbb{F}_q$ の乗法群の指数 k の部分群とする．そして，$C_1, C_2, \ldots, C_k$ を C_1 の剰余類とする．$\mathbb{F}_q$ の元をスキームの点とし，二つの点 x, y について，$x-y \in C_i$ のとき，x と y は i-種アソシエートであるとする．（そして，$x-y=0$ のとき，0-種アソシエートであると定義しよう．）この定義でスキームとなるためには，関係が対称となるために $-1 \in C_1$ でなければならない．すなわち，q が奇数のときは，$2k$ が $q-1$ を割らなければならない．例 21.3 は，このスキームの $k=2$ の場合である．

ここで，アソシエーションスキームの**アソシエーション行列** $A_0, A_1, \ldots, A_k$ を導入しよう．アソシエーション行列は**隣接行列**ともよばれる．これらの行列は，行，列ともに，スキームの点集合 $\mathfrak{X}$ の要素で座標付けられた正方行列である．$i=0, 1, \ldots, k$ に対して，

$$A_i(x,y) = \begin{cases} 1 & (x,y) \in R_i \text{ のとき,} \\ 0 & \text{そうでないとき} \end{cases}$$

と定義すると，A_i は対称な $(0,1)$-行列であり，

$$A_0 = I, \quad A_0 + A_1 + \cdots + A_k = J$$

である．ただし，J はサイズ $N \times N$ の零行列である．$\mathfrak{A}$ を $A_0, A_1, \ldots, A_k$ が実数体上で張る線形空間とする．これらの行列は，各行列が少なくとも 1 個の 1 をもち，A_i が 1 をもつ位置では，他のすべてのアソシエーション行列の成分は 0 である．したがって，これらの行列は線形独立である．アソシエーションスキームの公理は，$\mathfrak{A}$ は行列の積に関して閉じていることを意味している．このことを確認するために，$\mathfrak{A}$ の任意の二つの基底行列の積が再び $\mathfrak{A}$ に属することをいえばよい．実際，

$$A_i A_j = \sum_{\ell=0}^{k} p_{ij}^{\ell} A_\ell \tag{30.2}$$

である．なぜならば，$A_iA_j(x,y)$ は $A_i(x,z)=1$ かつ $A_j(z,y)=1$ となる z の数であり，それは定義より，p_{ij}^{ℓ} である．ただし，ℓ は $A_\ell(x,y)=1$ と

なる値である．

代数 $\mathfrak{A}$ は **Bose–Mesner 代数**とよばれている．この代数は，第21章の強正則グラフに対して導入されたことを思い出してほしい．ここで，$\mathfrak{A}$ は通常の行列の積に関して閉じているだけでなく，問題21Eで導入された**アダマール積**についても閉じていることを注意しておこう．アダマール積 $A \circ B$ は成分ごとの積として，

$$(A \circ B)(x,y) := A(x,y)B(x,y)$$

と定義される．

$\mathfrak{A}$ のアダマール積に関する代数は単純であり，

$$A_i \circ A_j = \begin{cases} A_i & i = j \text{ のとき}, \\ O & i \neq j \text{ のとき} \end{cases}$$

である．（すなわち，A_0，A_1，...，A_k は**直交冪等元**である．）そして，すべての A_i の和は J であり，J はアダマール積に関する単位元である．したがって，$\mathfrak{A}$ の行列が基底 A_0，A_1，...，A_k を用いて表される場合には，アダマール積は非常に単純になる．

しかし，行列理論において，実対称行列は固有ベクトルに関する直交基底をもつというスペクトル理論を拡張すると，実対称行列のなす可換代数は通常の行列積に関して，総和が単位行列となる直交冪等元を基底にもつことがよく知られている．より幾何的にいうと，$\mathfrak{X}$ の要素で座標付けられたユークリッド空間を $\mathbb{R}^{\mathfrak{X}}$ とすると，通常の内積に関する $\mathbb{R}^{\mathfrak{X}}$ の直交直和分解

$$\mathbb{R}^{\mathfrak{X}} = V_0 \oplus V_1 \oplus \cdots \oplus V_k$$

が存在し，$\mathbb{R}^{\mathfrak{X}}$ から，各部分空間 V_0，V_1，...，V_k の上への直交射影子 E_0，E_1，...，E_k が $\mathfrak{A}$ の基底となる．このとき，

$$E_iE_j = \begin{cases} E_i & i = j \text{ のとき}, \\ O & i \neq j \text{ のとき} \end{cases}$$

であり，

$$E_0 + E_1 + \cdots + E_k = I$$

である．もちろん，行列が基底 E_0, E_1, ..., E_k で表されているときには，通常の行列の積は簡単である．

部分空間 V_0, V_1, ..., V_k をこのスキームの固有空間とよぶ．線形結合 $M = \sum_{i=0}^{k} \lambda_i E_i$ の V_i への射影は M の固有値 λ_i に対する固有ベクトルである．一般に，固有空間に対する自然な番号付けはないが，$J \in \mathfrak{A}$ であり，J は固有値 N に対する固有ベクトル $\boldsymbol{j}$（すべての要素が 1 のベクトル）をもち，$\boldsymbol{j}$ と直交する任意のベクトルを固有値 0 に対する固有ベクトルととることができる．ここでは，$\boldsymbol{j}$ のスカラー倍からなる固有空間を V_0 とすることにしよう．すると，V_0 上への直交射影（これは，$\boldsymbol{j}$ を固有値 1 に対する固有ベクトルにもち，$\boldsymbol{j}$ と直交する任意のベクトルを固有値 0 に対する固有ベクトルとしてもつ）は，

$$E_0 = \frac{1}{N} J$$

である．V_i の次元を m_i とすると，

$$m_0 = 1, \quad m_0 + m_1 + \cdots + m_k = N$$

である．E_i の固有値は 1 で，その重複度は V_i の次元であり，他の固有値は 0 であるので，E_i のトレースは m_i であることに注意しよう．$m_0, m_1, \ldots,$ m_k はスキームの**重複度**とよばれる．

例 30.6 ハミングスキーム $H(n, 2)$ の固有空間を調べてみよう．このスキームの点は $\mathbb{F}_2^n$ の 2 進ベクトル（語）a である．

各 $a \in F_2^n$ に対して，ベクトル $\boldsymbol{v}_a$ を点集合の元で座標付けして，

$$\boldsymbol{v}_a(b) := (-1)^{\langle a,b \rangle}$$

と定義する．これらのベクトルは直交しており，アダマール行列の各行に対応している（図 30.1 および第 18 章参照）．さてわれわれは，V_i $(i = 0, 1,$ $\ldots, k)$ は a が重み i のすべての語を動くときに，$\boldsymbol{v}_a$ が張る空間と考えることができる．

ここで，各 $\boldsymbol{v}_a$ はすべてのアソシエーション行列 A_i の固有ベクトルであることを確認しよう．a の重みを ℓ とすると，

$$
\begin{aligned}
(\boldsymbol{v}_a A_j)(b) &= \sum_c \boldsymbol{v}_a(c) A_j(c,b) \\
&= \sum_{c:d(b,c)=j} (-1)^{\langle a,c\rangle} = (-1)^{\langle a,b\rangle} \sum_{c:d(b,c)=j} (-1)^{\langle a,b+c\rangle} \\
&= \boldsymbol{v}_a(b) \sum_{u:\mathrm{wt}(u)=j} (-1)^{\langle a,u\rangle} = \boldsymbol{v}_a(b) \sum_{i=0}^{n} (-1)^i \binom{\ell}{i}\binom{n-\ell}{j-i}
\end{aligned}
$$

が得られる．この計算と E_i が V_i への直交射影行列であることより，

$$
A_j = \sum_{\ell=0}^{n} \left(\sum_{i=0}^{n} (-1)^i \binom{\ell}{i}\binom{n-\ell}{j-i} \right) E_\ell
$$

となる．実際，両辺に左から任意の $\boldsymbol{v}_a$ を掛けると，それらは一致していることがわかる．したがって，$\mathfrak{A} \subseteq \mathrm{span}\{E_0, \ldots, E_n\}$ であり，いずれの空間の次元も $n+1$ であるから等号が成り立つ．

一般の q に対するハミングスキーム $H(n,q)$ の固有値は後で述べる定理 30.1 にある．

たとえば，長さ $n=3$ の語を並べると，

000, 100, 010, 001, 011, 101, 110, 111

であり，図 30.1 の右に示した立方体（$H(3,2)$ の $= A_1$）の固有空間 V_0, V_1,

$$
\begin{pmatrix}
1 & 1 & 1 & 1 & 1 & 1 & 1 & 1 \\
1 & -1 & 1 & 1 & 1 & -1 & -1 & -1 \\
1 & 1 & -1 & 1 & -1 & 1 & -1 & -1 \\
1 & 1 & 1 & -1 & -1 & -1 & 1 & -1 \\
1 & 1 & -1 & -1 & 1 & -1 & -1 & 1 \\
1 & -1 & 1 & -1 & -1 & 1 & -1 & 1 \\
1 & -1 & -1 & 1 & -1 & -1 & 1 & 1 \\
1 & -1 & -1 & -1 & 1 & 1 & 1 & -1
\end{pmatrix}
$$

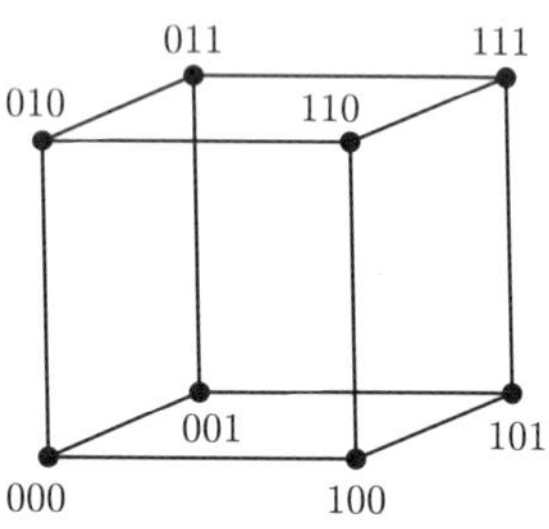

図 30.1

V_2, V_3 はそれぞれ，図 30.1 の左のアダマール行列の第 1 行，次の 3 行，さらに次の 3 行，および最後の行によって張られる．

例 30.7 ここでは，ジョンソンスキーム $J(v,k)$ の固有空間について考えよう．証明は省略するが，Delsarte (1973) または Wilson (1984b) を参照されたい．

このスキームの点集合 $\mathfrak{X}$ は，v 元集合の k 元部分集合の全体である．サイズが k 以下の各部分集合 $T \subseteq X$ に対して，$\boldsymbol{e}_T$ を $\mathbb{R}^{\mathfrak{X}}$ の長さが $\binom{v}{k}$ のベクトルとする．ただし，その成分は

$$\boldsymbol{e}_T(S) := \begin{cases} 1 & T \subseteq S \text{ のとき,} \\ 0 & \text{そうでないとき} \end{cases}$$

である．$i = 0, 1, \ldots, k$ に対して，U_i を $\{\boldsymbol{e}_T \mid T \subseteq X,\ |T| = i\}$ によって張られる部分空間とする．このとき，$U_0 \subseteq U_1 \subseteq \cdots \subseteq U_k = \mathbb{R}^{\mathfrak{X}}$ であり，U_i の次元は $\binom{v}{i}$ である．さて，$V_0 := U_0$（定数ベクトル）とし，$i > 0$ のとき，V_i を U_i に含まれ，U_{i-1} に直交する部分空間とする．すなわち，

$$V_i := U_i \cap U_{i-1}^{\perp}$$

とおく．明らかに，V_0, V_1, ..., V_k は直交しており，その直和は $\mathbb{R}^{\mathfrak{X}}$ になる．V_i の各ベクトルは A_i の固有値 $P_j(i)$ に対する固有ベクトルであることが下記の定理 30.1 (1) に記されている．

ベクトル空間 $\mathfrak{A}$ は 2 種類の基底をもっているので，それらの基底の変換行列を考えよう．この変換行列をスキームの**固有行列**という．第 1 固有行列 P と第 2 固有行列 Q を $(k+1) \times (k+1)$ 行列とし，その行と列を 0, 1, ..., k と番号付け，下記のように定める．

$$(A_0, A_1, \ldots, A_k) = (E_0, E_1, \ldots, E_k)P$$

$$N(E_0, E_1, \ldots, E_k) = (A_0, A_1, \ldots, A_k)Q$$

P の (i,ℓ) 成分を $P_\ell(i)$，Q の (i,ℓ) 成分を $Q_\ell(i)$ とすると，

$$A_\ell = P_\ell(0)E_0 + P_\ell(1)E_1 + \cdots + P_\ell(k)E_k \tag{30.3}$$

であり，また，

$$NE_\ell = Q_\ell(0)A_0 + Q_\ell(1)A_1 + \cdots + Q_\ell(k)A_k \tag{30.4}$$

である．もちろん，

$$Q = NP^{-1}, \quad P = NQ^{-1}$$

である．P の ℓ 列目は A_ℓ の固有値からなる．

スキームの p_{ij}^ℓ の値を知ることはさして重要ではないが，固有多項式 P と Q を明らかにしておくことは応用上重要である．次の定理の証明および他のスキームの P, Q の値については，Bannai–Ito (1984) または，Delsarte (1973) を参照されたい．

定理 30.1　(1)　ジョンソンスキーム $J(v,k)$ の次数は $n_\ell = \binom{k}{\ell}\binom{v-k}{\ell}$ であり，重複度は $m_\ell = \binom{v}{\ell} - \binom{v}{\ell-1}$ $(\ell = 0,1,\ldots,k)$ である．また，第1固有行列の成分は $P_\ell(i)$ である．ただし，

$$P_\ell(x) = \sum_{\alpha=0}^{\ell}(-1)^{\ell-\alpha}\binom{k-\alpha}{\ell-\alpha}\binom{k-x}{\alpha}\binom{v-k+\alpha-x}{\alpha}$$

である．

(2)　ハミングスキーム $H(n,q)$ の次数と重複度は $n_\ell = m_\ell = \binom{n}{\ell}(q-1)^\ell$ $(\ell = 0,1,\ldots,k)$ であり，第1固有行列の成分は $P_\ell(i)$ である．ただし，

$$P_\ell(x) = \sum_{\alpha=0}^{\ell}(-q)^\alpha(q-1)^{\ell-\alpha}\binom{n-\alpha}{\ell-\alpha}\binom{x}{\alpha}$$

である．

問題 30A　$J(8,3)$ の固有行列 P を次のように計算せよ．まず，A_1A_2 を A_0，A_1，A_2 および A_3 の線形結合で表し，下記の表の抜けている行を埋めよ．

$$
\begin{aligned}
A_1^0 &= A_0, \\
A_1^1 &= \qquad\quad A_1, \\
A_1^2 &= 15A_0 + 6A_1 + 4A_2, \\
A_1^3 &= \quad , \\
A_1^4 &= 1245A_0 + 1036A_1 + 888A_2 + 720A_3
\end{aligned}
$$

少し厄介だが，この表より A_1 の最小多項式を求め，A_1 の固有値を求めよ．次に，A_2 と A_3 を A_1 の多項式で表し，その固有値と重複度を求めよ．最後に，定理 30.2 の直交関係，あるいは，定理 30.1 (1) を計算して，得られた計算結果を確認せよ．

問題 30B 任意のスキームのパラメータ p_{ij}^{ℓ} を固有行列 P を用いて計算する方法を示せ．すなわち，これらのパラメータは P により決まることを示せ．

問題 30C **ラテン方格グラフ**はある整数 n と r に対して，パラメータ

$$v = n^2, \quad k = r(n-1), \quad \lambda = (n-2) + (r-1)(r-2), \quad \mu = r(r-1)$$

をもつ強正則グラフ $\mathrm{srg}(v, k, \lambda, \mu)$ である．例 21.7 では，$r = 3$ のときにラテン方格グラフが導入されている．このグラフに対応する 2 クラスのスキームに関する固有行列 P と Q を求めよ．

負のラテン方格グラフは，ラテン方格グラフの n を $-n$ に，r を $-r$ に置き換えて得られる．したがって，$v = (-n)^2$, $k = (-r)(-n-1)$ などとなる．（このパラメータが式 (21.4) を満たすのは少し不思議だが，実際に満たしている．）これに対応する 2-クラスのスキームの固有行列 P と Q を求めよ．

定理 30.2 アソシエーションスキームの固有行列は下記の直交関係を満たす．

$$P^{\mathrm{T}}\begin{pmatrix}1 & 0 & \cdots & 0\\ 0 & m_1 & & 0\\ \vdots & & \ddots & \vdots\\ 0 & 0 & \cdots & m_k\end{pmatrix}P = N\begin{pmatrix}1 & 0 & \cdots & 0\\ 0 & n_1 & & 0\\ \vdots & & \ddots & \vdots\\ 0 & 0 & \cdots & n_k\end{pmatrix}$$

$$Q^{\mathrm{T}}\begin{pmatrix}1 & 0 & \cdots & 0\\ 0 & n_1 & & 0\\ \vdots & & \ddots & \vdots\\ 0 & 0 & \cdots & n_k\end{pmatrix}Q = N\begin{pmatrix}1 & 0 & \cdots & 0\\ 0 & m_1 & & 0\\ \vdots & & \ddots & \vdots\\ 0 & 0 & \cdots & m_k\end{pmatrix}$$

証明　ベクトル空間 $\mathfrak{A}$ における内積について考えてみよう．$\langle A, B\rangle$ をアダマール積 $A\circ B$ のすべての要素の和とする．これは，行列積 AB^{T} のトレースと一致する．（もちろん，B が対称のときは，$\mathrm{tr}\,AB$ と一致する．）

この内積に関して，A_0, A_1, …, A_k は直交基底である．しかし，正規直交基底ではなく $\langle A_i, A_i\rangle = Nn_i$ である．同様に，$E_iE_j = O$ であるから，E_0, E_1, …, E_k も直交基底であり，$\langle E_i, E_i\rangle = \mathrm{tr}(E_i) = m_i$ である．これらのことから，初等的な線形代数の計算により定理が得られる．

まず，定理の最初の関係式を考えよう．右辺の (α, β) 成分は，

$$\begin{aligned}\langle A_\alpha, A_\beta\rangle &= \langle\sum_i P_\alpha(i)E_i, \sum_j P_\beta(j)E_j\rangle\\ &= \sum_{i,j} P_\alpha(i)P_\beta(j)\langle E_i, E_j\rangle = \sum_i m_iP_\alpha(i)P_\beta(i)\end{aligned}$$

であり，この最後の式はまさに，左辺の (α, β) 成分である．二番目の関係式も同様に示される．　□

下記は上の定理の別表現である．

$$Q = \begin{pmatrix}1 & 0 & \cdots & 0\\ 0 & n_1 & & 0\\ \vdots & & \ddots & \vdots\\ 0 & 0 & \cdots & n_k\end{pmatrix}^{-1} P^{\mathrm{T}}\begin{pmatrix}1 & 0 & \cdots & 0\\ 0 & m_1 & & 0\\ \vdots & & \ddots & \vdots\\ 0 & 0 & \cdots & m_k\end{pmatrix}$$

すなわち，任意の $i, j = 0, 1, \ldots, k$ に対して，

$$m_j P_i(j) = n_i Q_j(i) \tag{30.5}$$

が成り立つ．

定理 30.1 と定理 30.2 より，$J(v,k)$ と $H(n,q)$ の第 2 固有行列 Q を求めることができ，とくに $H(n,q)$ については，$P = Q$ が成り立つ．読者はこのことを確認されたい．

問題 30D　P と Q の第 0 行と第 0 列が

$$P = \begin{pmatrix} 1 & n_1 & \cdots & n_k \\ 1 & & & \\ \vdots & & & \\ 1 & & & \end{pmatrix}, \quad Q = \begin{pmatrix} 1 & m_1 & \cdots & m_k \\ 1 & & & \\ \vdots & & & \\ 1 & & & \end{pmatrix} \tag{30.6}$$

となる理由を説明せよ．

Delsarte (1973) は，第 2 固有行列 Q の各列から線形制約式が得られることを見出した．この制約式は Delsarte の不等式とよばれている．（Delsarte 自身は，アソシエーションスキームの点集合 $\mathfrak{X}$ の空でない部分集合 Y の「内部分布ベクトル (inner distribution vector)」とよんでいる．）いま，部分集合 Y に対して，

$$a_i := \frac{1}{|Y|}|(Y \times Y) \cap R_i|,$$

すなわち，a_i は要素 $x \in Y$ と i-種アソシエートである $y \in Y$ の数の平均値と定義し，$\boldsymbol{a} = (a_0, a_1, \ldots, a_k)$ を Y の**分布ベクトル**とよぶ．このとき，

$$a_0 = 1, \quad a_0 + a_1 + \cdots + a_k = |Y|$$

である．

われわれが興味がある多くの部分集合 Y について，$x \in Y$ と i-種アソシエートである $y \in Y$ の数は一定である．すなわち，Y の要素 x の選び方によらない．たとえば，C が $H(n,q)$ における線形符号の場合，分布ベクトルは，第 21 章の重み母関数と一致する．前章までに議論してきた多くの

きれいな組合せ構造についても同様であり，それらを表にしてみよう．ここに，Hamming(7) は長さ 7 のハミング符号であり，'Golay' は「Golay 符号」である．また，'X' は拡張符号，'*' は双対符号を意味する．

組合せ構造	スキーム	分布ベクトル
$S(2,3,7)$	$J(7,3)$	$(1,0,6,0)$
$S_2(2,5,11)$	$J(11,5)$	$(1,0,0,10,0,0)$
$S_2(3,6,12)$	$J(12,6)$	$(1,0,0,20,0,0,1)$
$S(5,6,12)$	$J(12,6)$	$(1,0,45,40,45,0,1)$
$S(4,7,23)$	$J(23,7)$	$(1,0,0,0,140,0,112,0)$
$S(5,8,24)$	$J(24,8)$	$(1,0,0,0,280,0,448,0,30)$
Hamming(7)	$H(7,2)$	$(1,0,0,7,7,0,0,1)$
X-Hamming(7)	$H(8,2)$	$(1,0,0,0,14,0,0,0,1)$
Binary Golay	$H(23,2)$	$(1,0,0,0,0,0,0,253,506,0,0,1288,\dots)$
X-Binary Golay	$H(24,2)$	$(1,0,0,0,0,0,0,0,759,0,0,0,2576,0,\dots)$
Ternary Golay	$H(11,3)$	$(1,0,0,0,0,132,132,0,330,110,0,24)$
*-Ternary Golay	$H(11,3)$	$(1,0,0,0,0,0,132,0,0,110,0,0)$

定理 30.3　アソシエーションスキームの空でない部分集合の分布ベクトル $\boldsymbol{a}$ は

$$\boldsymbol{a}Q \geq \boldsymbol{0}$$

を満たす．ただし，$\boldsymbol{0}$ は $k+1$ 次元零ベクトルである．

証明　$\phi \in \mathbb{R}^{\mathcal{X}}$ を Y の特性ベクトル，すなわち，

$$\phi(x) = \begin{cases} 1 & x \in Y \text{ のとき,} \\ 0 & x \notin Y \text{ のとき} \end{cases}$$

とすると，

$$a_i = \frac{1}{|Y|}\phi A_i \phi^{\mathrm{T}}$$

である．E_ℓ は冪等で対称であるから，

$$0 \le \|\phi E_\ell\|^2 = (\phi E_\ell)(\phi E_\ell)^{\mathrm{T}} = \phi E_\ell \phi^{\mathrm{T}}$$
$$= \frac{1}{N}\phi\left(\sum_{i=0}^{k} Q_\ell(i) A_i\right)\phi^{\mathrm{T}} = \frac{|Y|}{N}\sum_{i=0}^{k} Q_\ell(i) a_i$$

が得られる. □

この定理でℓ番目の不等式が等号となるのはϕE_ℓが零行列であるときに限る. また, $\boldsymbol{a}Q$の第0座標は$a_0 + a_1 + \cdots + a_k$であるから, 0番目の不等式が成り立つことは自明である.

例 30.8 $J(8,3)$について, Delsarteの不等式を整理して書くと,

$$15 + 7a_1 - a_2 - 9a_3 \ge 0,$$
$$30 + 2a_1 - 5a_2 + 9a_3 \ge 0,$$
$$10 - 2a_1 + a_2 - a_3 \ge 0.$$

となる. この不等式は, ある8元集合に対して, 分布ベクトル$(1, a_1, a_2, a_3)$をもつ3元部分集合の族$\mathcal{F}$が存在するための必要条件と見なすことができる.

あるa_iが0のとき, $|\mathcal{F}|$について何がいえるだろうか? たとえば, $a_3 = 0$のとき (すなわち, $\mathcal{F}$のどの二つの部分集合も排反でないとき), 上の不等式から, $1 + a_1 + a_2 (= |\mathcal{F}|)$の最大値は21以下であることがわかる. これはいわゆる線形計画問題である. このことは, 定理6.4のErdős–Ko–Radoの定理からもわかる. 実際, 定理30.3は定理6.4を含んでいるのである (章末のノート参照).

定理30.3から, 符号語数に関する**線形計画限界式**が導かれる. ハミングスキーム$H(n,q)$において, 与えられた整数dに対して, 次の線形計画問題を考える.

最大化	$1 + a_d + a_{d+1} + \cdots + a_n$
制約条件：	$a_i \ge 0$ かつ
	$(1, 0, \ldots, 0, a_d, a_{d+1}, \ldots, a_n)Q \ge \mathbf{0}$

ただし，Q はハミングスキームの $(n+1)\times(n+1)$ 第2固有行列である．この線形計画問題の最適解，すなわち制約条件のもとでの $1+a_d+a_{d+1}+\cdots+a_n$ の最大値を LPB と書く．このとき，C を任意の長さ n，最小距離 d の q 元符号とすると，C の分布ベクトル $\boldsymbol{a}$ は上の制約条件を満たし，$\boldsymbol{a}$ の成分の総和は $|C|$ であるから，$|C|\leq \text{LPB}$ が成り立つ．

ハミングスキームにおいて，$\boldsymbol{a}$ が符号 C の分布ベクトルであれば，$\frac{1}{|C|}\boldsymbol{a}Q$ は双対符号 $C^{\perp}$ の分布ベクトルである．このことを確認するために，MacWilliams の定理（定理 20.3 および定理 30.1 (2) 参照）の符号の重み母関数の関係式を考えよ．MacWilliams の式は，線形符号の分布ベクトル $\boldsymbol{a}$ に対して，$\boldsymbol{a}Q\geq\boldsymbol{0}$ が成り立つことを説明しているが，上で示してきたように，そのことは，C が非線形符号であっても成り立つのである．

線形計画限界式 (LPB) から有用な情報を導出するのは難しいが，線形計画限界式は，少なくとも球詰め込み限界 (SPB)（定理 20.1，球充填限界ともいう）と同等かあるいはそれ以上によい限界式であることが示される (Delsarte (1973) 参照)．パラメータの値が小さいときには，単体法を用いて，この限界式の最適解を得ることができる．2元符号の場合に，図 30.2 の表に $n=11,12,13,14,15$, $d=3,5,7$ について計算結果を挙げておく．表では，制約式 $\boldsymbol{a}Q\geq\boldsymbol{0}$ のもとで $(1,0,\ldots,0,a_d,a_{d+1},\ldots,a_n)$ の和が最大になる分布ベクトルを記載してある．読者は，この表の LPB を達成する符号が実際に存在するか否か調べてみるとよい．これらの限界式のいくつかは，Nordstrom–Robinson 符号とよばれる長さ 16，最小距離 6 で 256 個の符号語をもつ非線形符号から得られる符号で達成できる（問題 30I, 30J 参照）．

Bose–Mesner 代数における二つの基底と 2 種類の積（通常の積とアダマール積）の間にはある種の「双対性」がある．つまり，通常の行列の積のもとでの A_i と，アダマール積のもとで E_i が似たように振る舞うことがある．二つのスキームにおいて，一方の第1固有行列が他方の第2固有行列と一致するとき，これらの二つのスキームは**形式的に双対**であるといわれる（後述の問題 30E 参照）．形式的に双対である強正則グラフの例が多く知られている．前に述べたように，ハミングスキームはそれ自身と形式的に双対である．しかし，ジョンソンスキームについては，一般に下記に定義する Krein パラメータが整数でないため，形式的な双対スキームは通常は存在しない．

n	d	SPB	LPB	a_0	a_1	a_2	a_3	a_4	a_5	a_6	a_7	a_8	a_9	a_{10}	a_{11}	a_{12}	a_{13}	a_{14}	a_{15}
11	3	170.7	170.7	1	0	0	18.3	36.7	29.3	29.3	36.7	18.3	0	0	1				
11	5	30.6	24	1	0	0	0	0	11	11	0	0	0	0	1				
11	7	8.8	4	1	0	0	0	0	0	0	2	1	0	0	0				
12	3	315.1	292.6	1	0	0	20	45	48	56	65.1	40.7	11.4	3.4	1.7	0.1			
12	5	51.9	40	1	0	0	0	0	15	17.5	0	0	5	1.5	0	0			
12	7	13.7	5.3	1	0	0	0	0	0	0	2.7	1.7	0	0	0	0			
13	3	585.1	512	1	0	0	22	55	72	96	116	87	40	16	6	1	0		
13	5	89.0	64	1	0	0	0	0	18	24	4	3	10	4	0	0	0		
13	7	21.7	8	1	0	0	0	0	0	0	4	3	0	0	0	0	0		
14	3	1092.3	1024	1	0	0	28	77	112	168	232	203	112	56	28	7	0	0	
14	5	154.6	128	1	0	0	0	0	28	42	8	7	28	14	0	0	0	0	
14	7	34.9	16	1	0	0	0	0	0	0	8	7	0	0	0	0	0	0	
15	3	2048	2048	1	0	0	35	105	168	280	435	435	280	168	105	35	0	0	1
15	5	270.8	256	1	0	0	0	0	42	70	15	15	70	42	0	0	0	0	1
15	7	56.9	32	1	0	0	0	0	0	0	15	15	0	0	0	0	0	0	1

図 30.2

アソシエーションスキームにおいて，

$$NE_i \circ E_j = \sum_{\ell=0}^{k} q_{ij}^{\ell} E_\ell \tag{30.7}$$

を満たす $(K+1)^3$ 個のパラメータを **Krein パラメータ**とよぶ．もし，スキームが形式的な双対スキームをもつならば，Krein パラメータは，その双対スキームのパラメータ p_{ij}^{ℓ} であり，したがって，非負整数である．q_{ij}^{ℓ} は二つの半正定値行列（非負値行列）のアダマール積の固有値であるから

$$\text{任意の } 0 \le i, j, \ell \le k \text{ に対して，} q_{ij}^{\ell} \ge 0$$

である（問題 21E 参照）．パラメータはもとのパラメータ p_{ij}^{ℓ} の関数である（問題 30E）．そして，Krein パラメータの非負性が与えられたパラメータをもつスキームの存在の必要条件となる．定理 21.3 で，この考え方を用いて強正則グラフの存在の必要条件を導いた．

問題 30E　固有行列 Q が与えられたときに，パラメータ q_{ij}^{ℓ} を計算する方法を述べ，これらのパラメータは Q だけから決定できることを示せ．

今後，

$$q_{ii}^{0} = m_i, \quad q_{ij}^{0} = 0 \quad (i \neq j) \tag{30.8}$$

であることが必要になる．このことは，式 (30.7) の両辺の行列のすべての要素の和を考えると得られる．実際，左辺の和は，

$$\langle E_i, E_j \rangle = \begin{cases} m_i & i = j \text{ のとき}, \\ 0 & \text{そうでないとき} \end{cases}$$

の N 倍である．

符号やデザインへの応用のために，スキームについてより詳しく調べておく必要があるが，それらに特化する前に，一般のスキームについて成り立つ面白い結果を一つ挙げておく．

k クラスのスキームと $\{1, 2, \ldots, k\}$ のある部分集合 K が与えられたときに，点集合の部分集合 Y において，どの異なる二つの要素 $x, y \in Y$ についてもある $j \in K$ が存在して，x と y が j-種アソシエートであるとき，Y は ***K*-クリーク**であるという．また，どの異なる二つの要素 $x, y \in Y$ についても x と y が j-種アソシエートである $j \in K$ が存在しないとき，Y は ***K*-コクリーク**であるという．G を $\sum_{j \in K} A_j$ を隣接行列にもつグラフとすると，G のクリークはスキームの K-クリークと同じであり，G のコクリーク（独立頂点集合）はスキームの K-コクリークと同じである．

定理 30.4　$K \subseteq \{1, 2, \ldots, k\}$ とし，点集合 $\mathfrak{X}$ 上の k-クラスのアソシエーションスキームにおいて，$A \subseteq \mathfrak{X}$, $B \subseteq \mathfrak{X}$ をそれぞれ，K-クリーク，K-コクリークとすると，

$$|A||B| \leq N$$

が成り立つ．

証明　$\boldsymbol{a} = (a_0, a_1, \ldots, a_k)$, $\boldsymbol{b} = (b_0, b_1, \ldots, b_k)$ をそれぞれ A, B の分布ベ

クトルとする．定理 30.2 の最初の式の逆行列を作り，前と後ろから，それぞれ $\boldsymbol{a}$ と $\boldsymbol{b}^{\mathrm{T}}$ を掛けると，

$$\boldsymbol{a}Q\begin{pmatrix}1 & 0 & \cdots & 0\\ 0 & m_1 & & 0\\ \vdots & & \ddots & \vdots\\ 0 & 0 & \cdots & m_k\end{pmatrix}^{-1}(\boldsymbol{b}Q)^{\mathrm{T}} = N\boldsymbol{a}\begin{pmatrix}1 & 0 & \cdots & 0\\ 0 & n_1 & & 0\\ \vdots & & \ddots & \vdots\\ 0 & 0 & \cdots & n_k\end{pmatrix}^{-1}\boldsymbol{b}^{\mathrm{T}} \tag{30.9}$$

を得る．定理 30.3 より，$\boldsymbol{a}Q$, $\boldsymbol{b}Q$ はいずれも非負ベクトルであり，その第 0 成分はそれぞれ，$|A|$, $|B|$ であるから，式 (30.9) の左辺の値は $|A||B|$ 以上である．一方，定理の仮定より，任意の $i > 0$ に対して，$a_i b_i = 0$ であるから，右辺の値は N である． □

たとえば，ジョンソンスキーム $J(v,k)$ において，$S(t,k,v)$ が存在するとき，定理 30.4 において等号が成り立つ．実際，$K = \{1, 2, \ldots, k-t\}$ とおくと，$S(t,k,v)$ のブロック集合は K-コクリークであり，与えられた t 元集合を含むすべての k 元部分集合の族は K-クリークであることに注意しよう．また，ハミングスキーム $H(n,q)$ の場合，完全 e-誤り訂正符号 C が存在すれば，定理 30.4 において等号が成り立つ．この場合は，$K = \{1, 2, \ldots, 2e\}$ ととると，C は K-コクリークであり，一つの符号語を中心とした半径 e のハミング球が K-クリークである．

問題 30F $|A||B| > |G|$ を満たすクリーク A と B をもつ正則グラフ G の例を挙げよ．

問題 30G 可移な自己同型群をもつグラフ G において，A, B をそれぞれ，クリーク，コクリークとすると，$|A||B| \leq |G|$ であることを示せ．

ここで，2 種類の**多項式スキーム**を定義しよう．$i = 0, 1, 2, \ldots, k$ に対して，$A_1, \ldots, A_k$ を適当に並び替えたとき，A_i が A_1 の i 次の多項式となるアソシエーションスキームを ***P*-多項式**とよび，冪等基底における $E_1, \ldots, E_k$ を適当に並び替えたとき，E_i が E_1 の i 次のアダマール多項式となる（すなわち，E_i の各成分が E_1 の対応する成分の i 次の多項式であ

る）アソシエーションスキームを **Q-多項式**とよぶ.

問題 30H　アソシエーションスキームが P-多項式であることと距離スキームであることは同値であることを示せ.

Q-多項式であるスキームは**補距離的** (cometric) であるともよばれる. しかし, 補距離的であることの単純な幾何的解釈はなさそうである. ここでは, P-多項式, Q-多項式という代わりに, 距離的, 補距離的という用語を用いる.

ハミングスキームおよびジョンソンスキームはいずれも補距離的である (Delsarte (1973) 参照).

距離スキームにおいて, 部分集合 $S \subseteq \mathfrak{X}$ の特性ベクトル ϕ が

$$\phi A_i \phi^{\mathrm{T}} = 0 \quad (i = 1, 2, \ldots, d-1)$$

を満たすとき, S は **d-符号**であるという.

補距離スキームにおいて, 部分集合 $S \subseteq \mathfrak{X}$ の特性ベクトル ϕ が

$$\phi E_i \phi^{\mathrm{T}} = 0 \quad (i = 1, 2, \ldots, t)$$

を満たすとき, S は **t-デザイン**であるという.

d-符号の組合せ論的意味は理解しやすい. S が d-符号であるというのは, $i < d$ のとき, S のどの二つの要素も i-種アソシエートではないことと同値であり, したがってハミングスキームにおいては, S が $(2e+1)$-符号であるのは, S が e-誤り訂正符号, すなわち最小距離が少なくとも $2e+1$ 以上であることである. 一方, S が t-デザインであることの組合せ論的意味は明らかではなく, ある特殊なスキームの場合のみ解釈が可能である. S が t-デザインであることの必要十分条件は, 定理 30.3 の分布ベクトルに関する最初の t 本の非自明な不等式の等号が成り立つことである. すなわち, 任意の $i = 1, \ldots, t$ に対して $\phi E_i = \mathbf{0}$ となることである.

次の定理は, ジョンソンスキームおよびハミングスキームにおけるデザインは, それぞれ古典的な意味での t-デザインと直交配列に対応することを述べている. A を q 個のシンボルの集合とし, λq^t 個の語からなる $C \subseteq A^n$ について, 長さ n の座標のうち任意に固定した t 個の座標位置に A の t-順序

列が C の語全体でちょうど λ 回ずつ現れるとき，C をインデックス λ，強さ t の**直交配列**とよぶ．

定理 30.5 (1) v 元集合の k 元部分集合族 S をジョンソンスキームの部分集合と見なしたとき，S が t-デザインであることと，S が古典的な意味での t-デザインのブロック集合であることは同値である．

(2) q 個の要素をもつアルファベット A からの長さ n の順序列の族 S をハミングスキーム $H(n, q)$ の部分集合と見なしたとき，S が t-デザインであることと，S が強さ t の直交配列の列ベクトルの集合であることは同値である．

部分的証明 ここでは，S が (1), (2) のスキームにおける t-デザインであるならば，S はそれぞれ，古典的な t-デザイン，直交配列であることを示し，逆の証明は読者にゆだねる．

S をアソシエーションスキームの意味で，$J(v, k)$ の t デザインとし，ϕ を S の特性ベクトルとする．例 30.7 で，$E_0 + E_1 + \cdots + E_t$ は，T が v 元集合の t 元部分集合全体を動くときに $\boldsymbol{e}_T$ によって張られる空間への直交射影である．ある t 元部分集合 T を含む S の要素数は

$$\phi \boldsymbol{e}_T^{\mathrm{T}} = \phi(E_0 + E_1 + \cdots + E_t)\boldsymbol{e}_T^{\mathrm{T}} = \phi E_0 \boldsymbol{e}_T^{\mathrm{T}}$$

である．E_0 はすべての要素が 1 の行列 J の定数倍であるから，この値は t 元部分集合 T の選び方によらない．

次に S をアソシエーションスキームの意味での $H(n, q)$ の t-デザインとし，ϕ をその特性ベクトルとする．例 30.6 で $q = 2$ の場合の固有空間について述べ，この場合についてのみ定理を証明した．完全な証明については，Delsarte (1973) を参照されたい．

例 30.6 で見たように，

$$\langle \phi, \boldsymbol{v}_a \rangle = \sum_{b \in S} (-1)^{\langle a, b \rangle}$$

であるから，S が t-デザインであるのは，

重みが t 以下のすべての非零ベクトル a に対して，$\sum_{b\in S}(-1)^{\langle a,b\rangle}$

が成り立つことと同値である．

たとえば，a の重みが 1 のとき，上の式は，S の半分が要素 0 をもち，他の半分が要素 1 をもつことを意味している．a の重みが 2 のとき，たとえば，$(1,1,0,0,\ldots,0)$ のとき，00 または 11 で始まる S の要素の数が，10 または 01 で始まる S の要素の数と等しいことを意味している．これらのことより，S の長さ n の順序対のうち，00, 10, 01, 11 で始まる順序対は，それぞれ 1/4 ずつある．

一般に，座標位置の集合 $\{1,2,\ldots,n\}$ の t 元部分集合 T を考えよう．T の各部分集合 I に対して，座標 I に 1 をもち，$T\setminus I$ に 0 をもつ S の要素 a の数を λ_I と書く．T の各部分集合 J に対して，a_J を座標位置 J に 1 をもち，残りの $n-|J|$ 箇所の座標に 0 をもつ長さ n の順序ベクトルとする．このとき，$J\subseteq T$ ごとに，次の 2^t 個の方程式が得られる．

$$\sum_{|I\cap J|\equiv 0 \pmod 2}\lambda_I-\sum_{|I\cap J|\equiv 1 \pmod 2}\lambda_I=\begin{cases}|S| & J=\emptyset\ \text{のとき,}\\ 0 & \text{そうでないとき}\end{cases}$$

任意の $I\subseteq T$ に対して $\lambda_I=|S|/2^t$ とすると，明らかにこの方程式系の解となる．また，この方程式系の係数行列は 2^t 次のアダマール行列であり（第 18 章参照），したがって，正則であるから，解はただ一つである．ゆえに，S は強さ t の直交配列である．　□

以下に述べる二つの定理は互いに「形式的双対」な関係にある定理である．その証明はよく似ているが，A_i と E_i および通常の行列積とアダマール積の役割が入れ替わっている．ハミングスキームについては，定理 30.6 (1) は定理 21.1 の球詰め込み限界式であり，(3) はその等号が成り立つ，すなわち完全符号（第 20 章参照）が存在するための非常に強い条件を与えている．この結果は，S. P. Lloyd (1957) によるものである．ジョンソンスキームの場合には，定理 30.6 (1) は定理 19.8 に対応し，(3) は等号が成り立つ，すなわち Ray–Chaudhuri–Wilson (1975) によって得られた**タイト** (tight) デザイン（第 19 章参照）であるための非常に強い条件である．

定理 30.6 C を点集合 $\mathfrak{X}$ 上の k-クラスの距離スキームにおける $(2e+1)$-符号とする．また，$\phi \in \mathbb{R}^{\mathfrak{X}}$ を C の特性ベクトルとする．

(1) 不等式

$$|C| \leq N/(1+n_1+n_2+\cdots+n_e)$$

が成り立つ．

(2) 少なくとも e 個の添え字 $i \in \{1,2,\ldots,k\}$ が

$$\phi E_i \phi^{\mathrm{T}} \neq 0$$

を満たす．

(3) (1) において等号が成り立つこととちょうど e 個の添え字について (2) の主張が成り立つことは同値である．そして，このとき，$\phi E_i \phi^{\mathrm{T}} \neq 0$ を満たす e 個の添え字 i は，

$$\sum_{\ell=0}^{e} P_\ell(i) = 0$$

を満たす i にほかならない．

証明 ϕ を $(2e+1)$-符号 C の特性ベクトルとし，

$$\alpha := \phi(c_0A_0+c_1A_1+\cdots+c_eA_e)^2\phi^{\mathrm{T}}$$

を考える．ただし，c_0, c_1, $\ldots$, c_e は定数係数である．α を 2 通りに計算しよう．

ここで，c_o, c_1, $\ldots$, c_e の関数

$$f(i) := c_0P_0(i)+c_1P_1(i)+\cdots+c_eP_e(i)$$

を導入すると，式 (30.3) より，$c_0A_0+c_1A_1+\cdots+c_eA_e = \sum_{i=0}^{k} f(i)E_i$ であるから，

$$\alpha = \left(\sum_{i=0}^{k} f(i)\phi E_i\right)\left(\sum_{i=0}^{k} f(i)\phi E_i\right)^{\mathrm{T}} = \sum_{i=0}^{k} f(i)^2 \phi E_i \phi^{\mathrm{T}}$$

となる．一方，A_i は A_1 の i 次の多項式であるから，$(A_0 + A_1 + \cdots + A_e)^2$ は A_1 の $2e$ 次の多項式であり，したがって，A_0，A_1，…，A_{2e} の線形結合で書ける．ゆえに，α を評価するには，$(A_0 + A_1 + \cdots + A_e)^2$ を A_0，A_1，…，A_{2e} の線形結合で書いたときの A_0 の係数がわかればよい．式 (30.2) と式 (30.1) より，

$$\alpha = \left(\sum_{i,j=0}^{e} c_i c_j p_{ij}^0\right)\phi A_0 \phi^{\mathrm{T}} = \left(\sum_{i=0}^{e} c_i^2 n_i\right)|C|$$

が得られる．

式 (30.6) より，$f(0) = c_0 n_0 + c_1 n_1 + \cdots + c_e n_e$ である．ここで，α について得られた二つの式を比較しよう．$E_0 = \frac{1}{N} J$ に注意すると，$\phi E_0 \phi^{\mathrm{T}} = \frac{1}{N}|C|^2$ となり，

$$\begin{aligned}(c_0^2 + c_1^2 n_1 + \cdots + c_e^2 n_e)|C| &= \sum_{i=0}^{k} f(i)^2 \phi E_i \phi^{\mathrm{T}} \\ &\geq \frac{1}{N}(c_0 + c_1 n_1 + \cdots + c_e n_e)^2 |C|^2 \qquad (30.10)\end{aligned}$$

が得られる．以下，式 (30.10) より，すべての結果が得られる．まず，すべての i について，$c_i := 1$ とおくと (1) が得られる．

(2) を示すために，仮に，$\phi E_i \phi^{\mathrm{T}} \neq 0$ となる i が e 個より少ないとしよう．線形代数の基本的性質により，$i = 0$ および $\phi E_i \phi^{\mathrm{T}} \neq 0$ となるすべての i について，$f(i) = 0$ となるすべては零でない係数 c_0，…，c_e が存在する．しかしこのとき，式 (30.10) は $|C| \sum_{i=0}^{e} n_i c_i^2 = 0$ となり，矛盾．

(3) を示す．まず，(1) で等号が成り立つとしよう．式 (30.10) において，すべての c_i を 1 とすると，$\phi E_i \phi^{\mathrm{T}} \neq 0$ となる e 個以上の i について，$f(i) = \sum_{\ell=0}^{e} P_\ell(i) = 0$ である．しかし，e 個以上の i について $f(i) = 0$ が成り立つことはない．なぜならば，$A_0 + A_1 + \cdots + A_e$ は A_1 の e 次の多項式であり，$f(0), f(1), \ldots, f(k)$ は $A_0 + A_1 + \cdots + A_e$ の固有値であるから，$f(0)$，…，$f(k)$ は A_1 の固有値 $P_1(0)$，…，$P_1(k)$ に関する e 次の多項式を評価し

て得られる.（行列 A_1 は $k+1$ 次元の代数を生成するので，A_1 は $k+1$ 個の異なる固有値をもつ.）ところで，e 次の多項式は高々 e 個の解をもつので，e 個以上の i について $f(i)=0$ が成り立つことはない．ゆえに，ちょうど e 個の i について (2) の主張が成り立つことが示された.

最後に，ちょうど e 個の i について (2) の主張が成り立つと仮定する．係数 $c_0, \ldots, c_e$ を，$\phi E_i \phi^{\mathrm{T}} \neq 0$ であるような任意の i について $f(i)=0$ であり，$f(0)=1$ となるように選ぶ．このとき，式 (30.10) から $|C| = N(c_0^2 + c_1^2 n_1 + \cdots + c_e^2 n_e)$ が成り立つ．コーシー–シュワルツの不等式より，

$$1 = \left(\sum_{i=0}^{e} c_i n_i\right)^2 \leq \left(\sum_{i=0}^{e} c_i^2 n_i\right)\left(\sum_{i=0}^{e} n_i\right)$$

となり，$|C| \geq N/(1+n_1+n_2+\cdots+n_e)$ が得られる．したがって，(1) で等号が成り立つ．ゆえに (3) が示された. □

系（Lloyd の定理） サイズ q のアルファベット上の長さ n の完全 e 誤り訂正符号が存在するならば，

$$L_e(x) := \sum_{i=0}^{e} (-1)^i \binom{n-x}{e-i}\binom{x-1}{i}(q-1)^{e-i}$$

は e 個の異なる整数解をもつ.

証明 ハミングスキームにおいて，定理 30.6 (3) を書き表せばよい．定理 30.1 (2) の $P_\ell(x)$ を和 $\sum_{\ell=0}^{e} P_\ell(x)$ に代入すると，$L_e(x)$ が得られる. □

例 30.9 ここで，自明な完全 2-誤り訂正符号が存在しないことを示そう．もし，そのような符号の長さが $n>2$ であるとすると，その符号語数は，$2^n/(1+n+\binom{n}{2})$ であるから，$1+n+\binom{n}{2} = 2^r$ を満たす整数が存在しなければならない．（この式を満たす n は多くはないが，たとえば，$n=90$ のときは成り立つ.）$H(n,2)$ において，定理 30.1 (2) より，

$$P_0(x) + P_1(x) + P_2(x) = 2x^2 - 2(n+1)x + 1 + n + \binom{n}{2}$$

となり，定理 30.6 (3) によって，方程式

$$x^2 - (n+1)x + 2^{r-1} = 0$$

は異なる二つの整数解をもつ．このとき，二つの整数解は，$a + b = r - 1$, $2^a + 2^b = n + 1$ を満たす正整数 a, b が存在して，$x_1 = 2^a$, $x_2 = 2^b$ なる形をしていなければならないことがわかる．したがって，

$$(2^{a+1} + 2^{b+1} - 1)^2 = 2^{a+b+4} - 7$$

であるが，a, b がいずれも 2 以上であれば，左辺は $\equiv 1 \pmod{16}$ であり，右辺は $\equiv 9 \pmod{16}$ であり，矛盾．読者は，a, b のいずれかが 2 より小さい場合について調べると，$\{a, b\} = \{1, 2\}$ で $n = 5$ の場合しかないことがわかるであろう．

定理 30.7　D を点集合 $\mathfrak{X}$ 上の k-クラスの補距離スキームに関する $2s$-デザインとする．また，$\phi \in \mathbb{R}^{\mathfrak{X}}$ を D の特性ベクトルとする．

(1) 不等式

$$|D| \geq 1 + m_1 + m_2 + \cdots + m_s$$

が成り立つ．

(2) 少なくとも s 個の添え字 $i \in \{1, 2, \ldots, k\}$ について，

$$\phi A_i \phi^{\mathrm{T}} \neq 0$$

が成り立つ．

(3) (1) において等号が成り立つこととちょうど s 個の添え字について (2) の主張が成り立つことは同値である．このとき，$\phi A_i \phi^{\mathrm{T}} \neq 0$ が成り立つ s 個の添え字 i は

$$\sum_{\ell=0}^{s} Q_\ell(i) = 0$$

を満たすものにほかならない．

証明　ϕ を $2s$-デザイン D の特性ベクトルとし，係数 c_0, c_1, …, c_s に対して，

$$\beta := \phi(c_0E_0 + c_1E_1 + \cdots + c_sE_s) \circ (c_0E_0 + c_1E_1 + \cdots + c_sE_s)\phi^{\mathrm{T}}$$

と定義する．β を 2 通りに評価しよう．$c_0, c_1, \ldots, c_s$ の関数

$$g(i) := \frac{1}{N}(c_0Q_0(i) + c_1Q_1(i) + \cdots + c_sQ_s(i))$$

を定義する．式 (30.4) より，$c_0E_0 + c_1E_1 + \cdots + c_sE_s = \sum_{i=0}^{k} g(i)A_i$ であるから，

$$\beta = \left(\sum_{i=0}^{k} g(i)\phi A_i\right) \circ \left(\sum_{i=0}^{k} g(i)\phi A_i\right)^{\mathrm{T}} = \sum_{i=0}^{k} g(i)^2\phi A_i\phi^{\mathrm{T}}$$

である．一方，E_i は E_1 の i 次のアダマール多項式[1]であるから，$E_0+E_1+\cdots+E_s$ のアダマール平方[2]は E_1 に関する $2s$ 次のアダマール多項式である．よって，$(E_0 + E_1 + \cdots + E_s)$ は E_0, E_1, …, E_s の線形結合である．定理の仮定より，$i = 1, 2, \ldots, 2s$ に対して $\phi E_i\phi^{\mathrm{T}} = 0$ であるから，$E_0 + E_1 + \cdots + E_s$ のアダマール平方が E_0, E_1, …, E_s の線形結合で書けているとき，式 (30.7) および式 (30.8) より，

$$\beta = \left(\frac{1}{N}\sum_{i,j=0}^{s} c_ic_jq_{ij}^0\right)\phi E_0\phi^{\mathrm{T}} = \frac{1}{N^2}\left(\sum_{i=0}^{e} c_i^2m_i\right)|C|^2$$

が得られる．

式 (30.6) より，$g(0) = \frac{1}{N}(c_0m_0 + c_1m_1 + \cdots + c_sm_s)$ である．ここで，β について得られた二つの式を比較すると，

$$\begin{aligned}\frac{1}{N^2}(c_0^2 + c_1^2m_1 + \cdots + c_s^2m_s)|C|^2 &= \sum_{i=0}^{k} g(i)^2\phi A_i\phi^{\mathrm{T}} \\ &\geq \frac{1}{N}(c_0 + c_1m_1 + \cdots + c_sm_s)^2|C|\end{aligned} \tag{30.11}$$

[1]　［訳注］アダマール積に関する多項式.
[2]　［訳注］アダマール積に関する 2 乗.

が得られる．

式 (30.11) を用いると，定理 30.6 と同様に証明ができる．□

問題 30I　拡張 Golay 符号 G_{24} の座標に置換を施して，最初の 8 個の座標が 1 で残りが 0 である $\boldsymbol{c} = (1, \ldots, 1, 0, \ldots, 0)$ が符号語であるとする．

(1) 最初の 8 個の座標が 0 である重み 8 の G_{24} の符号語が 30 個あることを数え上げを用いて示せ．（これらの符号語は $\boldsymbol{c}$ との距離が 16 である．）次に，最初の 8 個の座標に 1 をもたない G_{24} のすべての符号語は本質的に $R(1,4)$ と同等の部分符号となることを示せ．

(2) $\boldsymbol{a} = (a_1, a_2, \ldots, a_{24})$ を符号語とし，$(a_1, a_2, \ldots, a_7)$ の重みが 1 以下である G_{24} の符号語 $\boldsymbol{a}$ から最初の 8 個の座標を削除して得られる $(a_9, a_{10}, \ldots, a_{24})$ の集合を A とする．A は長さ 16，最小距離 6 で符号語数 256 の符号であることを示せ．

(3) A を用いて，図 30.2 の等号が成り立つ符号の例を構成せよ．

問題 30J　パラメータ $[13, 6, 5]$ をもつ 2 元線形符号が存在しないことを示せ．（これより，パラメータ $[16, 8, 6]$ をもつ 2 元線形符号の非存在も示せ．）

問題 30K　$(2k+1)$-元集合の k 元部分集合を点集合とし，二つの k 元部分集合が排反であれば辺で結んだグラフを**奇グラフ**という．（$k = 2$ のときは，Petersen グラフである．）

(1) このグラフは距離正則グラフであることを示せ．

(2) $k = 3$ のとき，ファノ平面に対応する頂点が奇グラフにおいて完全符号をなすことを示せ．

問題 30L　ジョンソンスキーム $J(v, 3)$ において，完全 3-符号をすべて挙げよ．（これらはすべて，自明な符号である．）

ノート

アソシエーションスキームは統計学者によって，partially balanced デザインとともに導入された．点集合上のアソシエーションスキームに関して，

i-種アソシエートな点の対が λ_i 個のブロックに含まれる結合構造を partially balanced という．第 21 章の偏均衡幾何 (partial geometry) はこの例である．partially balanced デザインはフィッシャーの不等式 $b \geq v$（これは，$r \geq k$ と同値である）を満たさないこともあり得るデザインとして導入された．実際，実験を反復することはコストや時間がかかり，実用的な見地から r を小さくしたいのである（r は反復数 (replication number) の頭文字）．

ある種のデザイン（結合行列 N をもつ結合構造）を用いて行った実験結果の解析には，NN^{T} が含まれた計算が必要である．m-クラスのアソシエーションスキーム上の partially balanced デザインの場合には，この計算はかなり単純になる．なぜならば，NN^{T} のサイズが $m+1$ 次よりはるかに大きくても

$$NN^{\mathrm{T}} = \lambda_0 A_0 + \lambda_1 A_1 + \cdots + \lambda_m A_m$$

は，次元の小さい Bose–Mesner 代数の中に含まれているからである．

Delsarte の不等式は，次の一般の Erdős–Ko–Rado の定理を含んでいる．「$n \geq (t+1)(k-t+1)$ とし，n 元集合の k 元部分集合族 $\mathcal{F}$ が，$\mathcal{F}$ のどの二つの異なる部分集合も少なくとも t 個の点を共有するならば，$|\mathcal{F}| \leq \binom{n-t}{k-t}$ が成り立つ」（Wilson (1984a) 参照）．

完全符号の非存在の詳細については，Van Lint (1999) を参照されたい．

参考文献

[1] E. Bannai and T. Ito (1984), *Association Schemes*, Benjamin/Cummings.

[2] A. E. Brouwer, A. M. Cohen, and A. Neumaier (1989), *Distance Regular Graphs*, Springer-Verlag.

[3] Ph. Delsarte (1973), *An Algebraic Approach to the Association Schemes of Coding Theory*, Philips Res. Rep. Suppl. **10**.

[4] Ph. Delsarte (1975), The association schemes of coding theory, in: *Combinatorics* (Proc. Nijenrode Conf.), M. Hall Jr. and J. H. van Lint, eds., D. Reidel.

[5] J. H. van Lint, *Introduction to Coding Theory*, Third edition, Springer-Verlag.

[6] S. P. Lloyd (1957), Binary block coding, *Bell System Tech. J.*, **36**, 517–535. Chelsea.

[7] D. K. Ray-Chaudhuri and R. M. Wilson (1975), On t-designs, *Osak J. Math.* **12**, 737–744.

[8] R. M. Wilson (1984a), The exact bound in the Erdős–Ko–Rado theorem, *Combinatorica* **4**, 247–257. Macmillan.

[9] R. M. Wilson (1984b), On the theory of t-designs, pp. 19–50 in: *Enumeration and Design* (Proceedings of the Waterloo Silver Jubilec Conference), D. M. Jackson and S. A. Vanstone, eds., Academic Press.

第31章　代数的グラフ理論

第9章，第21章では線形代数学の手法をグラフの隣接行列の解析に応用した．本章ではさらにいくつかのエレガントな応用例に触れる．（これらに関連して）第36章も参照されたい．

問題3Dにあるように，完全グラフの向き付けを**トーナメント**とよぶ．すなわち，任意の異なる頂点x, yについて，xからyへの道，あるいはyからxへの道のいずれか一方のみが存在するような有向グラフをトーナメントとよぶ．頂点xからyへの有向辺があるときに(x,y)成分が1であり，それ以外のときに(x,y)成分が0であるような$(0,1)$行列を，有向グラフの隣接行列とよぶ．

補題 31.1　頂点数nのトーナメントの隣接行列のランクはnか$n-1$のいずれかである．

証明　トーナメントの定義から$A + A^{\mathrm{T}} = J - I$が成り立つ．ただしすべての行列のサイズは$n \times n$である[1]．$A$のランクが$n-2$以下であると仮定する．このとき$\boldsymbol{x}A = \boldsymbol{0}$, $\boldsymbol{x}J = \boldsymbol{0}$を満たす非零ベクトル$\boldsymbol{x}$が存在することになるが，

$$0 = \boldsymbol{x}(A + A^{\mathrm{T}})\boldsymbol{x}^{\mathrm{T}} = \boldsymbol{x}(J - I)\boldsymbol{x}^{\mathrm{T}} = -\boldsymbol{x}\boldsymbol{x}^{\mathrm{T}} < 0$$

となって矛盾が生じる．　□

---

[1]［訳注］Aはトーナメントの隣接行列，Iは単位行列，Jはすべての成分が1であるような行列である．

次の定理はR. L. GrahamとH. O. Pollakによるもので，オリジナルの証明はSylvesterの慣性法則に基づいている．定理9.1の（Grahamらによる）オリジナルの証明にも慣性法則が用いられた．

定理 31.2　完全グラフ K_n が辺素な完全二部グラフ[2] $H_1, H_2, \ldots, H_k$ に分解されたとする．このとき $k \geq n-1$ が成り立つ．

証明　各完全二部グラフ H_i の辺を一方の部集合の頂点から他方の部集合の頂点に向かって向き付けるとトーナメントが得られて，その隣接行列は H_i の隣接行列 A_i の和で表される．頂点番号を適当に付け換えることによって，そのような有向完全二部グラフの隣接行列は

$$\begin{pmatrix} O & J & O \\ O & O & O \\ O & O & O \end{pmatrix}$$

の形に変形される．この行列のランクは1であり，それゆえに A のランクは高々 k になる．よって補題31.1より所望の不等式を得る．□

定理31.2は，K_n が k 個の辺素なクリークに分解されるならば $k \geq n$ となることを主張するDe Bruijn–Erdősの定理（定理19.1）を思い起こさせる．

しかし定理31.2の線形代数を用いない証明は知られていない．

有限グラフ G の隣接行列 $A = A(G)$ は実対称行列であるから，固有ベクトルからなる直交基底をもつ（異なる固有値に属する固有ベクトルは必ず直交する）．以下では $A(G)$ の固有値をグラフ G の固有値とよぶことにする．個別のグラフについて，固有値の全体（スペクトル）の早見表を与えよう．

---

[2] ［訳注］互いに辺を共有しない完全二部グラフ．

グラフ	スペクトル
K_5	$4, -1, -1, -1, -1$
$K_{3,3}$	$3, 0, 0, 0, 0, -3$
立方体[3]	$3, 1, 1, 1, -1, -1, -1, -3$
五角形	$2, \frac{1}{2}(-1+\sqrt{5}), \frac{1}{2}(-1+\sqrt{5}),$ $\frac{1}{2}(-1-\sqrt{5}), \frac{1}{2}(-1-\sqrt{5})$
Petersen グラフ	$3, 1, 1, 1, 1, 1, -2, -2, -2, -2$
$L_2(3)$	$4, 1, 1, 1, 1, -2, -2, -2, -2$
Heawood グラフ	$3, \sqrt{2}, \sqrt{2}, \sqrt{2}, \sqrt{2}, \sqrt{2}, \sqrt{2},$ $-\sqrt{2}, -\sqrt{2}, -\sqrt{2}, -\sqrt{2}, -\sqrt{2}, -\sqrt{2}, -3$

Heawood グラフはファノ平面の結合グラフ[4]である．このグラフは第 35 章で改めて取り上げられる．

二つのグラフが非同型であっても，それらのスペクトルが一致することがある．たとえば，第 21 章で $T(8)$ と同じパラメータの四つの非同型な強正則グラフを見たが，それらのスペクトルはすべて等しくなっている（定理 21.5）．

問題 31A　K_{10} を Petersen グラフと同型な三つの辺素な部分グラフに分解できないことを示せ．ヒント：A_1, A_2, A_3 を三つの辺素な部分グラフの隣接行列とすると，それらは同じスペクトルをもち，かつすべての成分が 1 であるような固有ベクトル $\boldsymbol{j}$ を共有し，かつ $A_1 + A_2 + A_3 = J - I$ を満たす．

対称行列 S が与えられたとき，$\boldsymbol{x}S\boldsymbol{x}^{\mathrm{T}}/\boldsymbol{x}\boldsymbol{x}^{\mathrm{T}}$ $(\boldsymbol{x} \neq \boldsymbol{0})$ を **Raleigh 商**とよぶ．固有値

$$\lambda_1 \geq \lambda_2 \geq \cdots \geq \lambda_n$$

に対応する固有ベクトルを正規直交化したものを $\boldsymbol{e}_1, \boldsymbol{e}_2, \ldots, \boldsymbol{e}_n$ とおく．この基底の一次結合で $\boldsymbol{x} = a_1\boldsymbol{e}_1 + a_2\boldsymbol{e}_2 + \cdots + a_n\boldsymbol{e}_n$ と表すと，

---

[3] ［訳注］第 9 章のグラフ H_3.

[4] ［訳注］ファノ平面の点集合とブロック集合をそれぞれ部集合として，点 x がブロック B に結合するときかつそのときに限り $\{x, B\}$ が辺であるような二部グラフ．

$$\frac{\boldsymbol{x}S\boldsymbol{x}^{\mathrm{T}}}{\boldsymbol{x}\boldsymbol{x}^{\mathrm{T}}} = \frac{\lambda_1 a_1^2 + \lambda_2 a_2^2 + \cdots + \lambda_n a_n^2}{a_1^2 + a_2^2 + \cdots + a_n^2}. \tag{31.1}$$

とくに，非零ベクトル $\boldsymbol{x}$ に対して

$$\lambda_1 \geq \frac{\boldsymbol{x}S\boldsymbol{x}^{\mathrm{T}}}{\boldsymbol{x}\boldsymbol{x}^{\mathrm{T}}} \geq \lambda_n$$

が成り立つ．

われわれが扱うほとんどのグラフは単純グラフだが，以下の話では重み付きグラフとしても差し支えないし（この場合，隣接行列の (x, y) 成分は頂点 x と頂点 y を結ぶ辺の本数になる），重み付きグラフとしても何ら問題はない（この場合，隣接行列の (x, y) 成分は頂点 x と y を結ぶ辺の重みになる）．

グラフのスペクトルがグラフの組合せ論的性質や幾何学的性質と深く関与していることは驚くべきことである．最初に述べるのは，A. J. Hoffman による定理である．どの 2 頂点も辺で結ばれていないようなグラフ G の部分グラフを，独立点集合あるいは**コクリーク** (coclique) とよぶ．

定理 31.3　G を頂点数 n の d 正則グラフとし，$\lambda_{\min}$ を G の最小固有値とする（$\lambda_{\min}$ は負値になる）．このとき G の任意のコクリークについて

$$|S| \leq \frac{-n\lambda_{\min}}{d - \lambda_{\min}}$$

が成り立つ．

証明　A を G の隣接行列とし，$\lambda := \lambda_{\min}$ とおく．すると $A - \lambda I$ は非負定値，すなわちすべての固有値が非負値になる．$A - \lambda I$ の固有ベクトルの集合は A の固有ベクトルの集合に等しくなる．$\boldsymbol{j} := (1, 1, \ldots, 1)$ は $A - \lambda I$ と A の固有ベクトルの一つであり，

$$\boldsymbol{j}(A - \lambda I) = (d - \lambda)\boldsymbol{j}$$

となる．ここで

$$M := A - \lambda I - \frac{d - \lambda}{n} J$$

とおくと，$\boldsymbol{j}M = \boldsymbol{0}$．$A$ のその他の固有ベクトル $\boldsymbol{e}$ は $\boldsymbol{j}$ に直交するため，

$\boldsymbol{e}J = \mathbf{0}$ が成り立つ．$\boldsymbol{e}$ は M の非負固有値に対応する固有ベクトルであるから，M は非負定値になる．

G の m 個の頂点からなるコクリーク S の特性ベクトルを ϕ とおく．つまり，$\phi(x)$ は $x \in S$ のときに 1，それ以外のときに 0 になる．このとき $\phi A \phi^{\mathrm{T}} = 0$ となり，

$$0 \leq \phi M \phi^{\mathrm{T}} = -\lambda \phi\phi^{\mathrm{T}} - \frac{d-\lambda}{n}\phi J \phi^{\mathrm{T}} = -\lambda m - \frac{d-\lambda}{n}m^2.$$

こうして所望の不等式が得られる．□

定理 31.3 の非正則行列に対する拡張，類似も研究されている．たとえば Haemers (1979) を参照されたい．

問題 31B　定理 31.3 を単純正則グラフ G の補グラフに適用し，G のクリークのサイズに関するスペクトル不等式を導け．またその不等式において等号が成り立つ例をいくつか挙げよ．

問題 31C　第 17 章では単純グラフ G の線グラフ $L = L(G)$ の概念を導入した．たとえば，第 21 章で定義した $L_2(m)$ は $K_{m,m}$ の線グラフであり，$T(m)$ は K_m の線グラフであり，五角形は五角形の線グラフである．(1) Petersen グラフが線グラフになるようなグラフは存在しないことを示せ．(2) G の辺数が頂点数よりも大きいとき，線グラフ $L(G)$ の最小固有値が -2 であることを示せ．（N を G の結合行列として，$N^{\mathrm{T}}N$ を考えよ．）

L. Lovász (1979) は定理 31.3 のコクリークの要素数に関する不等式が**グラフのシャノン容量**とよばれるものの上界を与えることを示した．シャノン容量は情報理論における概念である．メッセージの送信に使用されるシンボルは，その組み合わせによっては，互いに混同しやすかったり，影響を及ぼしあうことがあるかもしれない．二つのメッセージ（長さ n のシンボル列）は，各座標ごとにシンボルが一致するか，互いに影響を及ぼしあうとき，交絡する (confoundable) といわれる．われわれはどの二つも交絡しないようなメッセージの集合に興味がある．

上で述べたことをグラフ理論の言葉で読み換えてみよう．シンボルの集合を頂点集合とし，交絡関係にある頂点どうしを辺で結んで，無向グラフ G

を定める．すると，どの二つも交絡しないようなメッセージの集合は G のコクリークに対応する．単純グラフ G, H に対して，$V(G \otimes H) := V(G) \times V(H)$ の要素を頂点として，x_1 と x_2 が等しいか隣接するとき，かつ y_1 と y_2 が等しいか隣接するときに頂点 (x_1, y_1), (x_2, y_2) を隣接させると単純グラフ $G \otimes H$ を得る．これを G と H の強積 (strong product) とよぶ．$G^n := G \otimes G \otimes \cdots \otimes G$（$n$ 回の強積）の頂点集合は長さ n のメッセージの集合に対応し，G^n の二つの頂点が隣接するのは，それらに対応するメッセージが交絡するときである．こうして G^n の最大のコクリークの要素数に自然と興味がわく．

グラフ G の最大のコクリークの要素数を（G の）**安定数** (independence number) とよび，$\alpha(G)$ と表すことにする．

$$\Theta(G) := \lim_{n\to\infty} (\alpha(G^n))^{1/n} = \sup_n (\alpha(G^n))^{1/n}$$

をグラフ G のシャノン容量とよぶ．極限が存在すること，またそれが上限に一致することは，G と H のコクリークの積が $G \otimes H$ のコクリークになることと，$\alpha(G^{k+m}) \geq \alpha(G^k)\alpha(G^m)$ が成り立つことからわかる．（第11章の Fekete の補題を見よ．）

例 31.1　シャノン容量の評価は極めて困難であり，P_5 のような単純なグラフについてさえ，Lovász による代数的な手法が確立されるまで未解決であった．シンボル1とシンボル3の長さ n のメッセージは 2^n 個あり，これらが互いに交絡しないことは明らかである．つまり $\Theta(P_5) \geq 2$ であることは容易にわかる．しかし，これはあまりよい評価ではない．実際，n が偶数の場合に，互いに交絡しない長さ2のメッセージ

$$(1,1),\ (2,3),\ (3,5),\ (4,2),\ (5,4)$$

のコピーを $n/2$ 個とることで，$(\sqrt{5})^n$ 個の互いに交絡しない長さ n のメッセージを構成することができるため，$\Theta(P_5) \geq \sqrt{5}$ が成り立つ．十分大きい n に対して，これよりもよい下界が得られそうなものであるが，実はそうではない．実際，定理 31.6（後述）からわかるように，$\Theta(P_5) \leq \sqrt{5}$ が成り立つのである．

Lovász (1979) のアイデアを紹介しよう．第18章で定義したクロネッカー積を用いて[5]，ベクトル $\boldsymbol{x}, \boldsymbol{y} \in \mathbb{R}^n$, $\boldsymbol{v}, \boldsymbol{w} \in \mathbb{R}^m$ に対して

$$(\boldsymbol{x} \circ \boldsymbol{v})(\boldsymbol{y} \circ \boldsymbol{w})^{\mathrm{T}} = \langle \boldsymbol{x}, \boldsymbol{y} \rangle \langle \boldsymbol{v}, \boldsymbol{w} \rangle \tag{31.2}$$

となることがわかる．G をグラフとし，その頂点を 1, 2, …, n で番号付ける．ユークリッド空間の単位ベクトルの組 $(\boldsymbol{v}_1, \boldsymbol{v}_2, \ldots, \boldsymbol{v}_n)$ は，頂点 i と j が非隣接ならば $\boldsymbol{v}_i$ と $\boldsymbol{v}_j$ が直交するとき，G の**正規直交表現**とよばれる．($\mathbb{R}^n$ の) 正規直交基底は明らかに G の正規直交表現をなす．

補題 31.4 $(\boldsymbol{u}_1, \ldots, \boldsymbol{u}_n)$, $(\boldsymbol{v}_1, \ldots, \boldsymbol{v}_m)$ をそれぞれ G と H の正規直交表現とする．このとき $\boldsymbol{u}_i \circ \boldsymbol{v}_j$ 全体は $G \otimes H$ の正規直交表現をなす．

証明 式 (31.2) より明らかである． □

正規直交表現 $(\boldsymbol{u}_1, \ldots, \boldsymbol{u}_n)$ の評価値 (value) を

$$\min_{\boldsymbol{c}} \max_{1 \leq i \leq n} \frac{1}{\langle \boldsymbol{c}, \boldsymbol{u}_i \rangle^2}$$

で定める．ただし $\boldsymbol{c}$ は単位ベクトル全体を動く．評価値を最小にするベクトル $\boldsymbol{c}$ を正規直交表現 $(\boldsymbol{u}_1, \ldots, \boldsymbol{u}_n)$ の**ハンドル**とよぶ．正規直交表現全体を動かして得られる評価値の最小値を $\theta(G)$ とおく．そのような最小値の存在性は容易にわかる．$\theta(G)$ を達成するような表現を**最適表現**とよぶ．

補題 31.5 $\theta(G \otimes H) \leq \theta(G)\theta(H)$.

証明 $(\boldsymbol{u}_1, \ldots, \boldsymbol{u}_n)$, $(\boldsymbol{v}_1, \ldots, \boldsymbol{v}_m)$ をそれぞれ G と H の正規直交表現とし，$\boldsymbol{c}$, $\boldsymbol{d}$ をそれらのハンドルとする．式 (31.2) より，$\boldsymbol{c} \circ \boldsymbol{d}$ は単位ベクトルであり，

$$\begin{aligned}\theta(G \otimes H) &\leq \max_{i,j} \frac{1}{\langle \boldsymbol{c} \circ \boldsymbol{d}, \boldsymbol{u}_i \circ \boldsymbol{v}_j \rangle^2} \\ &= \max_{i,j} \frac{1}{\langle \boldsymbol{c}, \boldsymbol{u}_i \rangle^2} \cdot \frac{1}{\langle \boldsymbol{d}, \boldsymbol{v}_j \rangle^2}\end{aligned}$$

---

[5] ［訳注］第18章では行列のクロネッカー積を $\otimes$ で表したが，ここでは $\circ$ で表していることに注意する．

$$= \theta(G)\theta(H).$$

（上の不等式において等号が成り立つこともわかる．） □

定理 31.6　$\Theta(G) \le \theta(G)$.

証明　まずは$\alpha(G) \le \theta(G)$が成り立つことを示す．$(\boldsymbol{u}_1, \ldots, \boldsymbol{u}_n)$を$G$の正規直交表現とし，$\boldsymbol{c}$をハンドルとする．$\{1, 2, \ldots, k\}$を$G$の最大のコクリークとし，$\boldsymbol{u}_1$, $\boldsymbol{u}_2$, …, $\boldsymbol{u}_k$を互いに直交するベクトルとする．

$$1 = \|\boldsymbol{c}\|^2 \ge \sum_{i=1}^{k} \langle \boldsymbol{c}, \boldsymbol{u}_i \rangle^2 \ge \alpha(G)/\theta(G).$$

このことと補題31.5より，$\alpha(G^n) \le \theta(G^n) \le \theta(G)^n$となることがわかる． □

例 31.1 の続き　Lovász (1979) によるエレガントなアイデアで$\Theta(C_5) = \sqrt{5}$を証明しよう．5本の骨がある雨傘を考えて，骨と柄（ハンドル）の長さを1とする．この雨傘を少しずつ開いて，隣り合わない骨の角度がちょうど$\pi/2$になる瞬間をイメージする．柄を$\boldsymbol{c}$，骨を$\boldsymbol{u}_1$, …, $\boldsymbol{u}_5$とおくと，$\boldsymbol{u}_1$, …, $\boldsymbol{u}_5$はC_5の$\mathbb{R}^3$における正規直交表現をなす．初等計算により[6]，$\langle \boldsymbol{c}, \boldsymbol{u}_i \rangle = 5^{-1/4}$となることがわかる．定理31.6および$\theta(C_5)$の定義から所望の結果が得られる．

この結果は次の系からも得られる．

系　Gを頂点数nのd正則グラフとし，$\lambda_{\min}$をGの最小固有値とする．このとき

$$\Theta(G) \le \frac{-n\lambda_{\min}}{d - \lambda_{\min}}.$$

証明　AをGの隣接行列とする．定理31.3の証明で，$\lambda := \lambda_{\min}$とおくと，$M := A - \lambda I - \frac{d-\lambda}{n} J$が非負定値であり，正則でもないことを確かめた．ゆ

[6]［訳注］開いた傘を真上と真横から眺めてみるとよい．

えにランク $< n$ の実行列 B をうまくとることで $M = BB^{\mathrm{T}}$ とできる．$\boldsymbol{x}_1$, $\ldots$, $\boldsymbol{x}_n$ を B の行とすると，

$$\langle \boldsymbol{x}_i, \boldsymbol{x}_i \rangle = -\lambda - \frac{d-\lambda}{n}, \quad \langle \boldsymbol{x}_i, \boldsymbol{x}_j \rangle = -\frac{d-\lambda}{n}$$

が成り立つ．ただし i と j は非隣接な 2 頂点とする．B の行 $\boldsymbol{x}_i$ に直交するベクトル $\mathbf{c}$ を任意に一つとって，

$$\boldsymbol{v}_i := \frac{1}{\sqrt{-\lambda}}\boldsymbol{x}_i + \frac{1}{\sqrt{-\lambda n/(d-\lambda)}}\mathbf{c}.$$

$\boldsymbol{v}_1, \ldots, \boldsymbol{v}_n$ が G の正規直交表現になる．最後に，任意の i について

$$\frac{1}{\langle \mathbf{c}, \boldsymbol{v}_i \rangle^2} = \frac{-\lambda n}{d-\lambda}$$

が成り立つことに注意すると，定理 31.6 から所望の結果を得る． □

続いて，固有値の**インターレース性** (interlace) の応用を二つ紹介しよう．

補題 31.7 A を n 次の実対称行列とし，その固有値を

$$\lambda_1 \geq \lambda_2 \geq \cdots \geq \lambda_n$$

とおく．N を $NN^{\mathrm{T}} = I_m$ を満たす $m \times n$ 実行列とする（ゆえに $m \leq n$）．$B := NAN^{\mathrm{T}}$ とし，

$$\mu_1 \geq \mu_2 \geq \cdots \geq \mu_m$$

を B の固有値とする．このとき B の固有値は A の固有値とインターレースする．すなわち $i = 1, 2, \ldots, m$ に対して

$$\lambda_i \geq \mu_i \geq \lambda_{n-m+i}$$

が成り立つ．

証明 固有値 $\lambda_1, \ldots, \lambda_n$ に対応する固有ベクトルを正規直交化したものを $\boldsymbol{e}_1, \ldots, \boldsymbol{e}_n$ とおく．固有値 $\mu_1, \ldots, \mu_m$ に対応する固有ベクトルを正規直交化したものを $\boldsymbol{f}_1, \ldots, \boldsymbol{f}_m$ とおく．

i を固定し，$U := \mathrm{Span}\{\boldsymbol{f}_1, \ldots, \boldsymbol{f}_i\}$ を考える．式 (31.1) より

$$\frac{\boldsymbol{x}B\boldsymbol{x}^{\mathrm{T}}}{\boldsymbol{x}\boldsymbol{x}^{\mathrm{T}}} \geq \mu_i$$

がすべての非零ベクトル $\boldsymbol{x} \in U$ について成り立つ．$W := \{\boldsymbol{x}N \mid \boldsymbol{x} \in U\}$ とおく．W は i 次元部分空間で，

$$\frac{\boldsymbol{y}A\boldsymbol{y}^{\mathrm{T}}}{\boldsymbol{y}\boldsymbol{y}^{\mathrm{T}}} \geq \mu_i \tag{31.3}$$

がすべての $\boldsymbol{y} \in W$ について成り立つ．$\boldsymbol{0} \neq \boldsymbol{y} \in W \cap \mathrm{Span}\{\boldsymbol{e}_i, \boldsymbol{e}_{i+1}, \ldots, \boldsymbol{e}_n\}$ を任意に一つとると，式 (31.1) より

$$\frac{\boldsymbol{y}A\boldsymbol{y}^{\mathrm{T}}}{\boldsymbol{y}\boldsymbol{y}^{\mathrm{T}}} \leq \lambda_i$$

であり，式 (31.3) から $\lambda_i \geq \mu_i$ となることがわかる．

$U := \mathrm{Span}\{\boldsymbol{f}_i, \ldots, \boldsymbol{f}_m\}$ について同様の議論を用いると，$\mu_i \geq \lambda_{n-m+i}$ となることがわかる．□

$m = n-1$ のとき，

$$\lambda_1 \geq \mu_1 \geq \lambda_2 \geq \mu_2 \geq \lambda_3 \geq \cdots \geq \lambda_{n-1} \geq \mu_{n-1} \geq \lambda_n$$

が成り立ち，インターレースの意味を最もイメージしやすい．

補題 31.7 において，N の m 個の行が異なる標準ベクトルである場合，すなわち各行に成分 1 がちょうど一つだけ現れる場合を考えよう．この場合，行列 B は A の $m \times m$ の主小行列である．次の事実は D. M. Cvetković によるものである．

定理 31.8　グラフ G のコクリークの要素数は G の正の固有値の個数と負の固有値の個数を超えない．

証明　G に要素数 m のコクリークが存在したとすると，隣接行列 A はすべての成分が 0 であるような $m \times m$ の主小行列をもつ．A の固有値を $\lambda_1 \geq \lambda_2 \geq \cdots \geq \lambda_n$ とする．インターレースにより，$\lambda_m \geq 0$, $0 \geq \lambda_{n-m+1}$ であり，それゆえに A は少なくとも m 個の非負固有値と少なくとも m 個の非正固有値をもつ．□

次の定理は，グラフの染色数に関する A. J. Hoffman の結果である．この

結果は正則グラフの場合には定理 31.3 を用いて示すこともできる．

定理 31.9 $\lambda_1 \geq \lambda_2 \geq \cdots \geq \lambda_n$ をグラフ G のスペクトルとする．このとき

$$\chi(G) \geq 1 + \lambda_1/(-\lambda_m).$$

証明 グラフ G が m 色で彩色されたとする．行と列に適当な置換を施すことによって，隣接行列 A を

$$A = \begin{pmatrix} A_{11} & \cdots & A_{1m} \\ \vdots & & \vdots \\ A_{m1} & \cdots & A_{mm} \end{pmatrix}$$

のようにブロック行列表示することができる．ただし A_{ij} は色 i に対する行と色 j に対応する列からなるブロック行列を表している．

A の最大固有値 λ_1 に対応する固有ベクトルを $\boldsymbol{e} = (\boldsymbol{e}_1, \ldots, \boldsymbol{e}_m)$ とおく．ただし $\boldsymbol{e}_i$ は色 i の頂点に対応する座標位置を表している．

$$\begin{pmatrix} \frac{1}{\|\boldsymbol{e}_1\|}\boldsymbol{e}_1 & 0 & 0 & \cdots \\ 0 & \frac{1}{\|\boldsymbol{e}_2\|}\boldsymbol{e}_2 & 0 & \cdots \\ 0 & 0 & \frac{1}{\|\boldsymbol{e}_2\|}\boldsymbol{e}_3 & \cdots \\ \vdots & \vdots & \vdots & \ddots \end{pmatrix}$$

（$m \times n$ 行列）を考えて，$B := NAN^{\mathrm{T}}$ とおく．補題 31.7 より，B の固有値 $\mu_1, \ldots, \mu_m$ は A の固有値とインターレースし，λ_1 と λ_n で挟まれる．一方，

$$(\|\boldsymbol{e}_1\|, \ldots, \|\boldsymbol{e}_m\|)B = \boldsymbol{e}AN^{\mathrm{T}} = \lambda_1 \boldsymbol{e}N^{\mathrm{T}} = \lambda_1(\|\boldsymbol{e}_1\|, \ldots, \|\boldsymbol{e}_m\|)$$

であるから，λ_1 は B の固有値になる．B の対角成分は 0 だから，

$$0 = \mathrm{trace}(B) = \mu_1 + \cdots + \mu_m \geq \lambda_1 + (m-1)\lambda_n$$

となり，題意は示された．（いくつかの $\boldsymbol{e}_i$ が零ベクトルならば，それらを N から除外しておくべきであった．） □

問題 31D 任意の有限グラフ G に対して $\chi(G) \leq 1 + \lambda_1$ が成り立つことを示せ．ただし λ_1 は G の最大固有値を表す．ヒント：G と同じ染色数をもつ極小な誘導部分グラフを考えて，その次数に注目せよ．

グラフの隣接行列は対称行列であるのみならず非負行列[7]でもある．そのような行列にはそれ特有の理論が積み上げられており，その中核をなすのが **Perron–Frobenius の定理**（定理 31.10）である．たとえば Gantmacher (1959) の証明は簡潔でわかりやすいかもしれない．

行と列が集合 X で番号付けられた正方行列 A を考える．$x \in S$, $y \in X \setminus S$ に対して $A(x, y) = 0$ が成り立つような真部分集合 S が存在しないとき，A を**既約**とよぶ．A が既約であるための必要十分条件は，A の行と列に同じ置換を同時に施して

$$\begin{pmatrix} B & O \\ C & D \end{pmatrix}$$

の形に変形できることである．ただし B, D の次数はともに 1 以上である．A がグラフの隣接行列であるとき，A が既約であることと G が連結であることは同値である．

問題 31E D を有限の有向グラフとする．A を D の隣接行列，すなわち D の頂点で行と列が番号付けられた行列で頂点 x から y への有向辺がないとき $A(x, y) = 0$，そうでないとき $A(x, y) > 0$ であるような行列とする．次を示せ．(1) $A^k(x, y) > 0$ であることと D において x から y への長さ k の有向道があることは同値である．(2) A が既約であることと，D が強連結であること，すなわち D の任意の 2 頂点に対して x から y への有向道が存在することは同値である．

定理 31.10（Perron–Frobenius の定理） A を n 次の既約な非負行列とする．すべての成分 a_i が非負であるような固有ベクトル $\boldsymbol{a} = (a_1, \ldots, a_n)$ が（定数倍を除いて）ただ一つ存在する．実は，この $\boldsymbol{a}$ の成分はすべて正であり，対応する固有値 λ（**優固有値** (dominant eigenvalue)）は代数的重

[7]［訳注］成分がすべて非負値の行列．

複度 1 で，この他の固有値を μ とすると $\lambda \geq |\mu|$ を満たす．

証明（の概略）　ここでは非負の固有ベクトルの存在証明は割愛し，既約性の利用法と後半の主張の証明を述べたい．

固有値 λ に対応する非負固有ベクトルを任意に一つとり，$\boldsymbol{a}$ とおく．まずは $\boldsymbol{a}$ のすべての成分が正であることを示そう．問題 31E のように，行列 A を強連結な有向グラフの隣接行列と見なす．任意の異なる 2 頂点について一方から他方への長さ $\leq n-1$ の有向道が存在するので，

$$I + A + A^2 + \cdots + A^{n-1} > O.$$

ここで行列やベクトルに関する不等式は座標成分ごとの比較を表すものとする．$\boldsymbol{a} \geq \boldsymbol{0}$（ただし $\boldsymbol{a} \neq \boldsymbol{0}$）であるから，

$$\boldsymbol{0} < \boldsymbol{a}(I + A + A^2 + \cdots + A^{n-1}) = (1 + \lambda + \lambda^2 + \cdots + \lambda^{n-1})\boldsymbol{a}$$

であり，それゆえに $\boldsymbol{a} > \boldsymbol{0}$.

次に固有値 λ が幾何学的重複度 1 であること，すなわち対応する固有空間の次元が 1 であることを示す．すべての成分が正である，あるいはすべての成分が負である，あるいはすべての成分が 0 であるような固有値 λ に対応する固有ベクトル $\boldsymbol{a}'$ をとる．$\boldsymbol{a}'$ の十分小さい定数倍を $\boldsymbol{a}$ から引くと，固有値 λ に対応する正の，あるいは非負の固有ベクトル $\boldsymbol{a} - c\boldsymbol{a}'$ を得る．$\boldsymbol{a} - c\boldsymbol{a}' \geq \boldsymbol{0}$ で，かつ少なくとも一つの成分が 0 になるような c を選ぶことができる．前の段落の記述から，$\boldsymbol{a} - c\boldsymbol{a}' = \boldsymbol{0}$ となることがわかる．λ の代数的重複度が 1，すなわち λ が固有多項式の単根であることの証明は省略する．

$\boldsymbol{a}$ を固有値 λ に対応する正の固有ベクトルとする．$\boldsymbol{b}$ を A^{T} の正の固有ベクトルとし，$A\boldsymbol{b}^{\mathrm{T}} = \nu\boldsymbol{b}^{\mathrm{T}}$ とおく．すると

$$\lambda\boldsymbol{a}\boldsymbol{b}^{\mathrm{T}} = (\boldsymbol{a}A)\boldsymbol{b}^{\mathrm{T}} = \boldsymbol{a}(A\boldsymbol{b}^{\mathrm{T}}) = \nu\boldsymbol{a}\boldsymbol{b}^{\mathrm{T}}.$$

$\nu = \lambda$ となり，$A\boldsymbol{b}^{\mathrm{T}} = \lambda\boldsymbol{b}^{\mathrm{T}}$ が成り立つ．$\boldsymbol{u}$ を $\boldsymbol{a}$ の定数倍でないような A の固有ベクトルとし，$\boldsymbol{u}A = \mu\boldsymbol{u}$ $(\mu \neq \lambda)$ とおく．

$$\lambda \boldsymbol{u}\boldsymbol{b}^{\mathrm{T}} = \boldsymbol{u}(A\boldsymbol{b}^{\mathrm{T}}) = (\boldsymbol{u}A)\boldsymbol{b}^{\mathrm{T}} = \mu \boldsymbol{u}\boldsymbol{b}^{\mathrm{T}}$$

であることから，$\boldsymbol{u}\boldsymbol{b}^{\mathrm{T}} = 0$．よって，任意の $\boldsymbol{u}$ について，すべての座標成分が非負になることはない．さて，$\hat{\boldsymbol{u}} := (|u_1|, \ldots, |u_n|)$ とおく．$A \geq O$ であるから，$\hat{\boldsymbol{u}}A \geq |\mu|\hat{\boldsymbol{u}}$ が成り立つ[8]．よって

$$\lambda \hat{\boldsymbol{u}}\boldsymbol{b}^{\mathrm{T}} = \hat{\boldsymbol{u}}(A\boldsymbol{b}^{\mathrm{T}}) = (\hat{\boldsymbol{u}}A)\boldsymbol{b}^{\mathrm{T}} \geq |\mu|\hat{\boldsymbol{u}}\boldsymbol{b}^{\mathrm{T}}$$

であり，$\lambda \geq |\mu|$ が成り立つ．□

定理 31.11　λ を連結グラフ G の優固有値とする．G が二部グラフであるための必要十分条件は $-\lambda$ が G の固有値になることである．

証明　G を二部グラフとする．すると G の隣接行列 A は，最初の k 行・k 列，後半の $(n-k)$ 行・$(n-k)$ 列がそれぞれ部集合に対応するように頂点を番号付けることによって，

$$\begin{pmatrix} O & B \\ B^{\mathrm{T}} & O \end{pmatrix}$$

の形に変形することができる．ただし B は $k \times (n-k)$ 行列である．μ を A の一つの固有値とし，対応する固有ベクトルを $\boldsymbol{e}$ とおく．$\boldsymbol{e}$ の最初の k 個の座標成分を $\boldsymbol{e}_1$ として，$\boldsymbol{e} = (\boldsymbol{e}_1, \boldsymbol{e}_2)$ とおく．$(\boldsymbol{e}_1, -\boldsymbol{e}_2)$ は固有値 $-\mu$ に対する固有ベクトルである．よって G が二部グラフならば，そのスペクトルは 0 に関して対称的に振る舞う．

優固有値 λ に対して $-\lambda$ も固有値であるとしよう．$(\boldsymbol{e}_1, -\boldsymbol{e}_2)$ を固有値 $-\lambda$ に対する固有ベクトルで，長さが 1 のものとする．ただし $\boldsymbol{e}_1$，$\boldsymbol{e}_2$ の座標成分がすべて非負になるように，頂点を適当に番号付けしておく．これに伴い，隣接行列 A を

---

[8]　［訳注］（$\hat{\boldsymbol{u}}A$ の j 番目の成分）$= \sum_i |u_i| a_{ij}$

$$\geq \left| \sum_i u_i a_{ij} \right| = (\boldsymbol{u}A \text{ の } j \text{ 番目の成分}) = |\mu u_j| = \mu |u_j|.$$

$$A = \begin{pmatrix} B & C \\ D & E \end{pmatrix}$$

のように分割しておく．

$$-\lambda = \boldsymbol{e}A\boldsymbol{e}^{\mathrm{T}} = \boldsymbol{e}_1A\boldsymbol{e}_1^{\mathrm{T}} + \boldsymbol{e}_2A\boldsymbol{e}_2^{\mathrm{T}} - \boldsymbol{e}_1A\boldsymbol{e}_2^{\mathrm{T}} - \boldsymbol{e}_2A\boldsymbol{e}_1^{\mathrm{T}}$$

であるから，

$$(\boldsymbol{e}_1, \boldsymbol{e}_2)A(\boldsymbol{e}_1, \boldsymbol{e}_2)^{\mathrm{T}} \geq \lambda \tag{31.4}$$

であり，等号成立のための必要十分条件が

$$\boldsymbol{e}_1B\boldsymbol{e}_1^{\mathrm{T}} = \boldsymbol{e}_2E\boldsymbol{e}_2^{\mathrm{T}} = 0 \tag{31.5}$$

であることがわかる．式 (31.1)，および λ が優固有値であるという事実から，式 (31.4) で等号が成り立ち，$(\boldsymbol{e}_1, \boldsymbol{e}_2)$ が λ に対する固有ベクトルになるとわかる．ゆえに定理 31.10 より，$(\boldsymbol{e}_1, \boldsymbol{e}_2)$ のすべての成分は正である．最後に，式 (31.5) は $B = E = O$ であることを示しており，G が二部グラフであると結論される． □

定理 31.12　G を有限グラフとし，その隣接行列を A とおく．$f(A) = J$ を満たすような多項式 f が存在することと，G が連結で正則であることは同値である．

証明　ある多項式 f に対して $f(A) = J$ が成り立つと仮定する．$f(A)$ と A は可換であるから，$AJ = JA$．AJ の (x, y) 成分は $\deg_G(x)$ で，JA の (x, y) 成分は $\deg_G(y)$ になる．したがって G は正則である．

$f(A) = J$ だとすると，任意の x, y に対して $A^k(x, y) \neq 0$ となるような自然数 k が存在する．A^k の (x, y) 成分は x から y への長さ k の歩道の総数を表している．よって G は連結である．

G が連結で，かつ d 正則であると仮定しよう．すると $\boldsymbol{j}$ は固有値 d に対する A の固有ベクトルである．定理 31.10 より，固有値 d の重複度は 1 である．一般に，対称行列 M について，M の各固有空間への直交射影行列は M の多項式として表される．具体的には，$(x - \mu_1)(x - \mu_2) \cdots (x - \mu_k)$

を M の最小多項式とすると，

$$\frac{1}{(\mu_1-\mu_2)\cdots(\mu_1-\mu_k)}(M-\mu_2 I)\cdots(M-\mu_k I)$$

が固有空間 $\{\boldsymbol{a} \mid \boldsymbol{a}M = \mu_1\boldsymbol{a}\}$ への直交射影行列になるとわかる．$\frac{1}{v}J$ は $\boldsymbol{j}$ の張る固有空間への直交射影であるから[9]，A に関する多項式で表される． □

すでに見たように，同型なグラフは同じスペクトルをもつが，その逆は一般には成り立たない．すなわち，非同型なグラフであってもスペクトルが等しくなることがあり得る（たとえば問題21Oを参照）．しかし，頂点数が素数の「巡回的」なグラフのように，グラフのクラスを制限することで「逆」が成り立つ場合がある．

G を可換群とし，演算を加法的に表すことにする．$S \subseteq G$ に対して，G を頂点集合とし，$y-x \in S$ かつそのときに限り x から y への有向辺があるような有向グラフ $\Gamma(G,S)$ を，**ケーリーグラフ**とよぶ．ケーリーグラフの概念はこれまでの章に何度も現れている．$-S=S$ のとき，ケーリーグラフは無向グラフと見なされる．また $0 \notin S$ のときにはケーリーグラフにはループがない．G が巡回群の場合，ケーリーグラフを**巡回的グラフ**とよぶ．（ケーリーグラフは非可換群に対しても定義されるが，ここでは G が可換な場合のみを扱う．）

行と列が G の元で番号付けられた正方行列 A は，あるベクトル $(a_g \mid g \in G)$ に対して $A(i,j)=a_{i-j}$ が成り立つとき[10]，**G 行列**とよばれる．とくに G が巡回群の場合，G 行列を**巡回行列**をよぶ．一般に G 上のケーリーグラフの隣接行列は G 行列になる．

環 R 上の G 行列は積に関して閉じている．第28章で見たように，そのような行列からなる代数は群環 $R[G]$ と同型になる．

命題 31.13　ω をある体 $\mathbb{F}$ における1の原始 n 乗根とする．U を，行と列が $\mathbb{Z}_n$ で番号付けられた行列で $U(i,j)=\omega^{ij}$ を満たすものとする．A を $\mathbb{F}$ の元 $(a_i \mid i \in \mathbb{Z}_n)$ を成分とする巡回行列とする．このとき UAU^{-1} は

[9]［訳注］v は頂点数を表す．

[10]［訳注］a_g は有理数や複素数かもしれない．a_{i-j} の添え字の演算は G 上の減法である．

$$\lambda_j := \sum_{i=0}^{n-1} a_i \omega^{ij} \quad (j = 0, 1, \ldots, n-1)$$

を対角成分とする対角行列になる．すなわち，A の固有値は λ_0，λ_1，$\ldots$，λ_{n-1} である（U の行が λ_i に対する固有ベクトルになる.）

問題 31F　(1) 命題 31.13 を示せ．(2) 可換群 G の指標 χ に対して有理的な G 行列 A の固有値が $\lambda_\chi = \sum_{g \in G} a_g \chi(g)$ になることを示せ．たとえば例 30.6 なども参照されたい.

次の定理は Elspas–Turner (1970) によるものである.

定理 31.14　$p > 2$ を素数とし，$(a_i \mid i \in \mathbb{Z}_p)$, $(b_i \mid i \in \mathbb{Z}_p)$ をそれぞれ成分とする有理的な巡回行列 A, B を考える．A と B が同じスペクトルをもつならば，$\mathbb{Z}_p$ のある元 $t \neq 0$ が存在して，任意の $i \in \mathbb{Z}_p$ について $a_i = b_{ti}$ が成り立つ．ただし添え字は p を法として計算する.

証明　ω を 1 の原始 p 乗根とする．命題 31.13 より，$\alpha := \sum_{i=0}^{p-1} a_i \omega^i$ は A の固有値であり，それゆえに B の固有値にもなっている．したがって，ある s に対して

$$\sum_{i=0}^{p-1} a_i \omega^i = \sum_{i=0}^{p-1} b_i \omega^{si}$$

が成り立つ.

まずは $s \neq 0$ の場合を考える．$st \equiv 1 \pmod p$ を満たす t をとる．すると

$$\sum_{i=0}^{p-1} (a_i - b_{ti}) \omega^i = 0$$

が成り立つ．$1 + x + x^2 + \cdots + x^{p-1}$ は有理数体上で ω の最小多項式であるから，ある定数 c が存在して，$a_i - b_{ti} = c$ がすべての i について成り立たなければならない．A と B のトレース pa_0, pb_0 は等しくなる．ゆえに $a_0 = b_0$ で，$c = 0$ でなければならない.

次に $s=0$ の場合を考える．α は有理数であり

$$(a_0-\alpha)+a_1\omega+\cdots+a_{p-1}\omega^{p-1}=0.$$

すべての係数がある定数 c に等しくなり，$A=\alpha I+cJ$ を得る．

A と B の役割を入れ換えて同じ議論を繰り返すと，ある有理数 β, d に対して $B=\beta I+dJ$ を得る．

$aI+bJ$ の固有値は $a+pb$（重複度 1）と a（重複度 $p-1$）である．$A=\alpha I+cJ$ と $B=\beta I+dJ$ のスペクトルが等しく，かつ $p>2$ ならば，$A=B$ となり，すべての t について題意が成り立つ．□

$p=2$ のときは，たとえば同じスペクトル $\{0,2\}$ をもつ 2 次の正方行列

$$\begin{pmatrix}1 & 1\\ 1 & 1\end{pmatrix},\quad \begin{pmatrix}1 & -1\\ -1 & 1\end{pmatrix}$$

が存在することから，上の定理は成り立たない．しかし A と B が非負行列ならば定理の主張は正しい．

系　素数位数（頂点数が奇数）の巡回的グラフが同型になるための必要十分条件はそれら（の隣接行列）が同じスペクトルをもつことである．

証明　同型なグラフが同じスペクトルをもつことはすでに述べた．

ある $S,T\subsetneqq\mathbb{Z}_p$ と素数 p に対して，巡回的グラフ $\Gamma(\mathbb{Z}_p,S)$, $\Gamma(\mathbb{Z}_p,T)$ の隣接行列 A, B が同じスペクトルをもったとする．ここで A は $(a_i\mid i\in\mathbb{Z}_p)$ を成分とし，$i\in S$ のときに $a_i=1$，それ以外のときに $a_i=0$ を満たす行列であり，B は $(b_i\mid i\in\mathbb{Z}_p)$ を成分とし，$i\in T$ のときに $b_i=1$，それ以外のときに $b_i=0$ を満たす行列である．定理 31.14 より，ある $t\neq 0$ が存在して，$a_i=b_{ti}$ がすべての i について成り立つ（$p=2$ の場合は定理 31.14 の証明直後に注意した事実を用いる）．このとき

$$\begin{aligned}&\Gamma(\mathbb{Z}_p,S)\text{ に有向辺 } i\to j \text{ がある} \iff i-j\in S\\ &\iff t(i-j)\in T \iff \Gamma(\mathbb{Z}_p,T)\text{ に有向辺 } ti\to tj \text{ がある}\end{aligned}$$

ということから，$\mathbb{Z}_p$ 上の置換 $\phi: i\mapsto ti$ は $\Gamma(\mathbb{Z}_p,S)$ から $\Gamma(\mathbb{Z}_p,T)$ への同

型写像になる. □

系 $S, T \subseteq \mathbb{Z}_p$ が与えられたとき, 巡回的グラフ $\Gamma(\mathbb{Z}_p, S)$ と $\Gamma(\mathbb{Z}_p, T)$ が同型になるための必要十分条件は, S のある **multiplier** $t \neq 0$ に対して $T = tS$ が成り立つことである.

証明 $\Gamma(\mathbb{Z}_p, S)$, $\Gamma(\mathbb{Z}_p, T)$ が同型であるとすると, それらは同じスペクトルをもつ. 一つ前の系の証明で見たように, すべての i について $a_i = b_{ti}$ が成り立つような $t \neq 0$ が存在する. これは $T = tS$ となることを意味する.

逆に $T = tS$ と仮定すると, 上で見たように, $\mathbb{Z}_p$ 上の置換 $\phi : i \mapsto ti$ は同型写像になる. □

長い間, 上の系は, 素数 p を自然数 n に, さらに条件 $t \neq 0$ を $(t, n) = 1$ に置き換えても成り立つと予想されていたが, $n = 8, 9$ やその他の n で反例がある. しかし, n が平方因子をもたないとき, あるいは n が平方因子のない奇数の 4 倍になるときには, p を n に置き換えても系の主張が成り立つ. 詳しくは M. Muzychuk (1997) を参照されたい.

問題 31G 赤頂点に偶数個の赤頂点が隣接し, 青頂点に奇数個の赤頂点が隣接するように, 有限単純グラフの頂点を 2 色で塗り分けられることを示せ. まずは, 対称 (0,1) 行列 $S = (a_{ij})$ について対角成分からなるベクトル $\boldsymbol{a} = (a_{11}, a_{22}, \ldots, a_{nn})^{\mathrm{T}}$ が S の列ベクトル空間に属することを示せ.

問題 31H G をちょうど三つの異なる固有値をもつ連結正則グラフとする. G は強正則グラフになることを示せ.

問題 31I 非自明な強正則グラフ G に対して, $x \in V(G)$ と隣接しない頂点から誘導される部分グラフ $\Delta(x)$ を考える. (1) $\Delta(x)$ が非連結であるときに $k - \mu$ が G の固有値になる理由を述べた後, (2) 具体計算で $k - \mu$ が G の固有値にはならないことを確かめることによって, $\Delta(x)$ が連結でなければならないことを示せ.

問題 31J Petersen グラフ P が 1 正則部分グラフ H と 2 正則部分グラフ K に分割されたとする. A を P の隣接行列, B, C を H, K の隣接行列とすると，$A = B + C$ が成り立つ．

A の固有値 1 に対する固有ベクトルであり，かつ B の固有値 -1 に対する固有ベクトルでもあるような $\boldsymbol{u}$ が存在することを示せ．（それゆえ $\boldsymbol{u}$ は C の固有値 2 に対する固有ベクトルにもなる．）次に K が非連結になることを示せ．（このことから P にはハミルトン閉路がないことがわかる．）

問題 31K　G を頂点数 n で多重辺のない有向グラフとする．ただし有向辺 $a \to b$ と $b \to a$ が共存することはあり得るとし，この場合，それらを無向辺 $\{a, b\}$ と見なすことにする．任意の 2 頂点 a, b について，$a \neq b$ ならば a から b への長さ 3 の歩道があり，$a = b$ ならばそのような歩道がないと仮定する．A を G の隣接行列とすると，この条件は行列方程式

$$A^3 = J - I \tag{31.6}$$

で記述される．

(1)　G が正則であることを示せ．
(2)　G の各頂点の次数を c とおくとき，$n = c^3 + 1$ となることを示せ．
(3)　G にはちょうど $\frac{1}{2}(c^2 + c)$ 個の無向辺があることを示せ．
(4)　$n = 9$ のときにそのようなグラフの例を構成せよ．

ノート

「代数的グラフ理論」の第一人者 Hoffman による定理 31.3 は，学術誌などに発表されることはなかったが，多くの研究者の心を惹きつけ，当該分野の古典的な結果の一つとされている．

問題 31D に記載されている事実は H. Wilf による結果である．問題 31A は A. J. Schwenk による未発表の結果である．

参考文献

[1]　N. Biggs (1974), *Algebraic Graph Theory*, Cambridge University Press.
[2]　D. M. Cvetković, M. Doob, H. Sachs (1979), *Spectra of Graphs, a Monograph*, V. E. B. Deutscher Verlag der Wissenschaften.

[3] B. Elspas, J. Turner (1970), Graphs with circulant adjacency matrices, *J. Combinatorial Theory* **9**, 297–307.

[4] E. R. Gantmacher (1959), *The Theory of Matrices*, Chelsea.

[5] W. Haemers (1979), *Eigenvalue Techniques in Design and Graph Theory*, Mathematisch Centrum, Amsterdam.

[6] L. Lovász (1979), On the Shannon capacity of a graph, *IEEE Trans. Information Theory* **25**, 1–7.

[7] M. Muzychuk (1997), On Adam's conjecture for circulant graphs, *Discrete Math.* **176**, 285–298.

第 32 章　グラフの連結度

自然数 $k \geq 2$ に対して，任意の $k-1$ 頂点（とそれらに結合する辺）を除去してもなお連結であるような，$|V(G)| \geq k+1$ を満たすグラフ G を **k 点連結グラフ**あるいは **k 連結グラフ**とよぶ．ここではグラフの連結性を 1 連結とよぶことにする．

少なくとも $k+1$ 個の点からなるグラフ G が k 連結ではなく，ある $k-1$ 頂点 S を除去すると非連結になるとき，$V(G) \setminus S$ の空でない部分集合 X, Y への分割が存在して，X と Y にそれぞれ一つずつ端点をもつ辺が存在しないようにできる．H と K をそれぞれ $X \cup S$ と $Y \cup S$ で誘導される部分グラフとする．ただし S に両端点をもつ辺は H か K のいずれか一方にのみ属するようにする．このとき H と K は辺素な G の部分グラフであり，それらの和が G であり，さらに $|V(H) \cap V(K)| = k-1$ を満たしている．逆に，そのような部分グラフ H と K が存在し，かつ H と K の共通部分に属さない頂点が少なくとも一つずつ存在するならば，G は k 連結ではない．

グラフが，2 連結でループをもたないグラフ，**ボンドグラフ**（二つの頂点とそれらを結ぶ複数の辺からなるグラフ．とくに辺数 1 のボンドグラフを**リンクグラフ**とよぶ），ループグラフ（一つの頂点と一つのループからなるグラフ），あるいは 1 点のみからなるとき，**非分離的グラフ**とよぶことにする．たとえば多角形は非分離的であるが，道や辺数 2 以上の木は非分離的グラフではない．

（グラフにいくつか辺があるとき，ループがあると都合が悪くなることがある．ループに結合する頂点を除去すると，組合せ論的にはグラフの連結性が保たれるかもしれないが，トポロジカルな意味では非連結になる上とは異なる2連結性の定義（Tutteによる2連結性の定義）においては，ループを禁止したり，小さいグラフに配慮する必要がなくなる．詳しくは問題32Dを参照されたい．）

非分離グラフの構造について簡単な事実を一つ紹介しよう．

補題 32.1　Gを辺数2以上の非分離な有限グラフとし，HをGの極大な非分離真部分グラフとする．このときGは，HとHの異なる頂点を両端点としてそれ以外にHと交わらない道Pの和で表される．

以下，補題で言及されている道を**ハンドル**とよぶことにする．図32.1はその例である．

証明　$V(H)=V(G)$とする．eをHに属さないGの辺とし，Pをeとその両端点からなるリンクグラフとする．Hにeを加えても非分離性は保たれる．またHは極大な非分離真部分グラフである．よってHとPの和はGになる．

$V(H)\neq V(G)$とする．Gは連結であるから，$x\in V(H)$と$y\notin V(H)$を端点とする辺eが存在する．$G-x$も連結であるから，xを通らずyとHの他の頂点wをつなぐ単純道が存在する．（yからwに向かう）道において最初に現れるHの頂点をzとすると，辺eとこの道のxからzまでの部分グラフPは始点と終点以外でHと交わらない．$H\cup P$はHよりも大きい非分離グラフであるから，Gに等しくなる．　□

上の補題から，辺数2以上の有限非分離グラフGが与えられたとき，非

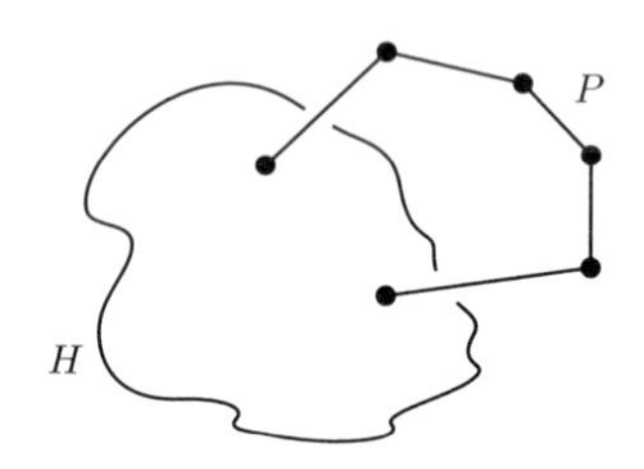

図 32.1

分離な部分グラフの列

$$H_0 \subseteq H_1 \subseteq H_2 \subseteq \cdots \subseteq H_k = G$$

が存在することがわかる．ここで H_0 はリンクグラフを表し，H_{i+1} は H_i にハンドルを付け加えることで得られたグラフを表している．

グラフ G のいくつかの辺上に新たな頂点を挿入することでグラフ H が得られるとき，H を G の**細分** (subdivision) とよぶ．もう少し正確に述べると，グラフ G の細分とは，G の辺を（有限長の）始点と終点以外が G の頂点ではないような道で置き換えるということである．たとえばループの細分は多角形である．二つのグラフが特定のグラフの細分と同型になるとき，それらを**同相である**とよぶ．非分離グラフ（リンクグラフを除く）の細分は非分離性を保存する．

問題 32A　連結グラフ G について，$|E(G)|-|V(G)|+1$ を G の**ランク**とよぶ．（第 34 章では，これが G のサイクル空間の次元に等しくなることを確かめる．）非分離グラフにハンドルを付け足すと，ランクが一つ上がる．ランク 0 の連結グラフは木である．ランク 1 の非分離グラフは多角形である．ランク 2 の非分離グラフは多角形にハンドルを付け足すことで得られ，ギリシャ文字の θ と同相な **$\boldsymbol{\theta}$ グラフ**，すなわち辺数 3 のボンドグラフの細分になる．ランク 3 の非分離グラフを四種類のグラフの細分として分類せよ．

非分離グラフ G に対して，高々一つの頂点を共有し和が G になるような辺素な部分グラフ H, K を考える．このとき H の一つの辺と K の一つの辺をともに含むような多角形は存在しないことが容易にわかる．

定理 32.2　非分離グラフ G の任意の 2 辺を含むような多角形部分グラフが G に存在する．

証明　非分離グラフ G の 2 頂点 x, y と辺 e について，e を含むような x から y への道が存在することを示したい．これが真ならば，e 以外の辺 e' の両端点を x, y とすることで，e と e' を含む多角形の存在を示すことができる．以下，辺の総数（あるいはランク）に関する帰納法を用いて上の主張を示そう．

リンクグラフ e は非分離的である．H を e を含む非分離な真部分グラフとする．x と y が H の頂点になる場合，帰納法の仮定から主張は正しい．そうでない場合，G は H と H の2頂点 a, b を結ぶ道 P の和で表され，x か y のうち少なくとも一方は P の内部の頂点[1]になる．x と y がともに P の頂点ならば，e を含む a から b への道と P の二つの部分道[2]を合わせることで，所望の道が得られる．一方，x が P の内部の頂点で，かつ $y \in V(H)$ $(y \neq a)$ ならば，e を含む y から a への H 内の道と，x から a への P 内の道を合わせることで，所望の道が得られる．□

系　（リンクグラフ以外の）非分離グラフ G の任意の2頂点を含むような多角形が存在する．

証明　2頂点に結合する辺を一本ずつ選ぶ．それらが異なるとき，この2辺に定理32.2を適用する．二辺が等しくなるとき，グラフから別の辺を任意に一つとって，これらを含む多角形を考えればよい．□

上の系は定理32.2と等価である．実際，二つの辺が与えられたとき，それらに内部の頂点を一つずつ挿入し系を用いれば，定理32.2が得られる．

上の系は次のH. Whitney (1932) による定理の特殊な場合である．

定理 32.3　頂点数 $k+1$ 以上のグラフ G が k 連結であるための必要十分条件は，G の任意の2頂点 x, y に対して x と y を結ぶ内素な道が k 本存在すること，すなわち両端点 x, y 以外に頂点を共有しない道が k 本存在することである．

この事実は次のMengerの定理からただちに得られる．以下ではMengerの定理の有向グラフ版を証明する[3]．無向グラフの辺を向きの異なる2本の有向辺で置き換えれば，無向グラフに対するMengerの定理が得られる．

整数流に関する定理7.2と次の結果（問題7Bとほぼ同じ）を使いたい．

問題 32B　f を有向グラフ D の頂点 s から頂点 t へのフローとする（容量

---

[1] ［訳注］a, b 以外の P 上の頂点．
[2] ［訳注］x から a（あるいは b）への道と y から b（あるいは a）への道．
[3] ［訳注］証明はFord–Fulkerson (1962) の第2章にもある．

は気にしなくてよい).

(1) f の強さが正のとき, s から t への有向道で, そのすべての辺 e で $f(e) > 0$ を満たすようなものが存在する.
(2) f が強さ k の整数流ならば, s から t への D の有向道 p_1, p_2, …, p_k で, 各 $e \in E(D)$ について e を含む p_i の個数が高々 $f(e)$ 個であるようなものが存在する.

問題 32C s, t を有向グラフ D の異なる 2 頂点とする. s から t への辺素な有向道の最大個数は, 辺の除去で s と t が分離されるような頂点部分集合 E, つまり s から t へのすべての有向道が経由する頂点部分集合 E の最小サイズに等しくなることを示せ.

s, t を有向グラフ D の異なる 2 頂点とする. 頂点部分集合 $S \subseteq V(G) \setminus \{s,t\}$ は, s から t への任意の有向道が S の頂点を少なくとも一つ含むとき, **(s,t)-分離集合**とよばれる.

定理 32.4(**Menger の定理**) s, t を有向グラフ D の異なる 2 頂点とし, s から t への有向辺が存在しないとする. 要素数が k より小さい (s,t)-分離集合が存在しないならば, s から t への k 個の内素な有向道が存在する.

証明 D の頂点 s, t 以外の頂点 x に新たに二つの頂点 x_1, x_2 を対応させてネットワーク N を構成する. D において s から x への有向辺があるとき, N において s から x_1 への有向辺を置き, その容量を ∞ とする(あるいは $\geq k$ の整数値とする). D において x から t への有向辺があるとき, N において x_2 から t への有向辺を置き, その容量を ∞ とする. D の s, t 以外の 2 頂点 x, y に対して x から y への有向辺があるとき, N において x_2 から y_1 への有向辺を置き, その容量を ∞ とする. 最後に, D の s, t 以外の頂点 x に対して, N に x_1 から x_2 への有向辺を置き, その容量を 1 とする.

上の構成法から, N における s から t への有向道は

$$s,\ a_1,\ a_2,\ b_1,\ b_2,\ \ldots,\ z_1,\ z_2,\ t$$

となる. ただし s, a, b, …, z, t は s から t への D における有向道を表して

いる．

s から t への強さ k の整数流 f が存在したとする．N の有向辺の終点が x_1 のタイプの頂点ならば，それを始点とする容量 1 の有向辺がただ一つ存在する．また，N の有向辺の始点が x_2 のタイプの頂点ならば，それを終点とする容量 1 の有向辺がただ一つ存在する．N の有向辺はこれら 2 パターンになるか容量 1 の辺 $x_1 \to x_2$ のいずれかになるので，各辺での f の値は 0 か 1 になる．問題 32B より，s から t への k 個の有向道をうまくとると，任意の辺に対してそれを含む道が高々一つ存在する．頂点 x_1, x_2 のいずれかを共有する有向道は辺 $x_1 \to x_2$ も共有することになるので，これらの道は辺素なだけでなく内素でもある．ゆえに D において対応する k 個の道も内素になる．

最後に所望の整数流 f が存在することを示す．s, t を分離する容量 $< k$ のカット (S,T) が存在したとする．容量が $k-1$ 以下となり得る有向辺は，ある $x \in V(D)$ に対する x_1 から x_2 への有向辺のみである．$x_1 \in S$ かつ $x_2 \in T$ を満たすような D の頂点 x 全体の集合を V とおくと，上のカットの容量は $|V|$ に等しくなる．N において s から t への有向道はいずれかの頂点 $x \in V$ を経由しなければならない．つまり V は (s,t)-分離集合になるはずであるが，これは定理の仮定に反する．□

* * *

$\mathbb{R}^n$ の有限個の点の凸包 P を**凸多面体**という．すなわち

$$P = \{\lambda_1 \boldsymbol{x}_1 + \cdots + \lambda_k \boldsymbol{x}_k \mid \lambda_i \geq 0,\ \lambda_1 + \cdots + \lambda_k = 1\}.$$

（$\boldsymbol{x}_1, \ldots, \boldsymbol{x}_k$ で生成される）アフィン部分空間の次元を凸多面体の次元とよぶ．

非自明な線形汎関数 $\ell : \mathbb{R}^n \to \mathbb{R}$ と定数 c に対して，超平面

$$H = \{\boldsymbol{x} \mid \ell(\boldsymbol{x}) = c\}$$

が $H \cap P \neq \emptyset$ を満たし，さらに P が H の閉半空間に含まれる，つまり

$$P \subseteq \{\boldsymbol{x} \mid \ell(\boldsymbol{x}) \geq c\}$$

が成り立つとき，H を P の**支持超平面**とよぶ．P の支持超平面と P の共通部分を P の**面**とよぶ．便宜的に空集合も面とよぶことにする．P の 0 次元の面を**頂点**，1 次元の面を**辺**とよぶ．P の頂点と辺をそれぞれ頂点集合 $V(G)$，辺集合を $E(G)$ とするグラフ G を，多面体 P の**グラフ**あるいは **1-スケルトン**とよぶ．結合関係は集合の包含関係で定める．

面 F はそれ自身凸多面体であり，その頂点全体の凸包になる（Grünbaum (1967) 参照）．F のグラフは P のグラフの部分グラフになる．

次の結果は M. Balinski (1961) によるものである．証明には線形計画法に関する次の事実を用いる（Grünbaum (1967) 参照）．s を $\mathbb{R}^m$ における多面体 P の頂点，ℓ を線形汎関数とすると，$\ell(s) \geq \ell(x)$ がすべての $x \in P$ について成り立つ，あるいは s に隣接する P の頂点 t で $\ell(t) > \ell(s)$ を満たすものが存在する．

定理 32.5　n 次元凸多面体の 1-スケルトン G は n 連結である．

証明　n に関する帰納法を用いる．0 次元の凸多面体は 1 点のみからなる．また 1 次元の凸多面体は二つの頂点とそれらを結ぶ辺からなる．

n 次元凸多面体 P の 1-スケルトンから相異なる頂点 $x_1, x_2, \ldots, x_{n-1}, a, b$ を任意にとる．一般性を失うことなく $P \subseteq \mathbb{R}^n$ としてよい．このとき，頂点 $x_1, x_2, \ldots, x_{n-1}$ を経由しない a から b への G の歩道が存在することを示したい．

$x_1, x_2, \ldots, x_{n-1}$ を含む $(n-2)$ 次元のアフィン部分空間 S を考える．S を含む超平面 H（$(n-1)$ 次元アフィン部分空間）をうまく選ぶことで，a と b が H に関して同じ半空間に属する，つまりある線形汎関数 ℓ と実定数 α に対して $H = \{z \mid \ell(z) = \alpha\}$ が $\ell(a) \geq \alpha$, $\ell(b) \geq \alpha$ を満たすようにできる．（a, b のうち少なくとも一方が H に属していてもよい．）

$P \not\subseteq H$ であるから，$\ell(z) > \alpha$ を満たすような P の頂点 z が存在するとしてよい．そうでなければ，a と b は H に属しており，ℓ と α の正負を反転して H に関する「裏側」の半空間を考えればよい．

上述の線形計画法に関する事実から，a, b を始点，a', b' を終点とする G の道 p, q で，それぞれ a', b' で ℓ の最大値 α' を実現し，かつ p, q の「後半」の頂点が H に属さないようなものがとれる．$H' := \{z \mid \ell(z) = \alpha'\}$ とおくと，共通部分 $P \cap H'$ は次元 $n-1$ 以下の P の面であり，とくに連結な 1-スケルトンを含んでいる．ゆえに a' から b' への G の道 r で，H' の頂点のみを経由するものが存在する．p, r, そして q を逆向きにたどれば，a から b への所望の歩道が得られる． □

問題 32D G をグラフとする．各 $\ell < k$ に対して，$H \cup K = P$, $|V(H) \cap V(K)| = \ell$, $|V(H)| \geq \ell$, $|V(K)| \geq \ell$ を満たす辺素な部分グラフ H, K が存在しないとき，G を ***k*-Tutte 連結**とよび，そのような部分グラフの組を ***ℓ* 分離的**であるとよぶ．点連結性と Tutte 連結性は異なる概念である．空でないグラフについて 1-Tutte 連結性は通常の連結性と等価な概念で，2-Tutte 連結性は非分離性と等価になる．辺数 2 以上の 2-Tutte 連結なグラフにはループが存在しない．そうでないとすると，頂点を一つだけ共有するような辺数 1 以上の辺素な部分グラフ（一方はループグラフ，もう一方はその他の辺からなるグラフ）をとることができるからである．$|V(G)| \geq k+1$ を満たすグラフ G に対して，G が k-Tutte 連結であることと，G が k 点連結でありかつ辺数 $k-1$ 以下の多角形を含まないことが等価であることを示せ．

ノート

第 34 章で H. Whitney の名を冠するトピックスをいくつか紹介する．

Karl Menger (1902–1985) はオーストリアの数学者である．1937 年にオーストリアからアメリカに移住し，そこで生涯を終えた．彼の仕事は数理論理学，教授法，経済学など多分野にわたっており，とくに曲線と次元の理論で顕著な業績を残した[4]．L. E. J. Brouwer に招かれてアムステルダム大学で研究を行い，その後 1927 年に教授としてウィーンに戻った．Menger が創始したウィーン数学コロキウムには，K. Gödel, A. Wald などの著名なメンバーが参加し，数多くの訪問者があった．コロキウムには多くのユダヤ人研究者が関与していたためにセミナーが強制的に閉鎖されるまでの間，彼らの研究成果は八巻の刊行物にまとめられた．

[4] ［訳注］たとえば，n 次元の実数ベクトル空間に含まれる n 次元球体の「次元 n」を理解するための帰納次元の定義を導入した．

参考文献

[1] M. Balinski (1961), On the graph structure of convex polyhedra in n-space, *Pacific J. Math.* **11**, 431–434.

[2] L. R. Ford, Jr, D. R. Fulkerson (1962), *Flows in Network*, Princeton University Press.

[3] B. Grünbaum (1967), *Convex Polytopes*, J. Wiley (Interscience).

[4] H. Whitney (1932), Nonseparable and planar graphs, *Trans. Amer. Math. Soc.* **34**, 339–362.

第33章　平面グラフと彩色

初めに辺の縮約と削除に関するある結果を紹介しよう．なお次章では縮約の操作と削除の操作が双対的な概念であることを見る（問題34C参照）．

Gをグラフとし，辺$e \in E(G)$をとる．$E(G) \setminus \{e\}$を辺集合にもつ2種類のグラフG'_e, G''_eを定義する．G'_eは辺eをGから取り除いて得られるグラフである．（孤立点が生じる場合にはそれらを除去してしまう方が都合がよいこともあるが，ここではそのままにしてもとくに問題はない．）もう一つのグラフG''_eはeの両端点を同一視し，辺eを取り除くことで得られる[1]．図33.1のように辺を「巻き取る」あるいは「縮める」イメージが縮約である．

第25章で導入した有限グラフGの**彩色多項式**$\chi_G(\lambda)$はGのλ色での頂点彩色の総数を表している．たとえば

$$\chi_{K_n}(\lambda) = \lambda(\lambda-1)(\lambda-2)\cdots(\lambda-n+1)$$

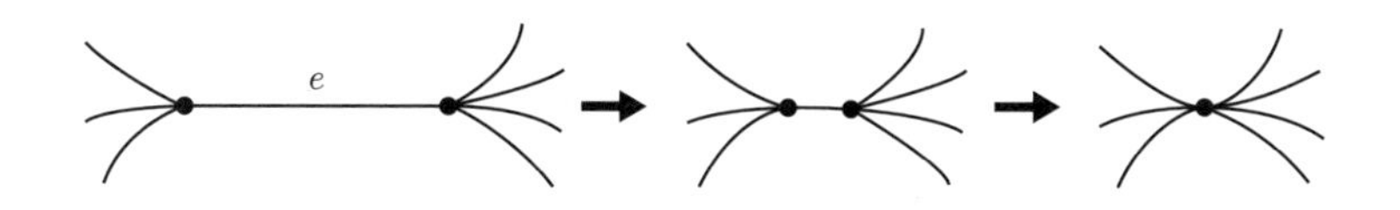

図 33.1

[1]［訳注］形式的には，eの両端点v_1，v_2と$V(G)$に属さない要素v_eについて，頂点集合が$(V(G) \setminus \{v_1, v_2\}) \cup \{v_e\}$，辺集合が$\{\{a,b\} \in E(G) \mid \{a,b\} \cap \{v_1, v_2\} = \emptyset\} \cup \{\{v_e, v\} \mid \{v_1, v\} \in E(G) \setminus \{e\} \text{ or } \{v_2, v\} \in E(G) \setminus \{e\}\}$で定められたグラフを$G''_e$とおく．これを辺の縮約とよぶ．

であることがわかる．$\chi_G(\lambda)$ が λ の多項式になることは第25章ですでに見たが，後述の式 (33.1) も参照してほしい．

例 33.1　頂点数 n の木について

$$\chi_T(\lambda) = \lambda(\lambda-1)^{n-1}$$

が成り立つ．実際，x を T の次数1の頂点とすると，x を除去して得られる頂点数 $n-1$ の木の任意の頂点彩色に対して x の色の塗り方が $\lambda-1$ 通りある．ゆえに頂点数に関する帰納法より所望の等式が得られる．

e を G のループでない辺とすると，G'_e の頂点彩色を二つのグループに分けることができる．すなわち，一方は e の両端点の色が異なる彩色のグループであり（これらは G の頂点彩色に対応している），もう一方は e の両端点の色が等しい彩色のグループである（これらは G''_e の頂点彩色に対応している）．ゆえに

$$\chi_G(\lambda) = \chi_{G'_e}(\lambda) - \chi_{G''_e}(\lambda) \tag{33.1}$$

が成り立つ．

式 (33.1) は $\chi_G(\lambda)$ が λ に関する一変数多項式になることを示している．ループを含んでいるグラフ H は頂点彩色をもたず，$\chi_H(\lambda)=0$ になる．また辺を1本ももたない頂点数 n のグラフ H について $\chi_H(\lambda)=\lambda^n$ が成り立つ．これらはともに λ に関する多項式である．式 (33.1) および辺数に関する帰納法より，$\chi_G(\lambda)$ が λ に関する一変数多項式になることがわかる．

木 T の彩色多項式を式 (33.1) と帰納法を用いて求めることもできる．すなわち T''_e が木で，T'_e が二つの連結成分（ともに木になる）からなることに注意すればよい．

問題 33A　グラフ G の全域木の総数を $\tau(G)$ とおく（これを G の**複雑性**とよぶことがある．）ループでない任意の辺 $e \in E(G)$ について $\tau(G)=\tau(G'_e)+\tau(G''_e)$ が成り立つことを示せ．

問題 33B　n 角形 P_n の彩色多項式を求めよ．また $\boldsymbol{n}$ **車輪グラフ** W_n（$n+1$ 個の頂点をもち，そのうち一つの頂点が P_n のすべての頂点と辺で結ばれ

ているグラフ[2]）の彩色多項式を求めよ．

さて「-1 色での頂点彩色」の個数を問うのは無意味だが，$\chi_G(\lambda)$ は多項式であり $\chi_G(-1)$ の値を評価することはできる．R. P. Stanley (1973) は $|\chi_G(-1)|$ の組合せ論的解釈を与えた．グラフが与えられたとき，各辺を有向辺で置き換えてできる（各有向辺は一方の頂点（始点）からもう一方の頂点（終点）に向かう）有向グラフを，グラフの向き付けとよぶ．（ループでない辺が m 本あればグラフの向き付けの方法は 2^m 通りある．位相幾何学的にはループを両矢印の辺と見なすのが自然かもしれない[3].）

定理 33.1 グラフ G の**非周回的向き付け**，すなわち有向閉路を含まない G の向き付けは $(-1)^{|V(G)|}\chi_G(-1)$ 通り存在する．

証明 G にループが含まれるとすると，$\chi_G(\lambda)=0$．G は非周回的向き付けをもたないので，定理の主張が成り立つ．

ループでない辺 e について G'_e の非周回的向き付けを考える．e を有向辺で置き換えて G の向き付けを得る方法は 2 通りある．その一方あるいは両方が非周回的で，ともに非周回的になる場合と G''_e の非周回的向き付けが 1 対 1 対応することを示す．まず，e を一方の端点 x からもう一方の端点 y への有向辺にして有向閉路を含む G の向き付けを得ることと，G'_e に y から x への有向道が存在することは等価である．いまの場合，G の向き付けの非周回性を仮定しているので，x から y への有向道も，y から x への有向道も存在しない．G'_e に y から x への有向道が存在しないことと，x と y を同一視して G''_e の非周回的向き付けを得ることは等価である．

したがって，グラフ H の非周回的向き付けの個数 $\omega(H)$ について

$$\omega(G)=\omega(G'_e)+\omega(G''_e)$$

が成り立つ．式 (33.1) より，$\omega(H)=(-1)^{|V(H)|}\chi_H(-1)$ は漸化式を満たしている．辺のないグラフについて定理の主張が成り立つことを確かめた後，

[2] ［訳注］n 個の頂点をもち，その一つの頂点が P_{n-1} のすべての頂点と辺で結ばれているグラフを同じ表記 W_n で表す流儀もある．

[3] ［訳注］曲面の「向き付け」はいくつかのループの向き付けの組合せで決まる．組合せ論的には意味をもたないループの向き付けも位相幾何学では重要な意味をもつのである．

辺の本数に関する帰納法を用いると定理の主張を示すことができる．　□

グラフ G が曲面 $\mathcal{S}$ 上に辺が交差することなく描かれているとき，この描画を G の $\mathcal{S}$ 上の**埋め込み**（embedding または proper drawing）とよぶ．厳密には，頂点が $\mathcal{S}$ 上の点に対応し，辺が Jordan 弧（Jordan arc，区間 $[0,1]$ からユークリッド空間への単射な連続写像の像）に対応している．任意の Jordan 弧上のすべての相対的内点[4]は他の Jordan 弧上の点にはならず，G の頂点に対応する点でもない．ここでは有限グラフの埋め込みのみを考える．ユークリッド平面はコンパクトではないが，球面上に自然に埋め込むことができる（平面の 1 点コンパクト化）．グラフが平面的であることと，それが球面上に埋め込み可能であることは等価である．

$K_{3,3}$ と K_5 は平面グラフではない．証明は後述する．これらの細分，あるいはこれらの細分を含んでいるグラフは平面グラフではない．次の結果は平面グラフに関する重要な定理である．証明は Chartrand–Lesniak (1986), Tutte (1984), Diestel (1997) などを参照してほしい．

定理 33.2（Kuratowski の定理）　グラフ G が平面グラフであるための必要十分条件はそれが K_5 あるいは $K_{3,3}$ の細分と同型な部分グラフを含まないことである．

問題 33C　Petersen グラフ（図 1.4 の左の図）の部分グラフとして $K_{3,3}$ の細分を見つけよ．

G のいくつかの辺を削除あるいは縮約した後，いくつかの孤立点を取り除いて得られるグラフ H を G の**マイナー**とよぶ．

辺を削除・縮約する順序は重要ではない．たとえば，部分集合 $S \subseteq E(G)$ の辺を好きな順に縮約すると，次で定義される G の縮約グラフ G''_S と同型なグラフになる．G''_S の頂点は，S を辺集合とする G の全域部分グラフ $G:S$ の連結成分であるとする．G''_S の辺は $E(G)\backslash S$ の要素とする．ただし，辺 $e \in E(G) \setminus S$ の G''_S における端点は，G において e の端点を含んでいる連結成分になる．$G:S$ の各連結成分が 1 点に集約されるイメージをもつとよ

[4]［訳注］$(0,1)$ の像に対応する Jordan 弧上の点．

い[5].

S の辺を取り除いて得られるグラフ $G:(E(G)\setminus S)$ を G'_S とおく．この表記を用いるときにはすべての孤立点が削除されているとする．

例 33.2 Petersen グラフ（図 1.4 の左の図）の描画において，5 個の「スポーク」からなる集合を A とおく．部分グラフ $P:A$ には 5 個の連結成分があり，それゆえに P''_A の頂点数は 5 である．この場合，縮約グラフ G''_S は K_5 になる．内部にある五角形の辺集合を B とおくと，$P:B$ は 6 個の連結成分からなり P''_B は 5 車輪グラフ W_5 に等しくなる．P の全域木を一つとり，その辺集合を C とおくと，P''_C は一つの頂点と 6 個のループからなる．（このような頂点数 1 のグラフを**補木** (cotree) とよぶ.）

G が単純グラフであっても G''_S にループや多重辺が現れることがある．（G の縮約グラフでループを含まないものは，例 23.6 で導入された分割束の部分束 $L(G)$ の要素と 1 対 1 に対応する.）

辺数 k の道はどの $k-1$ 本の辺を縮約してもリンクグラフになるので，任意のグラフ G はその細分 H の縮約グラフになる．

G の曲面 $\mathcal{S}$ における描画と辺 $e \in E(G)$ が与えられたとき，G'_e の $\mathcal{S}$ における描画が自然に得られる．e がループでなければ G''_e の $\mathcal{S}$ における自然な描画（描画の誘導）も得られる．縮約の際，辺の両端点は曲面上を連続的に動きながら近づいていく．（組合せ論的な定義では，ループの縮約はこれを除去するのと同じことである.）G が曲面 $\mathcal{S}$ に埋め込み可能なとき，すなわち 2 胞体埋め込み可能なとき，G の任意のマイナーも埋め込み可能になる．

問題 33D K_5 か $K_{3,3}$ と同型なマイナーを含むグラフ G は K_5 か $K_{3,3}$ の細分を含むことを示せ．また，より一般的な次の事実を示せ：

(1) 三価グラフ (trivalent graph)[6] H がグラフ G のマイナーならば，G は H のある細分を（部分グラフとして）含む．これにより $K_{3,3}$ がグラフのマイナーならば $K_{3,3}$ のある細分が部分グラフになる．

---

5 ［訳注］マイナーの周辺に関する詳細な解説が R. Diestel. *Graph Theory*, 3rd eds., Springer, 2010 にある．

6 ［訳注］各頂点の次数が 3 のグラフ．

(2) K_5 が G のマイナーならば G は K_5 か $K_{3,3}$ のある細分を含む．

N. Robertson, P. Seymour による深遠な定理[7]から，グラフの無限集合を任意に与えると一方が他方のマイナーになるような二つのグラフを見つけることができる．詳細は Diestel (1997) の第12章を参照されたい．Robertson らの定理から，ある曲面に埋め込み不可能でどの二つのグラフも一方のマイナーにならないような極小グラフの全体[8]は有限集合になる．平面の場合，マイナーに関する極小元は2個ある．

グラフ G の曲面 S への埋め込みが与えられたとき，S から頂点と辺（正確には，頂点に対応する点と辺に対応する Jordan 弧の相対的内点）を除去して得られる位相的な連結成分を，S の**面**または**領域**とよぶ．面の集合を $F(G)$ とおく．（とくに球面の場合には）面が埋め込みの仕方に依存しておりグラフ G から一意的に定まるわけではないので，上の表記に気持ち悪さを覚えるかもしれないが，ここではひとまずこの表記を用いる．

一般に，これらの面は2胞体（「穴ぼこ」のない，単位開円盤と同相な領域）ではないかもしれない．しかし，連結グラフの球面への埋め込みを考えるうえでは，面は必ず2胞体になる．この事実は **Jordan の閉曲線定理**と関係している．Jordan の閉曲線定理は，球面に描かれた単位円の単射かつ連続的な変形で得られる曲線を除去するとき，球面がちょうど二つの2胞体（単連結な成分）に分離されることを主張している．

定理 33.3（オイラーの公式）　球面または平面への連結グラフ G の埋め込みについて，

$$f - e + v = 2$$

が成り立つ．ただし f, e, v はそれぞれ面の個数，辺の個数，頂点の個数を表すとする．より一般に，球面に埋め込まれた任意のグラフ G について，$C(G)$ を連結成分の個数とすると，

[7]　［訳注］グラフ・マイナー定理．
[8]　［訳注］マイナーの関係は半順序，すなわち反射律，反対称律，推移律を満たす二項関係になる．

$$1 - |F(G)| + |E(G)| - |V(G)| + |C(G)| = 0 \tag{33.2}$$

が成り立つ．

証明　後半の主張を辺の個数に関する帰納法で示す．辺のないグラフについて，$|C(G)| = |V(G)|$ かつ $|F(G)| = 1$ であり，したがって式 (33.2) が成り立つ．

a を G のループ以外の辺とする．G の埋め込みを考える．辺を 1 本縮約しても面の個数には影響がない．G''_a に帰納法の仮定を適用すると

$$1 - |F(G''_a)| + |E(G''_a)| - |V(G''_a)| + |C(G''_a)| = 0$$

を得る．$|E(G)| = |E(G''_a)| + 1$, $|V(G)| = |V(G''_a)| + 1$, $|C(G)| = |C(G''_a)|$, $|F(G)| = |F(G''_a)|$ に注意すると，式 (33.2) を得る．

G がループ a をもつと仮定する．G'_a に帰納法の仮定を適用すると

$$1 - |F(G'_a)| + |E(G'_a)| - |V(G'_a)| + |C(G'_a)| = 0.$$

もちろん，$|E(G)| = |E(G'_a)| + 1$, $|V(G)| = |V(G'_a)|$, $|C(G)| = |C(G'_a)|$ である．球面上で Jordan の閉曲線定理を用いると，e に結合する二つの面は異なっており，したがって $|F(G)| = |F(G'_a)| + 1$．こうして G について式 (33.2) が成り立つ．　□

例 33.3　K_5 や $K_{3,3}$ が平面グラフでないことを示そう．（リンクグラフ以外の）非分離的なグラフ G の平面への埋め込みにおいて，ある面に結合する辺全体の集合は多角形になる（第 34 章[9]参照）．面の結合辺の個数を面の**次数**とよぶ（第 34 章で導入する双対グラフの頂点の次数）．各辺は二つの面に結合しており，面の次数和は辺の個数の 2 倍に等しくなる．

K_5 を平面に埋め込むことができたとすると，オイラーの公式から，その埋め込みには 7 個の面があるはずである．各面の次数は 3 以上であるから次数和は 21 以上でなければならない．これは $|E(K_5)| = 10$ に矛盾する．

同様に，$K_{3,3}$ が平面に埋め込まれたとすると，その埋め込みには 5 個の

[9]　［訳注］定理 34.6 とその系．

面がなければならない．$K_{3,3}$ の内周は4以上であるから各面の次数は4以上になる．このとき次数和は20以上でなければならないが，これは $|E(K_{3,3})| = 9$ に矛盾している．

（同様の議論を用いてPetersenグラフが平面グラフでないことも示せる．このことは K_5 と $K_{3,3}$ がPetersenグラフのマイナーになることからもわかる．）

問題33E　d_1 正則で，かつすべての面の次数が d_2 の（必ずしも単純グラフであるとは限らない）平面グラフが存在するための整数 $d_1, d_2 \geq 2$ の組 (d_1, d_2) を決定せよ．（プラトンの多面体の頂点と面はこの条件を満たしている．）

次の3次元凸多面体のグラフの特徴付け定理はE. Steinitz (1922) によるものである．

定理33.4　グラフ G が3次元凸多面体のグラフであるための必要十分条件は G が平面的で3連結な単純グラフであることである．

定理32.5から，3次元凸多面体のグラフが3連結になることはすぐにわかる．定理の残りの部分の証明は割愛する．

「球面上に描かれた地図の国を国境を共有するどの2か国も同じ色にならないように四色で塗り分けることができるか？」という問題は，1852年10月23日にAugustus de MorganがWilliam Rowan Hamiltonに宛てた一通の手紙に端を発する．この問題を最初に考えたのはde Morganの弟子のFrederick Guthrieの弟Francis Guthrieとされている．

平面地図の国（領域）を塗り分ける問題は，次章で定義する**双対グラフ**の頂点彩色の問題と見なすことができる．つまり「四色問題」とは任意の平面グラフが4彩色可能であるかを問う問題である．

K_4 が平面グラフであることから，最低でも四色必要なことは明らかである．三色で塗り分けられないグラフの例はたくさんある．四色問題はグラフ理論の諸研究テーマにさまざまな動機付けを与えてくれる．四色問題の歴史についてはBiggs, Lloyd, Wilson (1976) を参照されたい．

1890年，P. J. Heawoodが五色定理（後述の定理33.6）を発表した．これはループのない任意の平面グラフ G について染色数 $\chi(G) \leq 5$ であることを主張するものであり，その証明は A. B. Kempe によるアイデア（とくに以下で述べる色の反転テクニック）に基づいている．1976 年，K. Appel と W. Haken が四色定理の証明を発表し，ついに四色問題は解決された．驚くべきことに，Appel らの証明はそれまで積み上げられた四色問題絡みの仕事や理論を用いておらず，基本的に Kempe と Heawood のアイデアに基づいていた．さらに驚くべきことに，彼らの証明は 1000 時間を超える計算機実験を必要とした．いつか計算が終わることを彼らがどのタイミングで確信したのかは定かでない．単純なプログラムであったため場合分けのパターンが膨大で，計算がいつまでも終わらない可能性もあった．計算機は場合分けを自動生成するようにプログラムされていたが，永久に場合分けを繰り返してしまうことも十分にあり得たのである．ここでは彼らの仕事の詳細は述べず，Appel–Haken–Koch (1977), Appel–Haken (1977) に委ねる．その代わりに以下では五色定理の証明を与える．

命題 33.5　任意の空でない平面グラフ G は次数 5 以下の頂点をもつ．

証明　オイラーの公式を用いる．所望の頂点はある連結成分に属するはずであるから，G を連結グラフとして命題を示す．G の描画に f 個の面，e 本の辺，v 個の頂点が含まれているとする．仮に次数 5 以下の頂点が一つも存在しなければ，v 個の頂点の次数和 $2e$ は $6v$ 以上でなければならず，

$$v \leq \frac{e}{3}.$$

G は単純グラフ（リンクグラフではないと仮定してよい）であるから，各面は 3 本以上の辺に結合している．ゆえに双対グラフ G^* における f 個の頂点の次数和 $2e$ は $3f$ 以上でなければならず，

$$f \leq \frac{2e}{3}.$$

しかしこのとき

$$2 = f - e + v \leq \frac{e}{3} - e + \frac{2e}{3} = 0$$

となって矛盾が生じる．　□

明らかにループのないグラフの頂点彩色は（多重辺を伏せることで）単純グラフの頂点彩色になり，その逆も成り立つ．上の命題からすぐにわかることとして，ループのない平面グラフ G は $\chi(G) \le 6$ を満たすという六色定理がある．平面単純グラフが与えられたとき，次数 5 以下の頂点を一つ取り除いて得られるグラフを帰納法を用いて 6 色で塗り分けた後，残った 1 色を x に塗ればよい．

第 3 章で述べた色の反転テクニックを思い出そう．G の頂点彩色について，異なる色 α と β に着目する．色 α と色 β の頂点で誘導される部分グラフの一つの連結成分において色を反転させると，新たな頂点彩色が得られる．色 α の頂点 x と色 β の頂点 y が与えられたとき，色 α と色 β が交互に現れる（奇数長の）道 $a_0 = x, a_1, \ldots, a_n = y$（**Kempe の鎖**）が含まれるか，あるいは x と y に色 α が塗られているような頂点彩色が存在する．色 α と色 β 以外の頂点の色が変わることはない．

定理 33.6　ループのない平面グラフ G について $\chi(G) \le 5$ が成り立つ．

証明　頂点数に関する帰納法を用いる．頂点数が高々 5 のグラフについては主張は明らかに正しい．ループのないグラフ G の平面的な描画を考えて，頂点数が 1 小さいグラフについて主張が成り立つと仮定する．また G が単純グラフであることも仮定しておく．

命題 33.5 より，次数 ≤ 5 の頂点 $x \in V(G)$ がある．x とその結合辺を取り除いて得られるグラフを G_x とおくと，G の描画から G_x の平面的な描画が自然に得られる．帰納法の仮定から G_x は 5 彩色可能である．G における x の次数が 5 で，かつ x の隣接点 $y_1, y_2, \ldots, y_5$（この順番に巡回的に描画に現れる頂点とする）が G_x の彩色において異なる色で塗られていない限り，残った色を x に塗ることで G の 5 彩色が得られる．よって y_i $(i = 1, 2, 3, 4, 5)$ には色 i が塗られているとしてよい（図 33.2 参照）．

色 1 と色 3 に着目する．（色の反転によって）y_1 と y_3 が同じ色 1 で塗られるような（y_2, y_4, y_5 の色は変わらない）頂点彩色ができるか，G_x において色 1 と色 3 の頂点を交互に通る単純道

$$y_1,\ a_1,\ b_1,\ a_2,\ b_2,\ \ldots,\ a_s,\ b_s,\ y_3 \tag{33.3}$$

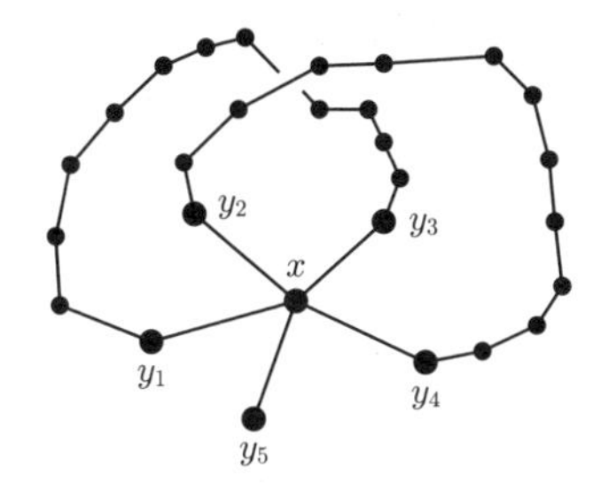

図 **33.2**

があるかのいずれかになる．前者の場合は x に色 3 を割り振ることで G の 5 頂点彩色を得る．同様に，（色の反転によって）y_2 と y_4 が同じ色 2 で塗られるような（y_1，y_3，y_5 の色は変えない）頂点彩色ができるか，G_x において色 2 と色 4 の頂点を交互に通る単純道

$$y_2,\ c_1,\ d_1,\ c_2,\ d_2,\ \ldots,\ c_s,\ d_s,\ y_4 \tag{33.4}$$

があるかのいずれかになる．前者の場合は x に色 4 を塗ればよい．

定理を証明するために，上の二つの単純道が同時に存在することはないことに注意する．単純道 (33.3) があったとすると，

$$x,\ y_1,\ a_1,\ b_1,\ a_2,\ b_2,\ \ldots,\ a_s,\ b_s,\ y_3,\ x \tag{33.5}$$

は単純閉路の頂点列をなし，平面を二つの領域に分断する．このとき y_2 は一方の領域に，y_4 はもう一方の領域に含まれる．G_x において，y_2 から y_4 への任意の道は単純道 (33.4) と頂点を共有するはずで，その頂点の色は 1 か 3 のいずれかになってしまう．つまり，(33.5) のような閉路は存在しない． □

第 17 章では，Dinitz 予想の Galvin による証明を説明するためにリスト彩色の概念を導入した．以下では，グラフの各頂点に（頂点ごとに異なるかもしれない）要素数 5 のリストを与えて五色定理を別証明した C. Thomassen (1994) の結果を紹介しよう．証明の肝はあえて強い命題を考えることで帰納法の方針をはっきりさせたことである．

定理 33.7　G を N 頂点 $v_1, v_2, \ldots, v_N$ からなる平面グラフとする．各 $i = 1, \ldots, N$ について五つの要素（これらを色とよぶ）からなる集合 S_i を考える．このとき頂点集合上の写像 f で，$f(v_i) \in S_i$ を満たし，かつ任意の隣接2頂点 v_i, v_j について $f(v_i) \neq f(v_j)$ を満たすようなものが存在する．

証明　初めに余分な辺をいくつか付け加えて G の各面が三角形になるようにし，より強い制約下で問題を考える．外領域（図33.3）の境界上にある頂点を順に $v_1, v_2, \ldots, v_k$ と仮定する．この境界上の各頂点についてリストから2色ずつ捨てて，リスト彩色の制約をさらに強める．最後に，外領域の境界上の隣接2頂点を選んで，それらにリスト内の色をあらかじめ塗っておく．これらの仮定のもとで，頂点数に関する帰納法を用いて上の2頂点の部分彩色を所望の彩色に拡張することができる．（頂点数が少ない場合は自明である．）

帰納法を用いるために二つの場合を考える．初めに外周上の弦，すなわち外領域の境界上で非隣接な2頂点を結ぶ辺がある場合を考える．弦は外領域の境界を二つのクラスに分割し，一方はすでに彩色済みの2頂点（弦の両端点）を含んでいる．帰納法の仮定から，この部分[10]の頂点彩色を得るこ

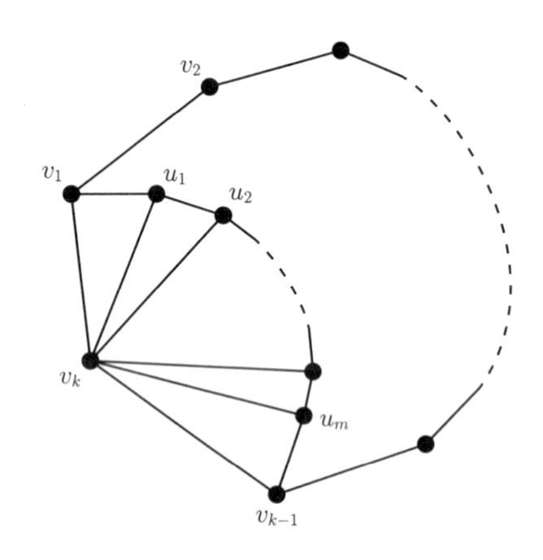

図 33.3

[10]　［訳注］たとえば弦の両端点を v_i, v_j $(i < j)$ とおくとき，閉路 $v_1, \ldots, v_i, v_j, v_{j+1}, \ldots, v_k, v_1$ とその内部の頂点で誘導される部分グラフ．

とができる．再び帰納法から，2 頂点[11]の色を固定したまま残りの部分[12]の頂点彩色を得ることもできる．

次に外周上の 2 頂点を結ぶ弦がない場合を考える．外周上で v_1, v_2 をあらかじめ色付けし，v_k が v_1, u_1, u_2, ..., u_m, v_{k-1} に隣接しているとする（この順で時計回りに v_k に隣接していると仮定する．図 33.3 参照）．頂点 u_i は外領域の内部の点になるが，G の各面が三角形であることから (v_1, u_1), (u_1, u_2), ..., (u_{m-1}, u_m), (u_m, v_{k-1}) はすべて辺になる．v_k のリストには v_1 の色とは異なる色が少なくとも 2 色含まれている．これらの 2 色を u_1 から u_m のリストから除外し，必要に応じて，これらのリストをさらに縮小し要素数が 3 になるように調整する．すると帰納法の仮定より $G \setminus \{v_k\}$ の頂点彩色が得られる．v_{k-1} には v_k のリスト内の 2 色のうち一方が塗られているかもしれないが，残った 1 色を使えば所望の頂点彩色が得られる． □

ノート

A. B. Kempe (1849–1922) は 1872 年にトリニティ・カレッジ（ケンブリッジ大学）の数学科を非常に優秀な成績で卒業したかたわら，美しいカウンターテナーの声で音楽業界でも絶賛されていた．彼は法学の道に進んだが，その後も数学の研究を続けた．

ポーランドの数学者 Kazimierz Kuratowski (1896–1980)（英語名は Casimir Kuratowski）は（およそ 40 年間）ワルシャワ大学で教鞭をとった後，1966 年に退官するまでの間リヴィウ工科大学 (Lviv Polytechnic University) で教鞭をとった．彼が平面グラフの特徴付けに関する定理を証明したのは 1930 年のことだった．

Ernst Steinitz (1871–1928) はヴロツワフ (Wroclaw) やキール (Kiel) の大学で数学科の教授職を務めた．彼は Hilbert とともに体論の分野において多大な貢献をした．

1993 年，M. Voigt はリスト 4 彩色不可能な 238 頂点の平面グラフの例を発見した．

---

11 ［訳注］弦の両端点 v_i, v_j.

12 ［訳注］閉路 v_i, v_{i+1}, ..., v_j, v_i とその内部の頂点で誘導される部分グラフ．

参考文献

[1] K. Appel, W. Haken (1977), The solution of the four-color map problem, *Scientific American* **237**, 108–121.

[2] K. Appel, W. Haken, J. Koch (1977), Every planar map is four colorable, *Illinois J. Math.* **21**, 429–567.

[3] N. L. Biggs, E. K. Lloyd, R. J. Wilson (1976), *Graph Theory 1736–1936*, Oxford University Press.

[4] G. Chartrand, L. Lesniak (1986), *Graphs and Digraphs*, 2nd eds., Wadsworth.

[5] R. Diestel (1997), *Graph Theory*, Springer-Verlag, Graduate Texts in Mathematics **173**.

[6] R. P. Stanley (1973), Acyclic orientations of graphs, *Discrete Math.* **5**, 171–178.

[7] E. Steinitz (1922), Polyeder und Raumeinteilungen, *Enzykl. Math. Wiss.* **3**, 1–139.

[8] C. Thomassen (1994), Every planar graph is 5-choosable, *J. Combin. Theory Ser. B* **62**, 180–181.

[9] W. T. Tutte (1984), *Graph Theory*, Encyclopedia of Math. and its Apl. **21**, Addison-Wesley. Reissued by Cambridge University Press.

第34章　Whitney双対

平面上の 1 点の近傍は Jordan 弧で二分される．このため，平面地図上の辺は二つの頂点に結合するだけでなく，二つの領域（それらは同じ領域かもしれない）に結合している（図 34.1）．

このことから，曲面 $\mathcal{S}$ への 2 胞体埋め込みが与えられたとき，グラフ G の**双対グラフ** G^* を定義することができる．すなわち，2 胞体埋め込みに関する領域を頂点集合 $V(G^*)$ とし，G の辺集合を G^* の辺集合として双対グラフ G^* を定める．ただし G^* の二つの領域は G の辺 e を共有するときに辺で結ばれると考える．図 34.2 にグラフと双対グラフを 2 組与えておく．

上では G^* を抽象的に定義したが，G^* は G と同じ曲面 $\mathcal{S}$ 上に埋め込まれたグラフとして実現されることに注意しよう．すなわち，各領域の内点を頂点とし，G の辺 e を共有する二つの領域を Jordan 弧 e のみと交差する

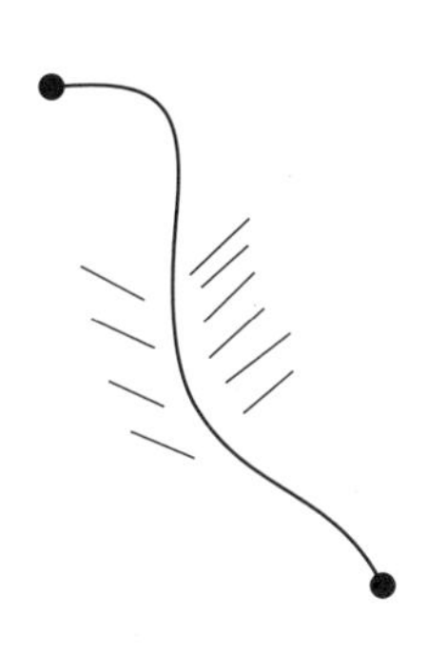

図 34.1

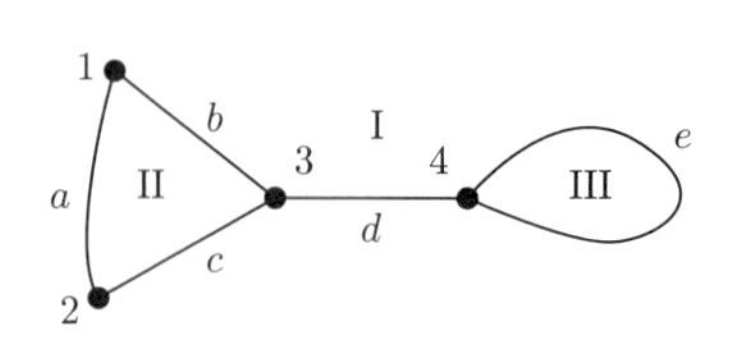

G での両端	辺	G^* での両端
1,2	a	I,II
1,3	b	I,II
2,3	c	I,II
3,4	d	I,I
4,4	e	I,III

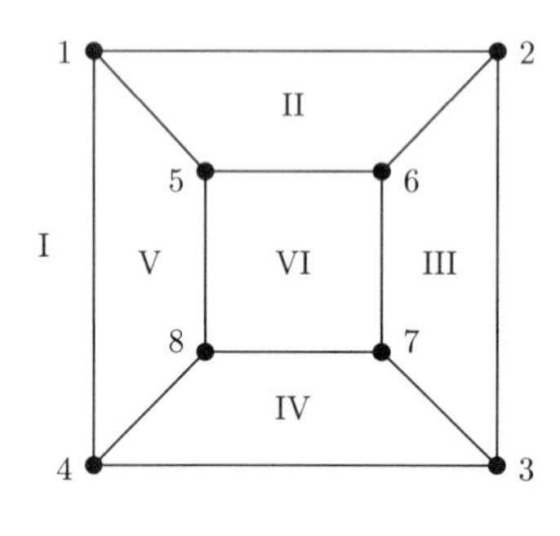

G での両端	辺	G^* での両端
1,2	a	I,II
2,3	b	I,III
3,4	c	I,IV
4,1	d	I,V
5,6	e	II,VI
6,7	f	III,VI
7,8	g	IV,VI
8,5	h	V,VI
1,5	i	II,V
2,6	j	II,III
3,7	k	III,IV
4,8	l	IV,V

図 34.2

Jordan 弧（辺）で結ぶのである．図 34.3 のグラフは図 34.2 の立方体グラフの双対グラフを表している．

$(G^*)^*$ が G と同型であることは，いくつかの例を見れば納得されるだろう．この他にも形式的な証明は省くが押さえておきたい事実が二つある．一つは非連結なグラフが 2 胞体埋め込み不可能なことである．もう一つは 2 胞体埋め込みに関する双対グラフが必ず連結になることである．

多角形の双対グラフはボンドグラフ，つまり二つの頂点とそれらを結ぶ多重辺からなるグラフになる．とくにループグラフとリンクグラフは双対関係にある．木の双対グラフは補木である．

一般に平面グラフの双対グラフの構造は平面への埋め込みの仕方に依存する．たとえば，図 34.4 は二つの同型な補木を表しているが，それらの双対

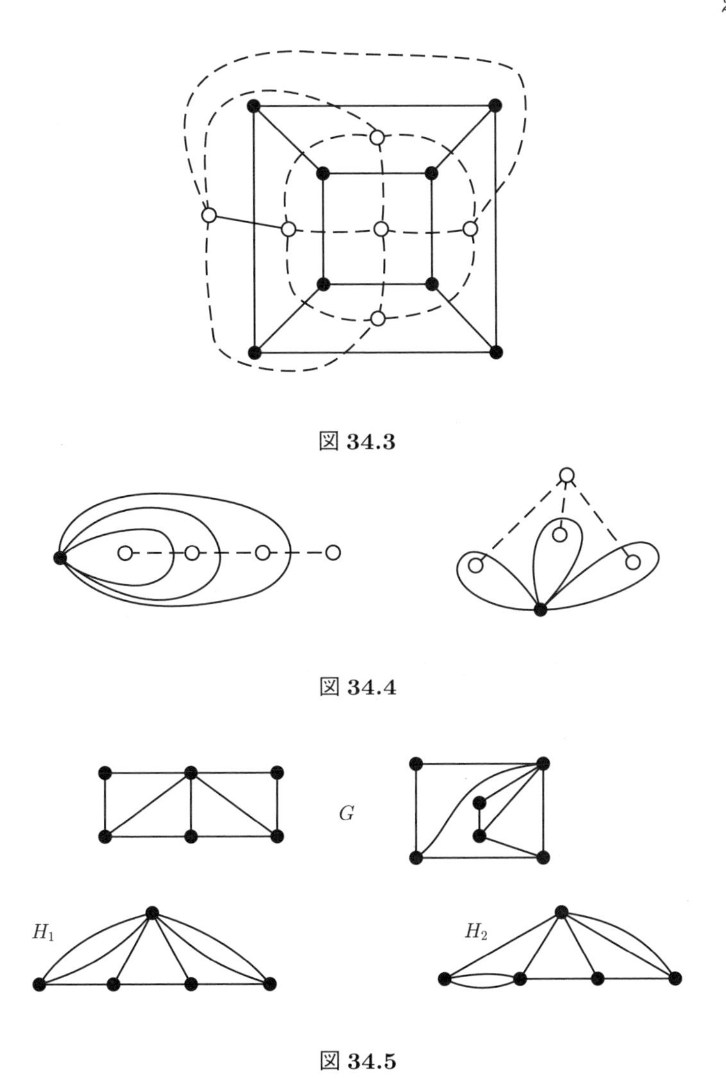

図 34.3

図 34.4

図 34.5

グラフは非同型である．また図 34.5 の非分離グラフ G についても，双対グラフが非同型になるような埋め込みが 2 通りはある．

本章の最終目標は平面グラフとその双対グラフの関係を「組合せ論的」に理解することである．具体的には，**Whitney 双対**の概念を用いて平面グラフや双対グラフに関する定理をいくつか証明したい．

グラフ G が与えられたとき，行が $V(G)$，列が $E(G)$ でラベル付けられた行列 $N = N(G)$ で，(x, e) 成分が

$$N(x,e) = \begin{cases} 1 & x \text{ がループ以外の辺 } e \text{ に結合しているとき,} \\ 2 & x \text{ がループ } e \text{ に結合しているとき,} \\ 0 & x \text{ が辺 } e \text{ に結合していないとき} \end{cases}$$

で定められたものを G の**結合行列**とよぶ．以下では行列を $\mathbb{F}_2$ 上で考えることにする．するとループに対応する列ベクトルは零ベクトルになる．また，その他の列には1が二つずつあるので，N の行ベクトルの総和は mod 2 で零ベクトルになる．

グラフ G の結合行列 $N(G)$ の行ベクトルで張られる2元符号を**グラフ $\boldsymbol{G}$ の符号**とよび，$\mathcal{C}(G)$ と表記する．$E(H) = E(G)$ であり，かつ G の符号 $\mathcal{C}(G)$ が H の双対符号 $\mathcal{C}(H)^\perp$ に等しくなるとき，グラフ H を G の Whitney 双対とよぶ．明らかに，H が G の Whitney 双対であることと G が H の Whitney 双対であることは等価である．定義に従って，G と H の辺集合を等しくしておくとよいが，形式的には G と H の辺が同じ集合でラベル付けされているか，G の辺集合と H の辺集合が1対1に対応していればよい．

辺数 n の多角形の符号は符号長 n の偶数重みの符号語全体からなる．また n 個の辺をもつボンドグラフの符号は二つの符号語のみからなる．木の符号はすべての符号語からなり，補木の符号は零ベクトルのみからなる．

以下に登場する「サイクル」，「サーキット」，「カットセット」，「ボンド」などのグラフ理論の用語は通常とは少し異なる意味合いで用いられているので注意が必要である．これらはすべて辺集合 $E(G)$ の部分集合の言葉で定義される．読者には，すでに知っているグラフ理論の用語はひとまず忘れて，本書を読み進めることをお勧めする．

第20章と同様，符号語 $\boldsymbol{x}$ の非零成分の座標位置からなる集合を $\boldsymbol{x}$ の台とよぶことにしよう．2元符号の場合，符号語を台と同一視してもよい．$\mathcal{C}(G)$ の符号語の台を G の**カットセット**とよび，$\mathcal{C}(G)^\perp$ の符号語の台を G の**サイクル**とよぶ．空でない極小のカットセットを**ボンド**とよび，空でない極小のサイクルを**サーキット**とよぶ．カットセットの全体，サイクルの全体

からなる集合をそれぞれ**カットセット集合**，**サイクル集合**とよぶ．これらはともに $\mathbb{F}_2$ 上のベクトル空間をなす．二つのベクトルの和はそれらに対応する集合の対称差にほかならない．

部分集合 $S \subseteq E(G)$ がサイクルやカットセットになるか否かを判定するのは容易である．集合 X の頂点でラベル付けられた結合行列の行の総和をとると，その台は X と $Y := V(G) \setminus X$ にまたがる辺，すなわち X と Y に一つずつ端点をもつような辺全体の集合 $\times(X, Y)$ になる．ゆえに S がカットセットであることと，ある X, Y について $S = \times(X, Y)$ が成り立つことは同値である．X と Y が G の頂点集合を分割するとき，$\times(X, Y)$ の表記を用いる．X, Y のいずれかが空集合ならば S も空集合になる．

S を台とするベクトルが頂点 x でラベル付けられた行と $\mathbb{F}_2$ 上で直交することと，x が S の偶数個の辺に結合することは等価である（ループは 2 回結合したと考える）．ゆえに，S を辺集合とする G の全域部分グラフ $G : S$ において各頂点の次数が偶数であるならば，S はサイクルになる．

例 34.1　G を下図のグラフとする．

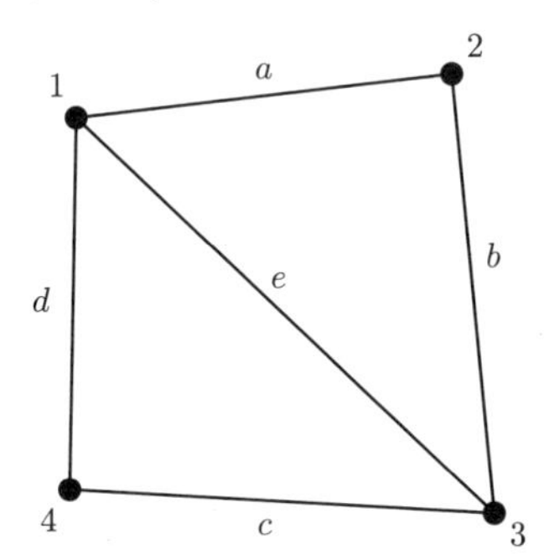

G の結合行列は

$$\begin{array}{c} \\ 1 \\ 2 \\ 3 \\ 4 \end{array}\!\!\begin{array}{c} \begin{array}{ccccc} a & b & c & d & e \end{array} \\ \begin{pmatrix} 1 & 0 & 0 & 1 & 1 \\ 1 & 1 & 0 & 0 & 0 \\ 0 & 1 & 1 & 0 & 1 \\ 0 & 0 & 1 & 1 & 0 \end{pmatrix} \end{array}$$

になる．G には四つのサイクル $\emptyset$, $\{a,b,e\}$, $\{c,d,e\}$, $\{a,b,c,d\}$ が含まれており，後半の三つはサーキットにもなっている．カットセットは八つある．サイクル $\{a,b,c,d\}$ はカットセットでもあり，第2行と第4行の和の台に等しくなっている．ただし，第2行の台 $\{a,b\}$ がカットセットであるから，これを含む $\{a,b,c,d\}$ はボンドではない．$\{b,d,e\}$ はボンドであり，第1行と第2行の和，あるいは第3行と第4行の和の台に等しくなっている．

問題 34A　(1) G を連結グラフとする．G のカットセットの数が（ちょうど）$2^{|V(G)|-1}$ 個であること，あるいは（これと同値な）G のカットセット空間の次元が $|V(G)|-1$ であることのいずれかを示せ．

(2) 一般に，G の連結成分の個数を $C(G)$ とおくとき，G のカットセット空間の次元が $|V(G)|-|C(G)|$ であることを示せ．（ここからサイクル空間の次元が $|E(G)|-|V(G)|+|C(G)|$ になるとわかる．）

例 34.2　K_6 および Petersen グラフのサイクル空間はそれぞれ6次元，10次元の符号長15の2元符号である．（次章の図35.1は実射影平面への埋め込みに関して Petersen グラフが K_6 の双対グラフをなすことを示している．しかし，二つの符号の次元の和が総辺数を超えるので，一方が他方の Whitney 双対になることはない．）これらの符号の最小距離はそれぞれ5, 3になる．二つの符号の生成集合に成分がすべて1のベクトルを加えると，最小距離5, 3を変えることなく次元が1大きい符号を得ることができる．

定理 34.1　G をグラフとする．

(1) $S \subseteq E(G)$ がサーキットであることと S が G のある多角形の辺集合になることは同値である．

(2) G が連結であるとする．カットセット $\times(X,Y)$ が G のボンドであることと X の誘導部分グラフと Y の誘導部分グラフがともに連結になることは同値である．

証明　明らかに多角形の辺集合は空でない極小のサイクルである．空でないサイクルは森の辺集合ではなく，ある多角形の辺集合を包含している．したがって空でない極小のサイクルはある多角形の辺集合になる．

$S := \times(X,Y)$ とおく．X と Y の誘導部分グラフがともに連結であるとする．S の任意の真部分集合を除去しても連結性が保たれるので，S の空でない真部分集合がカットセットになることはない．たとえば Y の誘導部分グラフが非連結だと仮定すると，Y の空でない部分集合 Y_1, Y_2 への分割で Y_1 と Y_2 の間に辺がないようなものが存在する．$S' := \times(X \cup Y_1, Y_2)$ は S に含まれる．G の連結性より，X と Y_1，X と Y_2 の間にはそれぞれ辺がある．これは S' が空集合ではない S の真部分集合であることを意味している．□

任意のグラフ G の辺集合の部分集合 S が G のボンドであることと，S が G の一つの連結成分におけるボンドであることは等価である．また，グラフ G の辺集合の部分集合 S が G のボンドであることと，S の辺をすべて除去して G よりも連結成分の多いグラフが得られ（たとえば G が連結ならば非連結なグラフになる）かつ S がこの性質に関して極小であることは等価である．

グラフ G の辺集合の部分集合 S が与えられたとき，S がサーキットになることと S に属さない辺をすべて除去して（さらにその過程で生じた孤立点を除去して）多角形が得られることは等価である．また，S がボンドであることと S に属さない辺をすべて縮約して（さらにその過程で生じた孤立点を除去して）ボンドグラフが得られることは等価である．

グラフ G が与えられたとき，頂点 x に結合する G の辺（ループは除く）全体 $S(x)$ はカットセットになる．これらはカットセット空間を生成し，それぞれ結合行列の行の台集合になる．定理 34.1 (2) より，すべての $x \in V(G)$ について $S(x)$ がボンドになることと，G が 2 点連結になること（あるいは 2 頂点からなる連結グラフになること）は等価である．

問題 34B　グラフのサーキット全体がサイクル空間を生成し，ボンド全体がカットセット空間を生成することを示せ．そのために，2 元線形符号 $\mathcal{C}$ における極小台の非零ベクトルが $\mathcal{C}$ を生成することを示せ．（このことは任意の体上の線形符号について成り立つ.）したがって G のサーキットが H のボンドになるとき，あるいは G のボンドが H のサーキットになるとき，G と H が Whitney 双対の関係にある．

例 34.3　図 34.2 の各表にある二つのグラフは Whitney 双対の関係にある．このことは各表の二つのグラフが平面グラフとして双対関係にあることからわかる（後述の定理 34.2）．たとえば $\{a, e, g, c\}$ と $\{a, j, b\}$ は立方体グラフ G のボンドであり，かつ G^* のサーキットである．$\{a, b, c, d\}$ は G のサーキットであり G^* のボンドにもなっている．

問題 34C　G と H が $E(G) = E(H) = E$ を満たし Whitney 双対の関係にあるとする．任意の $e \in E$ に対して G'_e と H''_e が Whitney 双対の関係にあることを示せ[1]．

問題 34D　G と H がともに連結であり，$E(G) = E(H) = E$ を満たし，さらに Whitney 双対の関係にあるとする．S が G の全域木の辺集合になることと $E \setminus S$ が H の全域木の辺集合になることは等価であることを示せ．

定理 34.2（Whitney の定理）　グラフ G が平面グラフであることと G が Whitney 双対なグラフをもつことは同値である．G の任意の平面的埋め込みにおける双対グラフ G^* は G の Whitney 双対になる．

ひとまず後半の主張，すなわち定理の前半の主張の必要性のみ証明する．十分性は本章の後半で示す．

証明　G^* を G のある埋め込みに関する双対グラフとする．

S を G のサーキットとする．S は G の多角形部分グラフ P の辺集合になる．ゆえに Jordan の閉曲線定理より，G の描画において P は平面あるいは球面を二分する．多角形の内部に含まれる面の集合を $\mathcal{F}_1$，外部に含まれ

[1]［訳注］G'_e は辺 e を除去して（孤立点が生じたらそれも除去して）得られるグラフ，H''_e は辺 e を縮約して得られるグラフを表す．詳細は第 33 章を参照されたい．

る面の集合を $\mathcal{F}_2$ とおくと，これらは G^* の頂点集合の分割を与える．明らかに，P の各辺は $\mathcal{F}_1$ の一つの面と $\mathcal{F}_2$ の一つの面を両端点にもつ．G のその他の辺は（その端点を除いて）多角形の内部か外部のいずれかに含まれており，$\mathcal{F}_1$ か $\mathcal{F}_2$ のどちらか一方の面にのみ結合している．以上より，$S = \times(\mathcal{F}_1, \mathcal{F}_2)$ は G^* のカットセットである．サーキット全体がサイクル空間を生成するので，G のサイクル空間が G^* のカットセット空間に含まれる．

次に G^* のカットセット空間が（グラフを埋め込む曲面によらず）G のサイクル空間に含まれることを示そう．頂点が与えられたとき，これに結合する辺を時計回りに，あるいは反時計回りに順序付ける（ループの結合回数は 2 回分数えられる）．G^* の頂点集合（領域あるいは面の集合）を分割し，赤と青で塗り分けた後，赤色の面と青色の面を一つずつ端点にもつ辺からなる G^* のカットセット C を考える．G の一つの頂点に結合する C の辺は偶数個ある（図 34.6）．（言い換えると，多角形の頂点を赤と青で塗り分けたときに，両端点の色が異なるような辺が偶数個ある．）したがって C は G のサイクルである．

以上より G のサイクル空間は G^* のカットセット空間に等しい． □

上で示した事実[2]から，オイラーの多面体公式が容易に導かれる．問題 34A より，G のサイクル空間の次元は $|E(G)| - (|V(G)| - |C(G)|)$ である．一方，G^* のカットセット空間の次元は $|F(G)| - 1$ である．（G^* が連結であることはすでに述べた．）これらは等しいので，式 (33.2) を得る．

Whitney の定理を用いると次の S. MacLane (1937) の結果を容易に示すことができる．

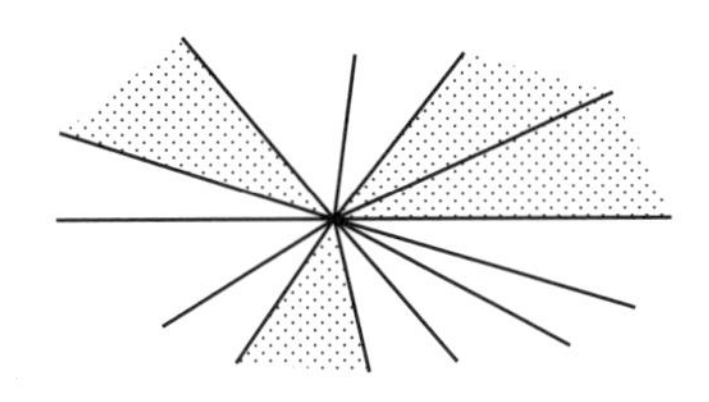

図 34.6

[2] ［訳注］以下では Whitney の定理とよばれる．

定理 34.3　グラフ G が平面グラフであるための必要十分条件は，G のサイクル空間の基底 $\mathcal{B} = \{B_1, B_2, \ldots, B_k\}$ で G の各辺が $\mathcal{B}$ の高々二つの要素に属するようなものが存在することである．

証明　G が平面グラフであるとき，（ただ一つの面を除く）各面の境界上の辺の集合全体が所望の基底をなすことを示す．G^* を G のある平面的埋め込みに関する双対グラフとする．G^* は連結であるから，G^* の（ただ一つの頂点を除く）各頂点に結合するループ以外の辺の集合全体は G^* のカットセット空間（G のサイクル空間）の基底をなし，各辺はこれらの集合のうち高々二つに属している．

G のサイクル空間が定理の条件を満たす基底をもつとする．$B_0 = B_1 + B_2 + \cdots + B_k$ とおく．G の任意の辺は B_i $(0 \leq i \leq k)$ のうちいずれか二つに属するか，そのいずれにも属さない．$0, 1, \ldots, k$ を頂点とし，$E(G)$ を辺集合とするグラフ H を考える．ここで H の辺 e は，e が二つの B_i に属するときに $e \in B_j$ かつ $e \in B_\ell$ を満たす整数 j と ℓ を両端点とし，e がいずれの B_i にも属さないときに頂点 i に結合するループとする．このとき H が G の Whitney 双対をなすことを示したい．

H において頂点 i に結合するループ以外の辺の集合は B_i で，H におけるカットセットになる．B_i は G のサイクルをなし，G のサイクル空間は H のカットセット空間に含まれる．G のサイクル空間の次元は k であり，一方，H の頂点数は $k+1$ であるから H のカットセット空間の次元は $\leq k$ である．したがって G のサイクル空間は H のカットセット空間に等しくなり，これらは Whitney 双対の関係にある．定理 34.2 より G は平面グラフである．□

さて約束通り，Whitney の双対性を用いて（被埋め込み曲面が平面あるいは球面であることに言及することなく）平面グラフとその双対グラフに関する結果を示そう．

定理 34.4　G が H の Whitney 双対であり，かつ H を連結グラフとする．このとき G が二部グラフであることと H がオイラー閉路をもつことは同値である．

証明　G が二部グラフであることと $E(G)$ が G のカットセットになることは同値である．また G^* は連結であるから，G^* がオイラー閉路をもつことと $E(G)$ が G^* のサイクルになることは同値である（定理 1.2 参照）．G^* は G の Whitney 双対であるから，これら二つの条件は等価である．□

グラフの各頂点に色 α, β, γ の辺が少なくとも 1 本ずつあるとき，その辺彩色をイギリスの数学者 P. G. Tait の名を冠して **Tait 彩色**とよぶ．図 34.7 にそのような彩色の例を与える．三価グラフ (trivalent graph) の Tait 彩色の存在問題は辺集合の完全マッチング（第 5 章参照）への分割問題と等価である．したがって問題 5A より，各頂点の次数が 3 であるような二部グラフは Tait 彩色をもつ．

定理 34.5　G と H が Whitney 双対の関係にあり，さらに G が三価グラフであるとする．このとき G が Tait 彩色をもつことと H が 4 彩色可能であることは等価である．

証明　三価グラフ G が Tait 彩色をもつことと G に $E(G) = S_1 \cup S_2$ を満たすサイクル S_1, S_2 が存在することが等価であることを示す．G の Tait 彩色が与えられたとき，色 α と γ の辺全体を S_1，色 β と γ の辺全体を S_2 とおく．各頂点は S_1 の 2 辺，S_2 の 2 辺とそれぞれ結合しているので，S_1 と S_2 はともにサイクルである．逆に，$E(G)$ が二つのサイクル S_1 と S_2 の和集合になるとき，辺 e を

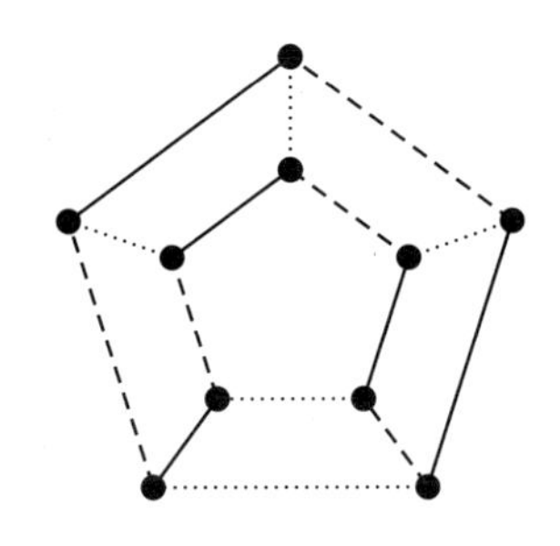

図 34.7

$$\begin{cases} \alpha & e \in S_1,\ e \notin S_2 \text{ のとき}, \\ \beta & e \notin S_1,\ e \in S_2 \text{ のとき}, \\ \gamma & e \in S_1 \cap S_2 \text{ のとき} \end{cases}$$

で塗り分ける．S_1, S_2 を辺集合とする二つの全域部分グラフにおいて，各頂点 x の次数は偶数（0 以上 2 以下の偶数）になる．さらに $E(G) = S_1 \cup S_2$ に注意すると，各頂点の次数は 2 でなければならず，x には各色の辺がちょうど 1 本ずつ結合しているとわかる．

次にグラフ H が 4 彩色可能であることと $E(H)$ が H の二つのカットセットの和集合として表されることが同値であることを示そう．$E(H)$ が $\times(X_1, X_2)$ と $\times(Y_1, Y_2)$ の和集合になるとすると，$X_1 \cap Y_1$, $X_1 \cap Y_2$, $X_2 \cap Y_1$, $X_2 \cap Y_2$ をそれぞれ同じ色で塗り分けて 4 彩色を構成することができる．4 彩色が与えられたとき，A, B, C, D を同色の点集合とすると，$E(H)$ は $\times(A \cup B, C \cup D)$ と $\times(A \cup C, B \cup D)$ の和集合になる．

上の二つの主張と Whitney 双対の定義から，所望の定理が得られる．　□

グラフの 1 辺を除去することで連結成分の個数が増えるような辺（たとえば連結グラフを非連結にするような辺）を橋とよぶ．これはループの双対的な概念である．e が橋のとき，$\{e\}$ はカットセットをなす．（橋はいかなるサーキットにも含まれないので，**非周回辺** (acyclic edge) とよばれることもある．）

問題 34E　橋をもつ三価グラフが Tait 彩色をもたないことを示せ．

四色定理より，橋をもたない任意の平面的三価グラフは Tait 彩色をもつ．（G に橋があると双対グラフはループをもち点彩色不能になる．）平面性の仮定は必要である．実際，橋をもたず Tait 彩色不可能な三価グラフの例として Petersen グラフがある．

逆に四色定理を示すには，橋をもたない任意の平面的三価グラフが Tait 彩色をもつことを示せば十分である．実際，橋をもたない任意の平面三価グラフ G の領域が 4 彩色可能であるとする．平面グラフ G が与えられたとき，次数 $\neq 3$ の各頂点を図 34.8 のような部分構造に置き換える．（次数 1, 2

の頂点についても同様の操作が適用される.）この操作で領域の個数は増えるが，もともとの領域どうしの隣接関係は保たれる．こうして拡大された，橋をもたない三価グラフの領域が 4 色で塗り分けられるならば，もともとのグラフの領域も 4 色で塗り分けられることになる．定理 34.5 より，拡大された三価グラフの双対グラフが 4 彩色可能であることとその三価グラフが Tait 彩色をもつことは同値である．

1880 年，Tait は 3 連結な平面的三価グラフがハミルトン閉路をもつと予想した．これは 3 連結な平面的三価グラフが Tait 彩色をもつことを示唆するものであったが，W. T. Tutte (1956) が反例を見つけた．なお Tutte は任意の 4 連結な平面三価グラフがハミルトン閉路をもつことも証明した．

定理 34.6　G と H が Whitney 双対の関係にあるとする．また，これらはともに孤立点をもたず，G は非分離的であるとする．このとき H も非分離的グラフになる．

証明　定理 32.2 より，G の任意の 2 辺は G のサーキットに含まれる．ゆえに H の任意の 2 辺は H のボンドに含まれる．辺 a, b がボンド $\times(X, Y)$ に含まれるとすると，a と b の端点を一つずつ含むような X, Y の誘導部分グラフ内の単純道をそれぞれ経由して a と b を含む多角形を得ることができる．ゆえに H の任意の 2 辺は H のサーキットに含まれる．このことは H が非分離的であることを意味する．　□

系　非分離的グラフ G（リンクグラフを除く）の平面的埋め込みにおいて一つの面に結合する辺全体は G のサーキットをなす．

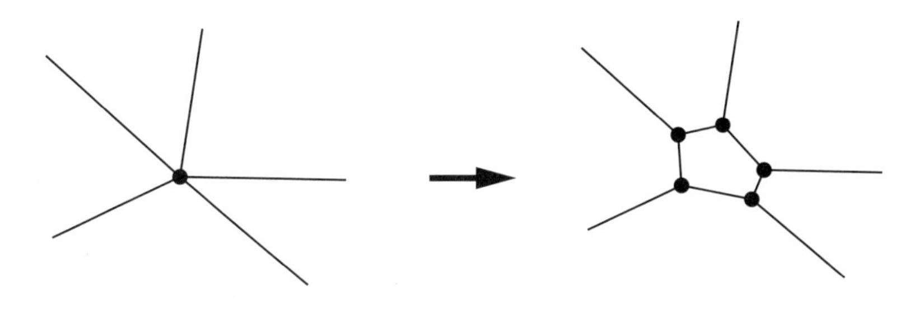

図 **34.8**

証明　ある面の結合辺の集合 S は G^* のある頂点の結合辺の集合である．定理 34.5 より G^* は非分離的であるから，S は G^* のボンドである．ゆえに S は G のサーキットになる．□

問題 34F　G を連結グラフとする．G のサーキットに含まれる辺 a, b は G のあるボンドに含まれることを示せ．

定理 34.7　単純グラフ G, H が孤立点をもたず，かつ Whitney 双対の関係にあるとする．このとき G が 3 連結ならば H も 3 連結になることを示せ．

証明　G が 3 連結であるとする．各 $x \in V(G)$ について x の結合辺全体の集合を $S(x)$ とおく．$S(x)$ は $G'_{S(x)}$ が非分離的になるようなボンドである．定義から $S(x)$ 全体はカットセット空間を生成する．

したがって，H のサイクル空間を生成するサーキットの族 $\mathcal{F}$ で，$\mathcal{F}$ の各要素 S について H''_S が非分離的になるようなものが存在する．

H が非分離的グラフになることはわかる．そこで H が 3 連結でないとする．すると，H は $A \cap B$ が二つの孤立点（x, y とおく）からなるような辺素な部分グラフ A と B の和で表される．A の辺と B の辺を含む H の多角形は x と y を含むはずである．そのような多角形の辺をすべて縮約して得られるグラフは，A と B の縮約グラフの和で表されており，（x と y が同一視されるため）分離的になるはずである．なお縮約後の部分グラフは，同一視された頂点のみ共有しており，それぞれ少なくとも 1 本の辺を含んでいることがわかる．

したがって $\mathcal{F}$ に属するサーキットは $E(A)$ か $E(B)$ のいずれかに包含されなければならない．C を H の任意のサーキットとする．$\mathcal{F}$ は H のサイクル空間を生成するので，$C \cap E(A)$, $C \cap E(B)$ はそれぞれ $E(A)$, $E(B)$ に包含されている $\mathcal{F}$ の要素を $\bmod 2$ で足し合わせたものに等しくなる．よって，$C \cap E(A)$ と $C \cap E(B)$ はサイクルになり，C の極小性から $C \cap E(A)$, $C \cap E(B)$ はともに空集合にならなければならない．これは H の非分離性に反する．□

問題 34G　(1)　G を 3 連結な単純グラフとし，S を G のボンドとする．S が x の結合辺全体の集合 $S(x)$ に等しくなるような頂点 x が存在することと，G'_S が分離的であることは同値であることを示せ．

(2) G, H をそれらに対応する符号が同値であるような 3 連結単純グラフとする．このとき G と H が同型であることを示せ．

定理 34.8 G を球面上に埋め込まれた 3 連結単純グラフとする．サーキット C が特定の面の結合辺全体の集合に一致することと G''_C が非分離的であることは同値である．

証明 サーキット C が特定の面の結合辺全体の集合に一致することと，C が双対グラフ $H := G^*$ における特定の頂点の結合辺全体の集合になることは等価である．問題 34G (1) より，これは H'_C が非分離的であることを意味する．H'_C は G''_C の Whitney 双対である． □

こうして 3 連結な平面単純グラフの埋め込みが与えられたとき，面の境界上の辺からなる多角形全体の構造が一意的に定まる．このことは一般の非分離的グラフについては成り立たない（たとえば図 34.5 を見よ）．面全体の構造，すなわち面の境界をなすサーキット全体の構造がわかれば，埋め込みが一意的に定まり（このことについて次章でもう少し詳しく述べる），次の結果が得られる．

系 3 連結な平面単純グラフは球面上に一意的に埋め込まれる．

例 34.4 仮に K_5 が平面グラフだったとすると，いずれの面も四角形ではない．実際，そのような面があったとして四角形の 4 辺を縮約すると，四つのリンクと二つのループからなる頂点数 2 のグラフが得られるはずで，それは非分離的ではない．一方，三角形の面が存在しなければならないこともわかる．

3 連結単純グラフ K_5, $K_{3,3}$ および Petersen グラフが平面グラフでないことの別証明を与えよう．K_5 の任意の三角形，$K_{3,3}$ の任意の四角形，Petersen グラフの任意の五角形のすべての辺をそれぞれ縮約すると，非分離的グラフが得られる．ゆえに定理 34.8 より，もしもこれらのグラフが平面的ならば，各グラフの三角形，四角形，五角形はある面の境界上の辺からなる．しかし，各辺は上の3種類のグラフの三つの三角形，四つの四角形，五つの五角形に含まれており，矛盾が生じる．

次の E. Steinitz (1922) による結果は3次元凸多面体の1-スケルトンの特徴付けを与える．

定理 34.9　グラフ G の3次元凸多面体の1-スケルトンになることと，G が3連結な平面単純グラフになることは同値である．

3次元凸多面体の1-スケルトンが3連結になるという事実は定理32.5の特殊な例である．ここでは十分性の証明は省略する．

補題 34.10　G，H を同じ辺集合をもつグラフとする．G が $|V(G_1) \cap V(G_2)| \leq 1$ を満たす辺素な部分グラフ G_1, G_2 の和で表されたとする．H_1，H_2 をそれぞれ $E(G_1)$，$E(G_2)$ を辺集合とする H の部分グラフとする（孤立点は除外して考える）．

(1) G が H の Whitney 双対ならば，各 $i = 1, 2$ について G_i が H_i の Whitney 双対になる．
(2) 各 $i = 1, 2$ について G_i が H_i の Whitney 双対であり，かつ $|V(H_1) \cap V(H_2)| \leq 1$ を満たすならば，G は H の Whitney 双対になる．

証明　定理34.1より，G の任意のボンドは $E(G_1)$ か $E(G_2)$ のどちらかに含まれる．また $S \subseteq E(G_i)$ が G_i のボンドになることと S が G のボンドになることは同値である．

G を H の Whitney 双対とする．S を G_i のボンドとすると，それは $E(H_i)$ に含まれている H のサーキットであり，それゆえ H_i のサーキットになる．S を H_i のサーキットとすると，それは H のサーキットである．S は $E(G_i)$ に含まれているボンドであり，したがって G_i のボンドになる．

各 $i = 1, 2$ に対して G_i が H_i の Whitney 双対で，かつ $|V(H_1) \cap V(H_2)| \leq 1$ とする．S を G のボンドとする．このとき S は G_1 か G_2 のボンドであり，それゆえに H_1 か H_2 のサーキットになる．すると S は H のサーキットになる．S を H のサーキットとすると，それは H_1 か H_2 のサーキットになる．ゆえに S は G_1 か G_2 のボンドであり，G のボンドになる．　□

定理 34.2 の証明（続き） 十分性を示すために，まず次の命題を証明する．すなわち，孤立点をもたず同じ辺集合 E をもつ Whitney 双対グラフ G, H が与えられたとき，ある種の「歩道系」をもつような G の Whitney 双対 H_0 が存在することを示す．ここで「歩道系」とは，G の頂点 x でラベル付けられた H_0 の歩道 w_x で，G における x の結合辺全体を横断するものの族 $\{w_x \mid x \in V(G)\}$ のことである（ループは 2 回横断されると見なす）．以下このことを辺の個数に関する帰納法で示す．一般性を失うことなく G が孤立点をもたないとしてよい．

G が非分離的グラフであるとき，上の主張が正しいことは容易にわかる．ループグラフについては明らかである．それ以外のグラフについても，G の各頂点 x の結合辺の集合 $S(x)$ は G のボンドであり，したがって H のサーキットである．H のサーキット $S(x)$ の辺全体を横断する H の閉単純道を w_x とすれば，所望の歩道系が得られる．

G が非分離的グラフでないとする．このとき，辺数が 0 でない，頂点を高々一つ共有するような辺素な部分グラフ G_1, G_2 をうまくとることで，それらの和が G に等しくなるようにできる．H_1, H_2 を補題 34.10 のようにとれば，各 $i = 1, 2$ に対して H_i は G_i の Whitney 双対になる．帰納法の仮定より，歩道系 $\{w_x \mid x \in V(G_i)\}$ をもつ G_i の Whitney 双対 H_i^0 が存在する．H_1^0, H_2^0 は点素であるとしてよい．G_1, G_2 が頂点を共有しないとき，H_1^0 と H_2^0 の非交和を H^0 とおく．G_1, G_2 が 1 点 z を共有するとき，z の G_1 における結合辺を横断する H_1^0 の歩道 $w_z^{(1)}$ と z の G_2 における結合辺を横断する H_2^0 の歩道 $w_z^{(2)}$ が存在する．$w_z^{(1)}$ のある頂点と $w_z^{(2)}$ のある頂点を同一視して H_1^0 と H_2^0 の和を H^0 とおく．二つの歩道をつないで z の結合辺全体を横断する歩道を構成する．この歩道と H_1, H_2 の残りの歩道全体は G の歩道系をなす．補題 34.10 より，いずれの場合も H^0 は G の Whitney 双対になる．

最後に次のことを示す．H を歩道系 $\{w_x \mid x \in V(G)\}$ をもつような G の Whitney 双対とする．このとき，x の G における結合辺が歩道 w_x に現れる順に巡回的に描画されるように，G を球面上に埋め込むことできることを示す．以下このことを辺数に関する帰納法で示す．

G がループのみからなるとき，H は森になる．e を H の次数 1 の頂点に

結合するような G のループとする．z を e に結合する G の頂点とする．H の歩道 w_z は e を続けて2度横断する．すなわち H の適当な頂点 s_i について

$$w_z = (s_0,\ e,\ s_1,\ e,\ s_2 = s_0,\ a_3,\ s_3,\ a_4,\ s_4,\ \ldots,\ a_k,\ s_0)$$

と表される．グラフ G'_e, H''_e は Whitney 双対の関係にあり，w_z から e を除外したことで H''_e の歩道系が得られる．帰納法の仮定から，z の G'_e における（e 以外の）結合辺が歩道 w_z に現れる順に巡回的に描画されるように，G'_e を球面上に埋め込むことができる．この埋め込みにおいて，z の十分小さい近傍にループ e を描けば，G の所望の埋め込みが得られる（図34.9）．

e を y と z を端点とする G の（ループでない）辺とする．このとき G''_e, H'_e は Whitney 双対であり，H'_e の自然な歩道系 $\{u_x \mid x \in V(G''_e)\}$ がとれる．$x \neq y, z$ に対して $u_x := w_x$ とおく．y と z を同一視することで得られる新たな頂点 x_0 について，e を除外して w_y と w_z を次のようにつなぎ合わせる．y の G における結合辺 e, a_2, a_3, $\ldots$, a_k，z の G における結合辺 $e, b_2, b_3, \ldots, b_m$（ループは2度数えられる），H の頂点 s_i と t_j について，

$$w_y = (s_0,\ e,\ s_1,\ a_2,\ s_2,\ \ldots,\ s_{k-1},\ a_k,\ s_0),$$
$$w_z = (t_0,\ e,\ t_1,\ b_2,\ t_2,\ \ldots,\ t_{m-1},\ b_m,\ t_0)$$

とおく．必要に応じていずれか一方の歩道を折り返して，$s_0 = t_0, s_1 = t =$ 1と仮定してよい．

$$u_{x_0} := (s_1,\ a_2,\ s_2,\ \ldots,\ s_{k-1},\ a_k,\ s_0,\ b_m,\ t_{m-1},\ b_{m-1},\ \ldots,\ b_3,\ t_2,\ b_2,\ s_1)$$

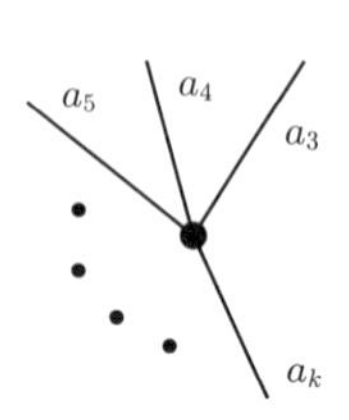

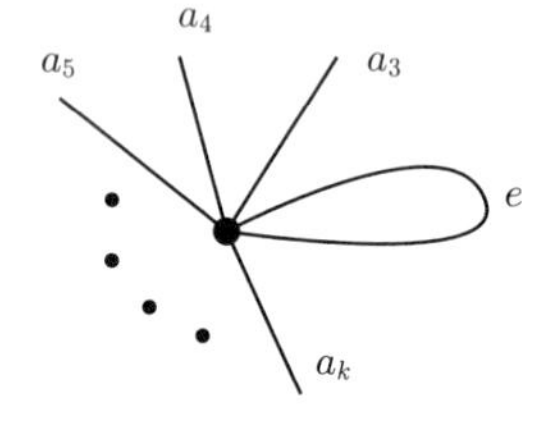

図 34.9

とおく．帰納法の仮定から，x の G''_e における結合辺が歩道 u_x に現れる順に巡回的に描画されるように，G''_e を球面上に埋め込むことができる．この埋め込みにおいて，x_0 の十分小さい近傍に縮約されていた e を戻せば，G の所望の埋め込みが得られる（図 34.10）． □

問題 34H 辺数 $2k-2$ 以上の k-Tutte 連結グラフ（問題 32D 参照）について，任意のサーキットと任意のボンドは少なくとも k 個の辺からなることを示せ．

問題 34I 集合 X（ここでは有限集合とする）と空でない部分集合（「サーキット」とよぶ）の族 $\mathcal{C}$ は，どのサーキットも他のサーキットの真部分集合にならず，かつ $A, B \in \mathcal{C}$, $x \in A \cap B$, $y \in A \setminus B$ ならば $C \subseteq A \cup B$, $y \in C$, $x \notin C$ を満たす $C \in \mathcal{C}$ が存在するとき，**マトロイド**とよぶ．後者の条件を消去公理 (elimination axiom) とよぶ．

(1) 有限グラフの辺全体とサーキット（多角形）の族がマトロイドをなすことを示せ．

(2) 任意の体上の線形符号の符号語全体のうち空でない極小な台の族がマトロイドのサーキットの族をなすことを示せ．

(3) $(X, \mathcal{F})$ を第 23 章で定義した組合せ幾何とし，$\mathcal{C}$ を X の極小な独立でない部分集合の族とする．$(X, \mathcal{C})$ がマトロイドであることを示せ．

（この問題を効率よく解くには，まず (3) から取り組むことをお勧めする．）

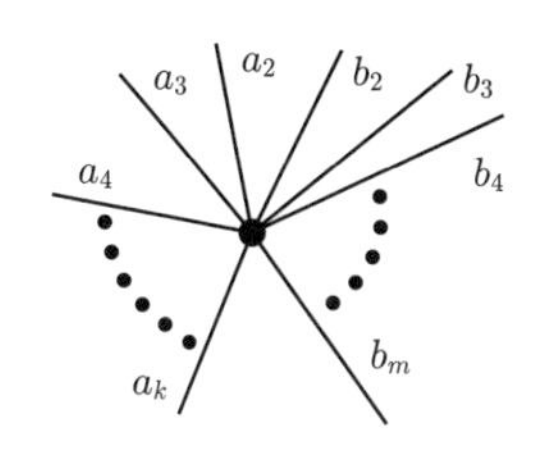

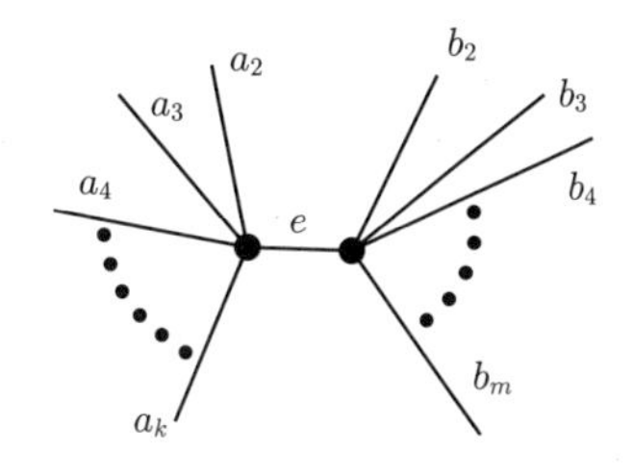

図 34.10

ノート

Hassler Whitney (1907–1989) はトポロジーの分野の開拓者の一人だが，晩年（亡くなるまでの約20年間）は数学教育にも貢献した．彼はハーバード大学で教授職を勤めた後，プリンストン大学の高等研究院の教授職に就いた．Whitney は1982年に Wolf 賞を受賞した．他方，Hassler Whitney はエール大学で音楽の学位を取得しており，ヴァイオリン，ビオラ，ピアノの演奏をこなし，プリンストン管弦楽団のコンサートマスターを務めるほどの腕前だった．

マトロイドは線形独立性，グラフのサーキットやボンド，双対グラフの性質を抽象化するために Whitney によって導入された概念である．マトロイドの理論と幾何束の理論は cryptomorphic[3] である．（Welsh (1976), Crapo–Rota (1971) 参照．）

参考文献

[1] H. Crapo, G.-C. Rota (1971), *On the Foundations of Combinatorial Theory: Combinatorial Geometries*, M.I.T. Press.

[2] S. MacLane (1937), A structural characterization of planar combinatorial graphs, *Duke Math. J.* **3**, 460–472.

[3] P. G. Tait (1880), Remarks on the colouring of maps, *Proc. Roy. Soc. Edinburgh* **10**, 501–503.

[4] W. T. Tutte (1984), *Graph Theory*, Encyclopedia of Math. and its Appl. **21**, Addison-Wesley.

[5] D. J. A. Welsh (1976), *Matroid Theory*, Academic Press.

[6] H. Whitney (1932), Nonseparable and planar graphs, *Trans. Amer. Math. Soc.* **34**, 339–362.

[7] H. Whitney (1935), On the abstract properties of linear dependence, *Amer. J. Math.* **57**, 509–533.

---

[3] ［訳注］同値であるが，ただちにそうであることが明らかでないときに用いられる．

第35章　グラフの埋め込み

ここでは球面以外の閉曲面へのグラフの埋め込み問題を考える．閉曲面の位相同型類は完全に分類されており，2種類の無限系列からなる (Fréchet–Fan, 1967)．一つは種数 g の向き付け可能な曲面 $\mathcal{T}_g$ $(g \geq 0)$ からなる系列である (g-トーラス)．これらは球面 $\mathcal{T}_0$ に g 個の「ハンドル」を貼り付けることで実現される曲面で，球面にいくつか「穴」を開けたようなものをイメージすればよい．もう一つの系列は球面にクロスキャップを貼り付けることで得られる向き付け不可能な曲面 $\mathcal{N}_n$ $(n \geq 1)$ である（いずれも $\mathbb{R}^3$ に埋め込むことはできない）．次の定理はオイラーの多面体公式の拡張である．向き付け可能な場合の証明については Fréchet–Fan (1967), Chartrand–Lesniak (1986) などを参照されるとよい．

定理 35.1　グラフ G の $\mathcal{T}_g$ への2胞体埋め込みについて

$$|F(G)| - |E(G)| + |V(G)| = 2 - 2g$$

が成り立つ．またグラフ G の $\mathcal{N}_n$ への2胞体埋め込みについて

$$|F(G)| - |E(G)| + |V(G)| = 2 - n$$

が成り立つ．さらに，「$=$」を「$\geq$」とすれば，上の関係式は2胞体埋め込み以外の任意の埋め込みについて成り立つ．

例 35.1　図 35.1 は Petersen グラフ P の実射影平面 $\mathcal{N}_1$ 上への埋め込みを表している．この図では，境界上で正反対の位置にある点が同一視されてい

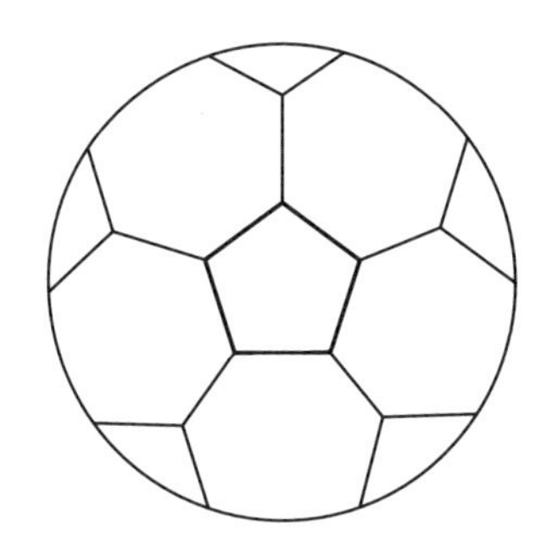

図 35.1

て，五角形と同型な面が6個ある．埋め込みに関する双対グラフは完全グラフ K_6 になっている．

（このことは P の15個の辺と K_6 の15個の辺の間に不思議な1対1対応があること示している．なお P の10個の頂点と K_5 の10個の辺の間に特殊な1対1対応があることはすでに確かめた．）

（実射影平面は球面上の原点対称な点どうしを同一視して得られる．そして Petersen グラフは正十二面体上の原点対称な点どうしを同一視して得られる．）

例 35.2　図35.2は完全グラフ K_7 がトーラス T_1 に埋め込み可能であることを示している．ここでは図の水平方向の2線分と垂直方向の2線分をそれぞれ同一視してトーラスが表現されている．三角形と同型な面は14個ある．この埋め込みに関する双対グラフには次数3の頂点が14個，六角形と同型な面が7個あり，どの二つの面も隣り合っている．これは（第31章で定義した）Heawood グラフである．隣り合う面が異なる色で塗り分けられるようにトーラスに埋め込む際に，少なくとも七色必要なグラフの典型的な例としてしばしば紹介される．

定理 35.2　ループのないグラフが T_g $(g > 0)$ に埋め込み可能ならば，

$$\chi(G) \leq \frac{7 + \sqrt{1 + 48g}}{2}$$

が成り立つ．

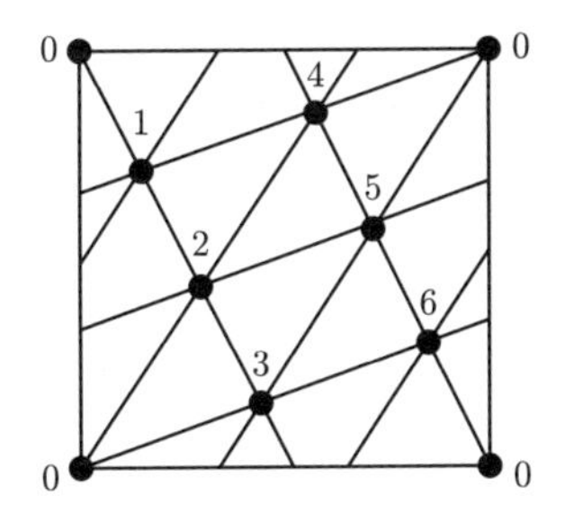

図 35.2

証明 G が T_g に埋め込み可能であるとする．G は連結な単純グラフで頂点数が 3 以上であるとしてよい．$N := (7+\sqrt{1+48g})/2$ とおいて，次数 $N-1$ 以下の頂点 x が存在することを示せば十分である．というのも，頂点数に関する帰納法を用いれば，G から頂点 x が除去されたグラフは $\lfloor N \rfloor$ 彩色可能になり，残りの 1 色を x に塗ることができるからである．

$f := |F(G)|$, $e := |E(G)|$, $v := |V(G)|$ とおくと，定理 35.1 より

$$2-2g \leq f-e+v$$

が成り立つ．各面は少なくとも 3 本の辺に結合しているので，$3f \leq 2e$．G の頂点の次数の平均を d とおく．背理法で $d > N-1$ と仮定すると，$v > N$ を得る．また，$g \geq 1$ から $N \geq 7$ であるから，$d > 6$．ゆえに

$$2-2g \leq \frac{2}{3}e-e+v = -\frac{1}{3}e+v = -\frac{1}{6}vd+v = \frac{1}{6}v(6-d)$$

が成り立つはずだが

$$12g-12 \geq v(d-6) > N(N-7) = 12g-12$$

となって矛盾が生じる． □

種数が小さい場合に定理 35.2 の不等式の値を表にまとめておく．

種数 g	1	2	3	4	5	6	7	8	9	10	11	12	13	14	15
$\chi(G)$	7	8	9	10	11	12	12	13	13	14	15	15	16	16	16

定理35.2の最良性，すなわち「$\mathcal{T}_g$ 上に埋め込み可能なグラフで染色数は $\lfloor \frac{7+\sqrt{1+48g}}{2} \rfloor$ のものが存在する」という **Heawood 予想**は，1968年にRingelとYoungsによって解決された（Ringel (1974) 参照）．Ringelらが示したことはもう少し強い次の命題である．

定理 35.3（Ringel–Youngs の定理）　$g \geq 0$ について

$$n := \lfloor \frac{7+\sqrt{1+48g}}{2} \rfloor$$

とおく．このとき完全グラフ K_n は $\mathcal{T}_g$ に埋め込み可能である．

本章では定理35.3の部分的な証明を与える（後述の定理35.4）．定理35.2より，たとえば $\mathcal{T}_{20}$, $\mathcal{T}_{21}$, $\mathcal{T}_{22}$ に埋め込み可能なグラフ G について $\chi(G) \leq 19$ が成り立つことがわかる．定理35.4は K_{19} が $\mathcal{T}_{20}$ に埋め込み可能であること（それゆえに $\mathcal{T}_{21}, \mathcal{T}_{22}$ にも埋め込み可能であること）を示している．つまり，$g = 20, 21, 22$ の場合にはHeawood予想は正しい．

2胞体埋め込みを抽象グラフの言葉で組合せ論的に理解しよう．そこに重要なポイントがある．

グラフ G の曲面 $\mathcal{S}$ への2胞体埋め込みが与えられたとき，任意の面の境界に沿って移動することで G の閉歩道 w_F が得られる．歩道の始点や向きはさほど重要ではない．多くの場合，この歩道は閉路になるが，たとえば G が球面上の木の場合には各辺を2回ずつ通る閉歩道になる（図2.4参照）．一般に，すべての辺は $\{w_F \mid F \in F(G)\}$ のちょうど二つの歩道に属するか，これらの歩道の一つに2回現れるかのいずれかである．

G の閉歩道の族 $\mathcal{M}$ は，G のすべての辺がちょうど二つの $\mathcal{M}$ の要素に属するとき，G の**メッシュ**とよばれる．

例 35.3　K_5 のメッシュを二組与えよう．以下では歩道を頂点列で表すことにする．

$$\mathcal{M}_1 = \{(1,2,3,4,5,1),$$
$$(1,2,4,1),\ (2,3,5,2),\ (3,4,1,3),\ (4,5,2,4),\ (5,1,3,5)\},$$
$$\mathcal{M}_2 = \{(1,2,4,5,1),\ (1,3,2,5,3,4,2,3,5,4,1),\ (1,4,3,1,5,2,1)\}.$$

メッシュ $\mathcal{M}_1$ は閉単純道（五角形1個と三角形5個）からなる．$\mathcal{M}_2$ の二つ目の歩道には2回ずつ現れる辺が2本ある．

長さ3の閉単純道のみからなるメッシュを**三角メッシュ**とよぶ．K_n の三角メッシュは指数2でブロックサイズ3の2-デザイン $S_2(2,3,n)$ と等価である．ただし，これらのデザインが K_n の曲面への埋め込みに対応するためには，ある重要な条件が満たされなければならない．

連結グラフ G のメッシュ $\mathcal{M}$ が与えられたとき，$\mathcal{M}$ の各歩道が面の境界になるように G の曲面への2胞体埋め込みを構成したい．それは実質的に次の段取りで行うことになる．まず，長さ ℓ の各歩道 $w \in \mathcal{M}$ を，閉円盤 F_w，たとえば平面上の凸 ℓ 角形とその内部に対応させる（$\ell = 1, 2$ の場合も同様に考えてよいが，これらの場合には辺を直線分で描くことができない）．次に F_w の点と線を歩道 w の頂点で（w に現れる順に）ラベルを付ける．（w が閉単純道でなければ F_w の頂点に（もしかしたら辺にも）同じラベルを付けることになる．）最後に，これらの閉円盤を境界で「貼り合わせる」（あるいは「縫い合わせる」イメージである）．

すべての円盤 F_w の互いに排反な和集合を考える．G の各頂点 x について，x でラベル付けられた点をすべて同一視する．G の各辺 e について，e でラベル付けられた円盤の境界上の線を連続的に変形し辺の向きも考慮して同一視する．（ループは二つの方向をもつと考える．）

図 35.3 と図 35.4 はそれぞれ例 35.3 の2種類のメッシュの歩道上の頂点でラベル付けられた平面（円盤）における多角形領域を表している．図 35.5 は図 35.3 の円盤の「貼り合わせ」を表しており，あとは外領域の境界上の真反対の点を同一視すればよい（すると K_5 の実射影平面への埋め込みが得られる）．

一般に，上述の「貼り合わせ」で構成された位相空間には，円盤 F_x の内点を集めてできる開円盤（2胞体）や，（各辺がちょうど二つの歩道に含まれることから）円盤の境界上の辺の内部の点からなる開集合などと同相な近傍系が含まれている．複数の F_w が交錯する頂点では少々厄介なことが起こり得る．たとえば，あるメッシュにおいて頂点 x を横断する歩道が

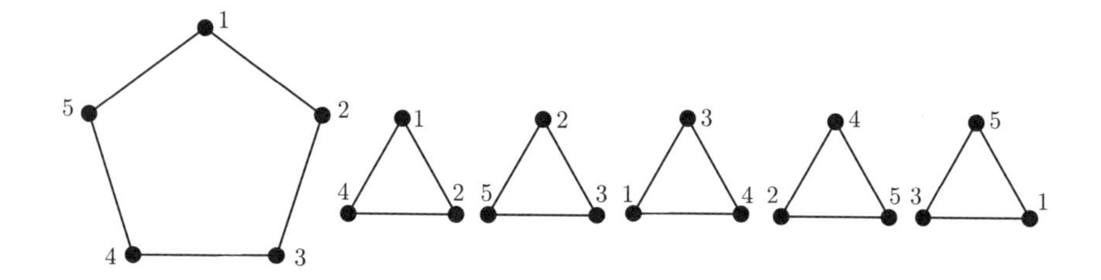

図 35.3

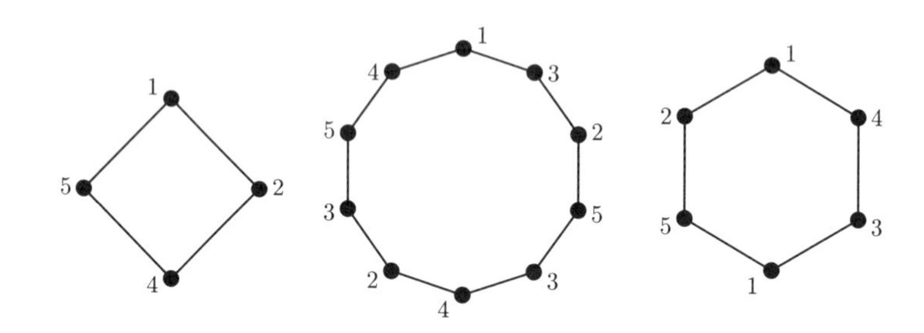

図 35.4

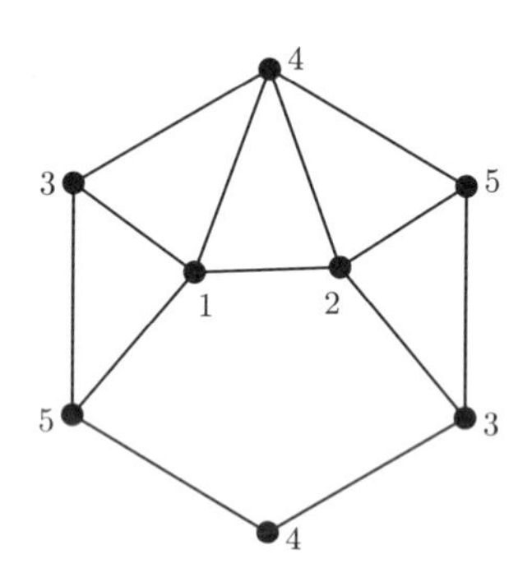

図 35.5

$$(\ldots,1,x,2,\ldots),\ (\ldots,2,x,3,\ldots),\ (\ldots,3,x,1,\ldots),$$
$$(\ldots,4,x,5,\ldots),\ (\ldots,5,x,6,\ldots),\ (\ldots,6,x,4,\ldots)$$

の形の頂点列を含むとする．このとき最初の三つの歩道に対応する円盤を貼り合わせると2胞体に同相な x の近傍が得られ，残りの三つの歩道から得られる x の近傍も合わせると，それらは x を頂点とする二つの凸錘のような格好になる．この場合，次のパラグラフで定義されるグラフ $\mathcal{M}_x$ は互いに素な二つの三角形からなる．

各頂点 $x \in V(G)$ について，x の結合辺全体を頂点集合 $V(\mathcal{M}_x)$ とし，$V(\mathcal{M}_x)$ の要素 a, b が $\mathcal{M}$ のある歩道上に連続して現れるときに（歩道上で x が a, b の間に現れるときに）それらを辺で結んで，グラフ $\mathcal{M}_x$ を定める．まれかもしれないが，a と b が2回連続して現れるときには，$\mathcal{M}_x$ においてこれらを2本の辺で結ぶことにする．明らかに $\mathcal{M}_x$ は2正則である．すべての頂点 x で $\mathcal{M}_x$ が連結になるとき（すなわち単一の多角形になるとき），**頂点制約** (vertex condition) が満たされるということにする．

連結グラフが与えられたとき，メッシュから「貼り合わせ」で構成される位相空間が閉曲面になることと，そのメッシュが頂点制約を満たすことは等価である．この曲面へのグラフ G の自然な埋め込みが存在する．例 35.3 のメッシュはいずれも頂点制約を満たしている．例 35.4，図 35.6 も参照されたい．

メッシュ $\mathcal{M}$ が与えられたとき，それがどのような曲面 $\mathcal{S}$ に埋め込まれたかを知るには，**オイラー標数** $h := |\mathcal{M}| - |E(G)| + |V(G)|$ を計算すればよい．定理 35.1 より，h が奇数のときは $\mathcal{S} = \mathcal{N}_{2-h}$ である．h が偶数のときは曲面が向き付け可能か否かを判断しなければならない．$\mathcal{S}$ が向き付け可能ならば $\mathcal{S} = \mathcal{T}_{1-h/2}$，そうでなければ $\mathcal{S} = \mathcal{N}_{2-h}$ となる．ここでは証明しないが，$\mathcal{S}$ が向き付け可能であることと，各辺がちょうど二つの歩道上に異なる向きで1回ずつ現れるように歩道全体を向き付けられることは等価で

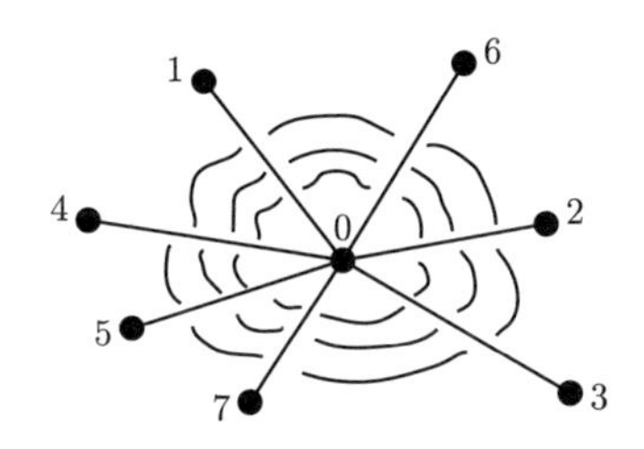

図 **35.6**

ある．このときメッシュは**向き付け可能**であるとよばれる．

頂点制約を満たすメッシュが向き付け可能かどうかを判定するのは難しくない．歩道を一つ選んで好きに向き付ける．すると，この歩道上の辺をシェアする別の歩道の向き付けが自動的に決まる．頂点制約はメッシュのすべての歩道の向きが一意的に定まることを意味している（それはなぜか？）．あとは各辺が歩道上でどちらに向き付けられているのか確かめればよい．

例 35.3 の続き　メッシュ $\mathcal{M}_1$ は K_5 の実射影平面 $\mathcal{N}_1$ への埋め込みを与える．メッシュ $\mathcal{M}_2$ は向き付け可能で（歩道はすでに述べたように向き付けられたとしてよい），K_5 の二重トーラス（二つ穴トーラス）$\mathcal{T}_2$ への2胞体埋め込みを与える．

以下，単純グラフにおける（閉）歩道を記述する際には，頂点列を角括弧 [ ] で表すことにして，歩道の終点（歩道の始点でもある）を表記から外すことにする．便宜的に，通常のグラフ理論の定義における「歩道」と「多角形」の違いを気にせず，長さ 3, 4, ... の歩道を，三角形，四角形，... とよぶこともある．

例 35.4　K_8 が二重トーラス $\mathcal{T}_2$ に埋め込み可能であることを示す．これは，$\mathcal{T}_2$ に埋め込み可能なグラフで染色数 8 のものが存在することを示しており，$g = 2$ の場合に Heawood 予想の解を与えている．

面の個数は 18 でなければならず（$f - e + v = -2$ なので），次数和は 56 である．**差による構成法** (difference method) を用いて，2 個の四角形と 16 個の三角形からなる解を実際に与えよう．

8 を法とする剰余類の集合 $\mathbb{Z}_8$ を K_8 の頂点集合と見なす．四角形 $[0, 2, 4, 6]$, $[1, 3, 5, 7]$ を考える．また $[0, 1, 4]$, $[0, 3, 2]$ を初期ブロックとして，これらを mod 8 で巡回的にシフトした三角形を考える．このとき各辺はちょうど二つの歩道に現れる．こうして得られたメッシュが頂点制約を満たすことを確かめよう．巡回シフトによって多角形が写り合うことから，頂点 0 で頂点制約が満たされることを見ればよい．実際，0 を横断する歩道は $[0, 2, 4, 6]$, $[0, 1, 4]$, $[7, 0, 3]$, $[4, 5, 0]$, $[0, 3, 2]$, $[5, 0, 7]$, $[6, 1, 0]$ である．これらを合わせると図 35.6 の多角形をなすことがわかる．

あとはメッシュが向き付け可能かどうか確かめればよい．四角形には $[0,2,4,6]$, $[7,5,3,1]$ で向き付けし，三角形には初期ブロックから $\mathbb{Z}_8$ の奇数元でシフトされている場合に限り逆向きに向きを付けることで，所望のメッシュの向き付けが得られる．

問題 35A K_5 の 5 個の四角形，K_6 の 6 個の五角形，K_7 の 7 個の六角形からなるメッシュでそれぞれ頂点制約を満たすものを見つけよ．それらからどのような曲面が得られるのだろうか？

問題 35B Clebsch グラフ（例 21.4 参照）の 16 個の五角形からなるメッシュを見つけよ．頂点制約と向き付け可能性を調べよ．このグラフはどのような曲面に埋め込まれるのだろうか？ この埋め込みに関する双対グラフは何か？（問題 35G 参照.）

問題 35C (1) 向き付け不可能な曲面 $\mathcal{N}_g$ $(g \geq 1)$ に埋め込み可能な単純グラフ G について

$$\chi(G) \leq \frac{7+\sqrt{1+24g}}{2}$$

が成り立つことを示せ．

(2) クラインの壷 $\mathcal{N}_2$ に埋め込み可能な単純グラフは，次数 ≤ 5 の頂点をもつか，グラフが 6 正則になるかのいずれかが成り立つ．K_7 の 14 個の三角形からなるメッシュで，頂点制約を満たし向き付け可能なものが一意的に存在することを示せ（ここから K_7 がクラインの壷に埋め込み不可能であることがわかる）．$\mathcal{N}_2$ に埋め込み可能なグラフ G について $\chi(G) \leq 6$ が成り立つことを示せ．

問題 35D 球面以外の曲面について論じる前に，メッシュに関する知見から，G と H が非分離的な Whitney 双対であるとき，双対グラフ G^* が H と同型になるような G の球面への埋め込みがあることを簡単に示すことができる．定理 34.2 で見たように，H の一つの頂点に結合する辺全体は G のサーキットになる．G の歩道全体はメッシュをなし，それをメッシュ $\mathcal{M}$ とする．$\mathcal{M}$ が頂点制約を満たすことを示せ．構成された閉曲面が球面になる

理由と双対グラフ G^* が H と同型になる理由を述べよ．

問題 35E　連結グラフ G を考え，頂点制約を満たす G のメッシュ $\mathcal{M}$ を考える（つまり（G と $\mathcal{M}$ の）対応付けを考える）．状況をやさしくするために，G を単純グラフとし，$\mathcal{M}$ が閉単純道（これを多角形と同一視し，面とよぶことにする）からなるとする．辺集合と面集合をそれぞれ保存する $V(G)$ 上の置換を，この対応付けの自己同型とよぶ（つまり $\mathcal{M}$ を保存するような G の自己同型）．頂点 x，x の結合辺 e，e の結合面 F を固定するような自己同型 α は恒等変換に限られることを示せ．

（ここから，たとえば上述の対応付けの自己同型が高々 $4|E(G)|$ 個しかないことがわかる．）等号成立の例としてプラトンの多面体や例 35.1，例 35.2 などがある．

定理 35.4　$n \equiv 7 \pmod{12}$ ならば，種数

$$g := (n-3)(n-4)/12$$

の向き付け可能な曲面上に完全グラフ K_n は三角形分割として埋め込み可能である[1]．

証明　K_n において頂点制約を満たす向き付け可能な三角メッシュを構成する．$n = 12s + 7$ とおく．K_n の頂点集合を $\mathbb{Z}_n$ とする．

図 35.7 の各ダイアグラムを用いてメッシュの構成法のアイデアを説明する．図 35.7 のダイアグラムは，$n = 7, n = 19, n = 31$，そして一般の n に対応している．（一般の n について，縦方向の線分には上下交互に向きが付いており，左から順に $1, 2, \ldots, 2s$ でラベルが付けられている．）これらのダイアグラムはそれぞれ対応する埋め込みを見つける過程で実際に使われたものである．以下に述べる構成法は単なる差集合族の言葉で記述することができるが，ここでは（Ringel らの）オリジナルの描写を重んじて，これらのダイアグラムを用いながら説明する．

辺が整数 1 から $6s+3$ でラベル付けられていることに注意する．各頂点

---

[1] ［訳注］各面が三角形であるようにグラフが曲面へ埋め込まれているとき，これを三角形分割とよぶ．

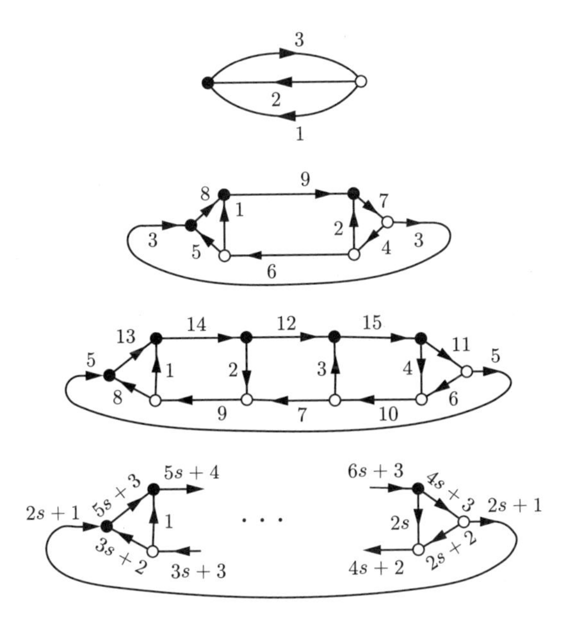

図 35.7

では保存則（あるいは**キルヒホッフの第一法則**）が成り立っている，つまり，各頂点において，これを終点とする辺の流量の総和と，これを始点とする辺の流量の総和が等しくなっている．（ソースとシンクがないことを除けば，第 7 章で紹介した強さ 0 のフローになっている．）

各有向辺には逆向きの辺も付随すると考える．図 35.7 の各辺のラベルは逆向きの辺のラベルと正負が入れ替わっていると考える．このとき $n = 12s + 7$ を法としてすべての非零元が有向辺上にちょうど 1 回ずつ現れる．頂点は二つのタイプに分類される．すなわち「時計回り」を表す黒塗りの頂点と「半時計回り」を表す白塗りの頂点である．

図 35.7 の各ダイアグラムにおいて，各頂点に互いに巡回シフトで写り合う K_n の n 個の有向三角形を対応させる．黒塗りの頂点については，これを始点とする結合辺のラベルを時計回りに a, b, c とするとき，n 個の三角形

$$[x, x+a, x+a+b] \quad (x \in \mathbb{Z}_m)$$

を対応させる．$\mathbb{Z}_n$ 上で $a+b+c=0$ が成り立つことに注意すると，スターターの三角形が $[y, y+b, y+b+c]$ $(y \in \mathbb{Z}_n)$, $[z, z+c, z+c+a]$ $(z \in \mathbb{Z}_n)$ のいずれであっても同じ n 個の三角形が生成される．白塗りの頂点については，これを始点とする結合辺のラベルを反時計回りに a, b, c とするとき，n 個の三角形

$$[x, x+a, x+a+b] \quad (x \in \mathbb{Z}_m)$$

を対応させる．

たとえば図35.7の三番目のダイアグラムにおいて（$n = 31$ の場合），ラベル7とラベル2の辺の終点で，かつラベル9の辺の始点であるような白塗りの頂点が存在する．ラベル7, 2の辺をラベル -7, -2 の逆向きの辺と見なし，$[0, -7, -9]$ を法31で巡回シフトして31個の有向三角形を作る（$[0, 9, 2]$, $[0, -2, 7]$ の巡回シフトでもよい）．同じダイアグラムにおいて，$[0, 14, 13]$ から法31で巡回シフトして得られる31個の有向三角形の族もある．

ダイアグラムから得られる有向三角形の族から三角メッシュを構成するのは難しくない．たとえば，$n = 31$ のとき，4から23に向かう辺を通る三角形を見つけるには，$\mathbb{Z}_{31}$ 上で $23 - 4 = -12$ に注意すればよい．ラベル -12 の辺は，ラベル15, 3の辺とともに特定の黒塗りの頂点を始点としており，$[4, 4+(-12), 4+(-12)+15] = [4, 23, 7]$ が所望の三角形であることがわかる．23から4へ向かう辺を通る三角形は $[23, 4, 6]$ である．

頂点0で頂点制約が満たされることを示せば十分である．K_n の辺 $\{0, i\}$ を e_i とおく．辺 e_a から頂点0に入ってくるメッシュの有向三角形を考える．ダイアグラムにおいて，ラベル a の辺の終点が黒塗りの頂点の場合，その頂点を始点とする辺のラベルは時計回りに $-a$, p, q となる．ラベル a の辺の終点が白塗りの頂点の場合，その頂点を始点とする辺のラベルは反時計回りに $-a$, p, q となる．つまり，辺 e_a から頂点0に入り e_p に抜けていく三角形は $[a, 0, p]$ である．以上をまとめると，三角形が K_n の辺 e_i から0に入り e_j へ抜けていくような整数 j は次のようにして求まる．つまり，ま

ずダイアグラムでラベル i の辺を見つけ，その辺の終点で（黒塗り，白塗りに応じて）時計回りか反時計回りに隣りの辺にラベル j を割り振ればよい．

たとえば $n = 31$ のとき，メッシュの三角形が辺 e_{i_ℓ} から頂点 0 に入り $e_{i_{\ell+1}}$ に抜けていくような K_n の辺 e_{i_ℓ} の列

$$e_1,\ e_{-13},\ e_{-8},\ e_{-9},\ e_{-7},\ e_{-10},\ e_{-6},\ e_5,$$
$$e_{13},\ e_{14},\ e_{12},\ e_{15},\ e_{11},\ e_6,\ e_{-4},\ e_{-15},\ e_{-3},\ e_7,\ e_{-2},\ e_{-14},$$
$$e_{-1},\ e_8,\ e_{-5},\ e_{-11},\ e_4,\ e_{10},\ e_3,\ e_{-12},\ e_2,\ e_9,\ e_1,\ \ldots$$

連続する 2 辺は $\mathcal{M}_0$ 上で隣接しており，$\mathcal{M}_0$ は多角形になる．図 35.7 の他のダイアグラムについても同様の方法ですべての辺を両方向に一度ずつ横断するような辺の列が得られる．確認作業は読者に委ねるが，いずれにせよ驚くべき方法であろう． □

問題 35F　(1) 完全グラフ K_n を向き付け可能な曲面 $\mathcal{T}_g$ に三角形分割として埋め込み可能ならば，$g = (n-3)(n-4)/12$ が成り立つ．

(2) 各面の境界が四角形であるように完全二部グラフ $K_{n,n}$ を向き付け可能な曲面 $\mathcal{T}_g$ に埋め込むことができるとき[2]，g を n で表せ．所望の埋め込みが存在するための最小の $n > 2$ はいくつか？

上ではできるだけ単純かつ手短に定理 35.4 の証明を与えるべく，（Ringel らの）原著論文からメッシュの構成手法を抜粋した．本章の終わりに，任意の n についてメッシュを構成するための Ringel と Youngs の着想について触れておこう．

J. Edmonds (1960) にはグラフを向き付け可能な閉曲面上に埋め込む手法が記されている．その着想はグラフの埋め込みに関する双対グラフのメッシュに端を発するように思われる．単純連結グラフ G が向き付け可能な閉曲面 $\mathcal{S}$ に埋め込まれているとき，$\mathcal{S}$ の向き付けに応じて，各頂点で結合辺の巡回置換が誘導される．Edmonds はそのような「局所的」な巡回置換で埋め込みが決まることを指摘した．G を単純グラフとし，各頂点 x でその結合辺全体の集合 $S(x)$ 上の局所巡回置換 σ_x が与えられたとする．この

[2] ［訳注］各面の境界が四角形であるようにグラフが曲面に埋め込まれているとき，これを**四角形分割**とよぶ．

とき次のようにしてメッシュの向き付けが自然に定まる．すなわち，y を始点，x を終点とする有向辺 e を横断するような有向歩道において e の次の辺を $\sigma_x(e)$ で定めるのである．

以下の具体例では単純グラフを扱う．このとき，結合辺の局所巡回置換は隣接頂点の置換で表され，歩道は頂点列で表される．

例 35.5　$\{1,2,3,4,5\}$ を頂点集合とする完全グラフ K_5 について，局所巡回置換

$$
\begin{aligned}
1 &: \quad (2435)\\
2 &: \quad (1435)\\
3 &: \quad (4125)\\
4 &: \quad (1325)\\
5 &: \quad (1234)
\end{aligned}
$$

を考える．ここから得られる歩道は頂点数5の**有向完全グラフ**[3]の辺の分解を与える．頂点 i から頂点 j への有向辺を e_{ij} とおく．得られた歩道は

$$
\begin{gathered}
(e_{12},\ e_{24},\ e_{45},\ e_{51}),\\
(e_{13},\ e_{32},\ e_{25},\ e_{53},\ e_{34},\ e_{42},\ e_{23},\ e_{35},\ e_{54},\ e_{41}),\\
(e_{14},\ e_{43},\ e_{31},\ e_{15},\ e_{52},\ e_{21})
\end{gathered}
$$

になる．

これらの歩道の頂点列はまさに例 35.3 のメッシュ $\mathcal{M}_2$ に等しくなっている．

図 35.7 の $4s+2$ 頂点の各グラフにおいて，黒塗りの頂点なら時計回り，白塗りの頂点なら反時計回りの回転を表すことにして，各頂点での局所巡回置換を定めた．そして，定理 35.4 の証明では，得られた埋め込みが単一の面のみからなることを確かめなければならなかった．

Γ を有限群とし，$\alpha \in S$ のとき $\alpha^{-1} \in S$ が成り立つような Γ の非自明な

[3]［訳注］完全グラフの向き付けではなく，任意の異なる2頂点間に両方向の有向辺がある有向グラフ．

元からなる部分集合 S を考える．Γ を頂点集合とし，$\beta\alpha^{-1} \in S$ が成り立つときかつそのときに限り $\alpha, \beta \in S$ が辺で結ばれる単純グラフをケーリーグラフ $G(\Gamma, S)$ とよぶ[4]．位数 n の任意の群 Γ と Γ の非自明な元全体の集合 S に対するケーリーグラフは完全グラフ K_n になる．S は群の生成系をなすようにとられことが多く，この場合，対応するケーリーグラフは連結になる．

W. Gustin (1963) は「商多様体 (quotient manifold)」の理論を導入し，向き付け可能な曲面上にケーリーグラフを埋め込む手法を考案した．その詳細を述べる代わりに，ここでは例をいくつか与える．ケーリーグラフの各頂点の局所巡回置換が，0 の隣接点の集合 S 上の巡回置換 $(s_1, s_2, \ldots, s_k)$ のシフトになっている場合を考えよう．すなわち，α での局所巡回置換

$$(s_1 + \alpha, s_2 + \alpha, \ldots, s_k + \alpha)$$

を考える (加法的な表記を用いる)．

例 35.6 K_7 の頂点集合を $\{0, 1, 2, 3, 4, 5, 6\}$ とし，頂点 i での局所巡回置換を $(1+i, 3+i, 2+i, 6+i, 4+i, 5+i) \pmod 7$ と定める．すなわち

$$\begin{aligned}
0&: \quad (132645)\\
1&: \quad (243056)\\
2&: \quad (354160)\\
3&: \quad (465201)\\
4&: \quad (506312)\\
5&: \quad (610423)\\
6&: \quad (021534).
\end{aligned}$$

対応する歩道は

$$\begin{array}{ccccccc}
[1,2,4] & [2,3,5] & [3,4,6] & [4,5,0] & [5,6,1] & [6,0,2] & [0,1,3]\\
[3,5,6] & [4,6,0] & [5,0,1] & [6,1,2] & [0,2,3] & [1,3,4] & [2,4,5]
\end{array}$$

である．

---

4 ［訳注］第 31 章参照.

これは例 35.2 で見た K_7 のトーラスへの三角形分割グラフとしての埋め込みである.

たとえば初期の局所巡回置換を

$$(1,-13,-8,-9,-7,-10,-6,5,13,14,12,15,11,6,-4,\\ -15,-3,7,-2,-14,-1,8,-5,-11,4,10,3,-12,2,9)$$

とし，$\mathbb{Z}_{31}$ を頂点集合とする K_{31} について同様の手法を用いれば，定理 35.4 の証明中の三角メッシュの埋め込みが得られる．図 35.7 のイラストは K_n の埋め込みに関する双対グラフの「商多様体」を表している．$n = 12s + 7$ のとき，イラストで表現された埋め込みグラフは頂点数 $4s+2$，辺数 $6s+3$，面数 1 のグラフであり，そこから得られる K_n の埋め込みには頂点が $(4s+2)n$ 個，辺が $(6s+3)n$ 個，面が $(1)n$ 個含まれている．

問題 35G q を素数冪とし，ω を $\mathbb{F}_q$ の非自明な元とする．$\mathbb{F}_q$ の乗法群における ω の位数を m とし，-1 が ω のある冪になると仮定する．ケーリーグラフ $G(\mathbb{F}_q, \langle\omega\rangle)$ を考える（ただし $\langle\omega\rangle := \{1, \omega, \omega^2, \ldots\}$ とする）．ケーリーグラフにおける $\mathbb{F}_q$ を加法群と見て，$a - b \in \langle\omega\rangle$ のときかつそのときに限り a と b を辺で結ぶ．（ω が $\mathbb{F}_q$ の原始元なら完全グラフになり，$q = 16$ かつ $m = 5$ なら Clebsch グラフになる．）

0 での局所巡回置換を $(1, \omega, \omega^2, \ldots, \omega^{m-1})$ とし，その巡回シフトでほかの局所置換を表そう．得られたメッシュの面の個数とサイズ[5]を求めよ．

ノート

P. J. Heawood (1861–1955) は研究生活のほとんどを英国の Durham 大学で数学の教授として過ごし，最終的に副総長まで登りつめた．

参考文献

[1] G. Chartrand, L. Lesniak (1986), *Graphs and Digraphs*, 2nd edn., Wadsworth.

[5] ［訳注］各面の多角形としての長さ．

[2] J. Edmonds (1960), A combinatorial representation for polyhedral surfaces, *Notices Amer. Math. Soc.* **7**, 646.

[3] M. Fréchet, K. Fan (1967), *Initiation to Combinatorial Topology*, Weber and Schmidt.

[4] W. Gustin (1963), Orientable embedding of cayley graphs, *Bull. Amer. Math. Soc.* **69**, 272–275.

[5] G. Ringel (1974), *Map Color Theorem*, Springer-Verlag.

[6] G. Ringel, J. W. T. Youngs (1968), Solutions of the Heawood map coloring problem, *Proc. Nat. Acad. Sci. U.S.A.* **60**, 438–445.

[7] A. T. White (1973), *Graphs, Groups, and Surfaces*, Mathematical Studies **8**, North-Holland.

第36章　電気回路と正方形の正方形分割

初めにグラフの全域木の個数をある行列の行列式で表す**行列木定理**を紹介する．

定理 36.1（行列木定理）　G を頂点数 n でループのない連結グラフとする．G の隣接行列を A とし，各対角成分が G の各頂点の次数に等しい対角行列を D とする．このとき G の全域木の個数は $D-A$ の任意の $(n-1)\times(n-1)$ 主小行列の行列式の値に等しくなる．

G がループのない多重グラフであるとき，隣接行列の成分 $A(x,y)$ は頂点 x と y を結ぶ辺の個数を表す．定理 36.1 の証明には種々の数学的な道具が必要になるのだが，まずはいくつか例を見ておこう．

例 36.1　G を図 36.1 のグラフとする．このとき

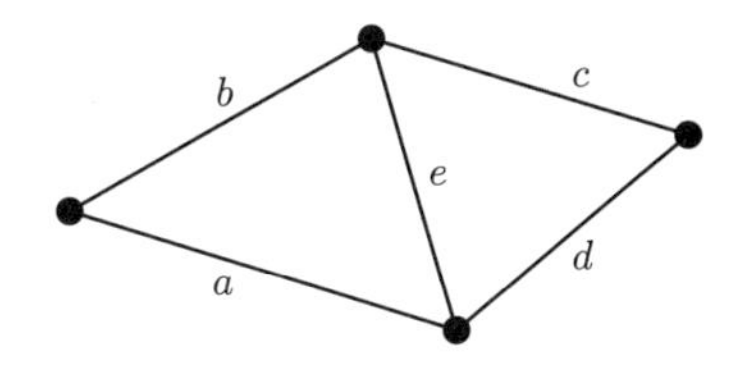

図 36.1

$$D - A = \begin{pmatrix} 2 & -1 & 0 & -1 \\ -1 & 3 & -1 & -1 \\ 0 & -1 & 2 & -1 \\ -1 & -1 & -1 & 3 \end{pmatrix}$$

であり，G は 8 個の全域木を含んでいる．

例 36.2　定理 36.1 において G を完全グラフ K_n とする．このとき行列 $D - A$ は $nI - J$ になる．ただし I は n 次の単位行列で，J はすべての成分が 1 の n 次正方行列を表す．この行列の $(n-1) \times (n-1)$ 主小行列の行列式を計算する方法は（行基本変形や固有値の計算など）いろいろあるが，それは読者の演習問題とする．行列式の計算が終われば，ケーリーの定理，すなわち完全グラフ K_n が n^{n-2} 個の全域木を含むことを主張する定理の別証明を得る（第 2 章参照）．

問題 36A　M を各行和と列和が 0 の n 次正方行列とする．M は固有値 $\lambda_1 = 0$ をもつ．その他の固有値を $\lambda_2, \lambda_3, \ldots, \lambda_n$ とおく．M の任意の $(n-1) \times (n-1)$ 主小行列式の行列式の値が $\frac{1}{n}\lambda_2\lambda_3\cdots\lambda_n$ であることを示せ．

例 36.3　問題 36A を用いて，スペクトルが既知の正則行列における全域木の個数を数え上げることができる．たとえば，A を Petersen グラフの隣接行列とすると，A の固有値は

$$3,\ 1,\ 1,\ 1,\ 1,\ 1,\ -2,\ -2,\ -2,\ -2$$

である（第 21 章参照）．行列 M は $3I - A$ であり，その固有値は

$$0,\ 2,\ 2,\ 2,\ 2,\ 2,\ 5,\ 5,\ 5,\ 5$$

になる．この結果，Petersen グラフに 2000 個の全域木が含まれることがわかる．

次の補題は **Cauchy–Binet の定理**とよばれている．定理の主張の行列 Δ が単位行列の場合に，このネーミングがよく使われ，また定理が応用されることが多い．

補題 36.2（Cauchy–Binet の定理） A, B をそれぞれサイズ $r\times m$, $m\times r$ の行列とする．Δ を $m\times m$ の対角行列とし，その (i,i) 成分を e_i とする．集合 $\{1,2,\ldots,m\}$ の r 元部分集合 S について，S でラベル付けられた A の列に対応する部分行列を A_S とし，S でラベル付けられた B の行に対応する部分行列を B^S とする．このとき

$$\det(A\Delta B)=\sum_S \det(A_S)\det(B^S)\prod_{i\in S} e_i$$

が成り立つ．ただし右辺の和の S は集合 $\{1,2,\ldots,m\}$ の r 元部分集合全体を動くとする．

証明 e_1, …, e_m を独立な不定元と見なして題意を示す．むろん，それができればすべての e_1, …, e_m に具体的な数値を代入しても補題は成り立つはずである．

$r\times r$ 行列 $A\Delta B$ の成分は e_1, …, e_m の一次形式である．具体的には，$A=(a_{ij})$, $B=(b_{ij})$ とおくと，$A\Delta B$ の (i,k) 成分は $\sum_{j=1}^m a_{ij}b_{jk}e_j$ と表される．したがって $\det(A\Delta B)$ は e_1, …, e_m の次数 r の斉次多項式になる．

単項式 $e_1^{t_1}e_2^{t_2}\cdots$ を考える．ただし異なる不定元 e_i，すなわち単項式に現れる指数 $t_i>0$ の不定元 e_i の個数が r 個未満であるとする．$e_1^{t_1}e_2^{t_2}\cdots$ に現れない不定元 e_i に 0 を代入する．このとき単項式 $e_1^{t_1}e_2^{t_2}\cdots$ やその係数には影響がないが，Δ のランクは r より小さくなり，多項式 $\det(A\Delta B)$ の値は 0 になる．

よって多項式 $\det(A\Delta B)$ のある単項式が r 個の異なる不定元の積で表されていないとき，すなわち単項式が特定の r 元部分集合 S に対して $\prod_{i\in S} e_i$ の形でないとき，その単項式の係数は 0 になる．$i\in S$ のとき e_i を 1 に，$j\notin S$ のとき e_j を 0 とすることで，$\det(A\Delta B)$ の単項式 $\prod_{i\in S} e_i$ の係数を求めることができる．この操作を Δ に施すと $A\Delta B$ は $A_S B^S$ になる．したがって $\det(A\Delta B)$ における $\prod_{i\in S} e_i$ の係数は $\det(A_S)\det(B^S)$ に等しくなる． □

以下では主に有向グラフ H を扱う．グラフ理論の基本的な用語（木，連結成分，閉路など）は，辺を無向化して得られる無向グラフの場合と同様に定義される．有向グラフの「道」には「前向き」の辺もあれば「後ろ向き」

の辺もあるだろう．われわれの本当の興味は無向グラフにあるが，辺の向き付けによって有向グラフを考える方が理論の見通しがよくなり，その向き付けの仕方とは無関係に理論を構築できるのである．

これまでの章と同様，行列 M の (i,j) 成分を $M(i,j)$ で，ベクトル f の i 番目の座標成分を $f(i)$ で表すことにする．

有向グラフ H が与えられたとき，$V(H)$ で行がラベル付けられ，$E(H)$ で列がラベル付けられている行列 N は

$$N(x,e) = \begin{cases} 0 & x \text{ が } e \text{ に結合しない，あるいは } e \text{ がループになるとき，} \\ 1 & x \text{ が } e \text{ の終点になるとき，} \\ -1 & x \text{ が } e \text{ の始点になるとき} \end{cases}$$

で (x,e) 成分が定められるとき，H の**結合行列**とよばれる．

H の連結成分の集合を $C(H)$ とおくと次が成り立つ：

$$\mathrm{rank}(N) = |V(H)| - |C(H)|. \tag{36.1}$$

実際，座標が $V(H)$ でラベル付けられたベクトル g が $gN = \mathbf{0}$ を満たすとすると，x から y への任意の辺 e に対して $g(y) - g(x) = 0$ が成り立つ．$gN = \mathbf{0}$ であることと g の各連結成分の頂点集合上への制限が定数関数になることは明らかに等価であり，$gN = \mathbf{0}$ を満たす g 全体からなる空間の次元は $|C(H)|$ になる．

各成分が 0, 1, -1 のいずれかで，かつ各列に ± 1 が高々 1 回ずつ現れるような正方行列の行列式の値は 0, ± 1 のいずれかに等しくなる．このことは帰納法で示される．実際，すべての列に $+1$ と -1 が一つずつ含まれるならば，すべての行ベクトルの和は零ベクトルになり，その行列は非正則である．そうでないとき，非零の成分をただ一つもつ列に関して行列式を展開すると，それは同じ性質をもつサイズの小さい行列の行列式の ± 1 倍に等しくなる．したがって有向グラフの結合行列の任意の正方部分行列の行列式の値は 0, ± 1 のいずれかに等しくなる．（この性質を満たす行列を**全ユニモジュラー行列** (totally unimodular) とよぶ．）

定理 36.1 の証明　H を頂点数 n の連結有向グラフとし，N を結合行列と

する．S を $n-1$ 本の辺からなる集合とする．Cauchy–Binet の定理を思い出して，S の要素で列がラベル付けられた（N の）$n \times (n-1)$ 部分行列 N_S を考える．式 (36.1) より，N_S のランクが $n-1$ であるための必要十分条件は，S を辺集合とする H の部分グラフが連結になること，すなわち S が H における木の辺集合になることである．結合行列 N から任意に行を一つ抜いて行列 N' を作る．N（あるいは N_S）のすべての行ベクトルの和は零ベクトルになるので，N'_S のランクは N_S のランクに等しくなる．このことと定理の証明の直前の段落の記述から，

$$\det(N'_S) = \begin{cases} \pm 1 & S \text{ が } H \text{ のある全域木の辺集合に等しいとき，} \\ 0 & \text{そうでないとき} \end{cases} \tag{36.2}$$

となることがわかる．

頂点数 n のループのない連結グラフ G が与えられたとき，G の任意の向き付け H を考えて，その結合行列を N とする．

$$\begin{aligned} NN^{\mathrm{T}}(x,y) &= \sum_{e \in E(G)} N(x,e)N(y,e) \\ &= \begin{cases} \deg(x) & x = y \text{ のとき，} \\ -t & x \text{ と } y \text{ が } G \text{ の } t \text{ 本の辺で結ばれているとき} \end{cases} \end{aligned}$$

であるから，$NN^{\mathrm{T}} = D - A$ となる．行列 $D-A$ の $(n-1) \times (n-1)$ 主小行列は $N'N'^{\mathrm{T}}$ の形をしている．ここで N' は N から任意に行を一つ取り除いて得られる行列である．Cauchy–Binet の定理より，

$$\det(N'N'^{\mathrm{T}}) = \sum_S \det(N'_S) \det({N'_S}^{\mathrm{T}}) = \sum_S (\det(N'_S))^2.$$

ここで和は辺集合の $(n-1)$ 元部分集合全体を動くものとする．式 (36.2) より，これは G の全域木の個数に等しくなる． □

注　$E(G)$ の要素を不定元と見なし，補題 36.2 を $N\Delta N^{\mathrm{T}}$ の $(n-1) \times (n-1)$ 主小行列に適用する．ただし Δ は行と列が辺でラベル付けられており，対角成分が辺そのものであるような対角行列，つまり $\Delta(e,e) = e$ を満たす対角行列とする．このとき $\det(N\Delta N^{\mathrm{T}})$ は G の木の辺集合に対応する単項式

の和になる．たとえば図36.1のグラフGについては

$$N\Delta N^{\mathrm{T}} = \begin{pmatrix} a+b & -b & 0 & -a \\ -b & b+c+e & -c & -e \\ 0 & -c & c+d & -d \\ -a & -e & -d & a+d+e \end{pmatrix}$$

が成り立つ．もちろん$N\Delta N^{\mathrm{T}}$は非正則だが（すべての行の和が$\mathbf{0}$なので），たとえば最後の行と列を取り除いて得られる3×3行列の行列式は

$$(a+b)(b+c+e)(c+d) - b^2(c+d) - c^2(a+b) = \\ abc+abd+acd+ace+ade+bcd+bce+bde$$

となり，Gに含まれる八つの全域木を表している．

続いてW. T. Tutteによる定理36.1の一般化を述べ，その短い証明を与えよう！（その一般化の証明にはオリジナルの証明では用いることができないタイプの帰納法が用いられる．）無向グラフの各辺を両向きの有向辺に置き換えて得られる有向グラフに定理36.3を適用すれば，定理36.1が得られる．

定理36.3　Gをx_1，…，x_nを頂点とする有向グラフとする．行列$M = (m_{ij})$（あるいは$M(G)$）を，x_iを始点とする辺の本数（ループを数えない）がm_{ii}本[1]，x_iからx_jへの有向辺の本数の-1倍がm_{ij}となるように定める．このときx_ℓを根とする根付き全域有向木[2]の個数A_ℓ（あるいは$A_\ell(G)$）はMの(ℓ,ℓ)主小行列式，すなわちMから第ℓ行と第ℓ列を抜いて得られる$(n-1)\times(n-1)$主小行列の行列式の値に等しくなる．

証明　表記を見やすくするために，$\ell = 1$の場合を考える．ある$i > 1$についてx_iを始点とする有向辺がなければ定理の主張は明らかである．実際，この場合には$M(G)$のi行目は零ベクトルになり，$(1,1)$主小行列式および有向全域木の個数はともに0になるからである．

1　［訳注］つまりx_iの出次数をm_{ii}とする．
2　［訳注］問題2Cあるいはケーリーの定理の証明2を参照．

ある $i > 1$ について x_i の出次数が 2 以上であるとき，それらを数本 ($>$ 1) ずつ二つのクラスに分けて，一方のクラスにのみ属する辺と（x_i を始点とする辺以外の）G のすべての辺からなる有向グラフ G_1, G_2 を考える．x_1 を根とする G の有向全域木において x_i の出次数は 1 であるから，$A_1(G) = A_1(G_1) + A_1(G_2)$．また $M(G)$, $M(G_1)$, $M(G_2)$ は第 i 行を除いて等しく，$M(G)$ の第 i 行は $M(G_1)$ と $M(G_2)$ の第 i 行の和になる．したがって $M(G)$ の $(1,1)$ 主小行列式は $M(G_1)$, $M(G_2)$ の $(1,1)$ 主小行列式の和で表される．

ゆえに各 $i > 1$ について $m_{ii} = 1$ が成り立つ，すなわち各 $i > 1$ で x_i を始点とする辺をただ一つもつような有向グラフ G について定理の主張を示せばよい．

そのような有向グラフ G が x_1 を含まないような有向閉路（$x_2 \to x_3$, $x_3 \to x_4$, ..., $x_k \to x_2$ とおく）をもつとき，第 2 行から第 k 行までの和は $\mathbf{0}$ であり，$(1,1)$ 主小行列式は 0 になる．この場合，これらの頂点から x_1 への有向辺がないので有向全域木は存在しない．

また，有向グラフ G が x_1 を含まないような有向閉路をもたないとき，任意の頂点 x_j を始点として最長の有向道をとると，その終点は x_1 になる．x_1 を始点とする辺（そのような辺は有向全域木に含まれないかもしれない）辺を無視すると，有向グラフ G は有向全域木そのものになり，$A_1(G) = 1$ を得る．$M(G)$ の $(1,1)$ 主小行列式は 1 になる．このことは帰納法で示される．実際，有向全域木で入次数 0 の頂点 x_j に対応する第 j 列に関して行列式を展開すればよい（行列式の (j,j) 成分は 1 で，それ以外の $i > 1$, $i \neq j$ に対して (i,j) 成分はすべて 0 になっている）． □

有向グラフ G の辺を独立な不定元と見なし，かつ行列 $M(G)$ を同様に定める（$M(G)$ の成分は整数ではなく不定元の形式和とする）．マイナーは不定元の積和で表され，各積には有向全域木に含まれる辺が対応している．証明は上の定理の証明を微修正するだけであるから読者の演習問題とする．たとえば 1, 2, 3 を頂点とし，2 から 1 への有向辺 a，3 から 1 への有向辺 b，3 から 2 への有向辺 c からなる有向グラフ G を考えると，これに対応する行列は

$$M = \begin{pmatrix} 0 & 0 & 0 \\ -a & a & 0 \\ -b & -c & b+c \end{pmatrix}.$$

$(1,1)$ 成分に関する主行列式は $ab+ac$ であり，これは頂点1を根とする二つの有向全域木を表している．

問題 36B　1, 2, ..., n を頂点とし，$i<j$ のときに j から i への有向辺がある推移的トーナメント T_n を考える．$M(T_n)$ はどのような行列か？ 頂点1を根とする T_n の有向全域木はいくつあるか？ そのような全域木をすべて列挙せよ．

さて，De Bruijn 系列の個数に関する定理 8.2 の別証明を与えよう．G_n を第8章で定義した有向グラフとする．G_n の各頂点の入次数と出次数はともに2である．付録1で述べた問題 2C の解法から，G_n におけるオイラー閉路の個数は G_n の任意の頂点を根とする根付き有向全域木の個数に等しい．定理 36.3 と問題 36A より，この数は $M(G_n)$ の固有値の情報から求まる．

0 から $2^{n-1}-1$ で行と列がラベル付けられた 2^{n-1} 次正方行列 B_n を，$j=2i$ または $j=2i+1 \pmod{2^{n-1}}$ のときに $b_{ij}=1$ として定める．（B_n の上半分のブロックと下半分のブロックは等しくなっている．）このとき $M(G_n)=2I-B_n$ が成り立つ．$xI-M(G_n)$ の行列式 $D_n(x)$ を計算する．行列式の下半分に注目して適当な行および列の基本変形を施せば

$$D_n(x) = (x-2)^{2^{n-2}} D_{n-1}(x).$$

$D_2(x)=x(x-2)$ より，M_n の非零固有値はすべて2である．問題 36A より長さ 2^n の De Bruijn 系列の個数が

$$\frac{1}{2^{n-1}} \cdot 2^{2^{n-1}-1} = 2^{2^{n-1}-n}$$

となることがわかる．

＊＊＊

有向グラフ H の結合行列 N について，その行ベクトル空間を H の**コバウンダリ空間** (coboundary space) とよぶ．N^{T} の零空間，すなわち $fN^{\mathrm{T}} = \mathbf{0}$ を満たすベクトル全体がなす空間を H の**サイクル空間**とよぶ．これらの概念は電気回路や代数的トポロジーの理論において重要である．式 (36.1) より，有向グラフ H のコバウンダリ空間の次元は $|V(H)| - |C(H)|$ であり，それゆえにサイクル空間の次元は $|E(H)| - |V(H)| + |C(H)|$ である．

ベクトル f がサイクルになるための自明な必要十分条件は，各頂点 x について x を始点とする辺での $f(e)$ の総和と x を終点とする辺での $f(e)$ の総和が等しくなることである．H の任意の単純閉路 p について，p の前向きの辺で $f(e) = +1$，後ろ向きの辺で $f(e) = -1$，p に含まれていない辺で $f(e) = 0$ と定めると，ベクトル f は H のサイクルになる（これを**基本サイクル** (elementary cycle) とよぶ）．ベクトルがコバウンダリになることと，それがすべてのサイクルと直交することは等価であり，とくに単純閉路の前向きの辺でのコバウンダリの値の総和は後ろ向きの辺でのコバウンダリの値の総和に等しくなる．

問題 36C　座標成分が $E(H)$ でラベル付けられたベクトル g が有向グラフ H のコバウンダリになることと，すべての閉道 w についてその辺での g の「符号付きの和」，すなわち w の前向きの辺での g の値の総和から後ろ向きの辺での値の総和を引いた値が 0 になることを示せ．

各辺 e に「抵抗」$r(e) \geq 0$，「起電力」$s(e)$ が付随している有向グラフ H を**電気回路** (electrical network) とよぶ．各配線（辺 (edge)）に抵抗器，バッテリー，あるいはその両方が取り付けられた実際の電気回路をイメージすればよい．抵抗器とバッテリーがつながっていれば，各辺には「電流」$f(e)$ が流れていて，「電圧」$g(e)$ を計測することができるだろう．以下で必要な予備知識は，**キルヒホッフの法則**と**オームの法則**，そしてこれらを用いてベクトル f, g が r と s から求められるということだけである．キルヒホッフの第一法則は f がサイクルになることを示しており，第二法則は f がコバウンダリになることを示している．オームの法則は $g(e) = -s(e) + r(e)f(e)$ が成り立つことを意味しているが，これを行列で表すと，$g = -s + fR$ となる．ここで R は $r(e)$ を対角成分とする対角行列を表しており，s, g, f を行ベクトルと見ている．

問題 36D　$\{e \mid r(e) = 0\}$ が閉路を含まない，すなわち森[3]の辺集合になるとする．この電気回路が解をただ一つもつこと，すなわち任意の s に対して上の諸法則を満たすベクトル f, g が一意的に定まることを示せ．

長方形が有限個の正方形で分割されているとき，これを**長方形の正方形分割**とよぶ．図 36.2 と図 36.3 にそのような分割の例を与える．一方の長方形の寸法は縦 × 横が 33×32 で，もう一方は 177×176 になっている．各正方形の寸法が異なる整数であり，かつ真に小さい長方形分割を含まないような正方形分割はエレガントな分割だといえよう．

問題 36E　図 36.4 が正方形分割になるような各正方形の整数長の寸法を求めよ．

長い間，正方形を有限個（2 個以上）の異なる大きさの正方形に分割する問題の解は知られていなかったが，1930 年後半になって遂に所望の正方形分割の例が見つかった．そのうち一つは *Journal of Combinatorial Theory*

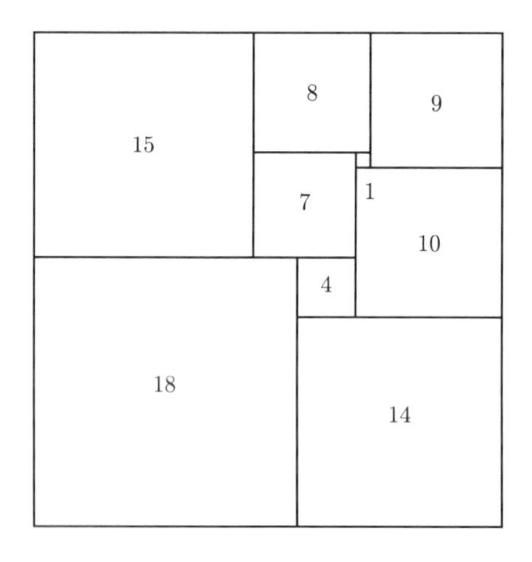

図 36.2

3　［訳注］第 2 章参照．

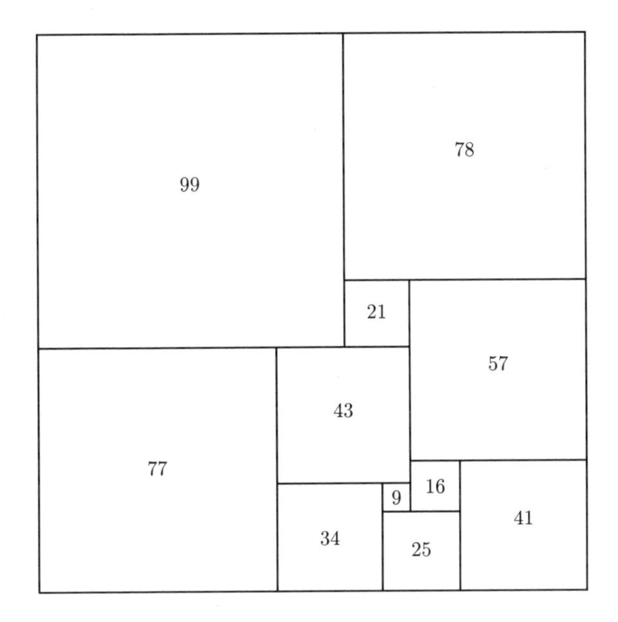

図 **36.3**

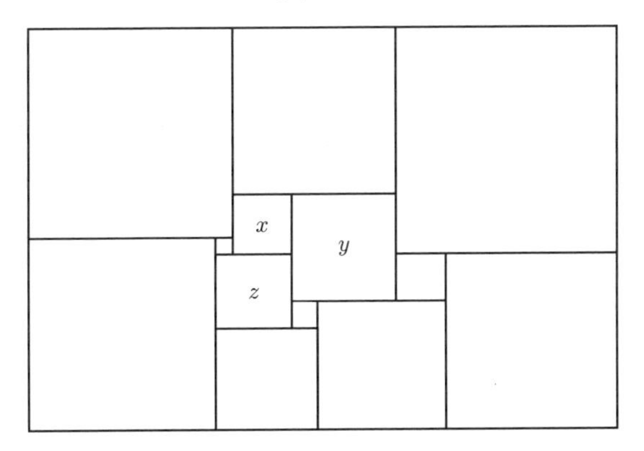

図 **36.4**

の表紙のデザインに採用されたが，A. J. W. Duijvestijn (1978) によってさらに小さい分割の例が発見されると翌 1979 年の 1 月に表紙が改定された．Duijvestijn は正方形の個数が 21 個の例を見つけ，これが最小（正方形の個数が最小）であることを計算機を用いて示した[4]．Duijvestijn の結果は，1936–1938 年にケンブリッジ大学の四人の学部生が発見した正方形分割と電気回路の相互関係に基づいている．彼らのアイデアをわかりやすく解説している文献として W. T. Tutte (1961) や W. T. Tutte (1965) が有名である．Tutte は四人の学生の一人であった．

以下，本書独自の用語や言い回しで電気回路との関連について述べる．$e \neq e_0$ について $s(e) = 0$ を満たし，かつ

$$r(e) = \begin{cases} 1 & e \neq e_0 \text{ のとき}, \\ 0 & e = e_0 \text{ のとき} \end{cases}$$

を満たすような特殊な辺 e_0 をもつ電気回路を**特殊回路** (special network) とよぶ．つまり，1 個のバッテリーと抵抗 1 の複数の抵抗器からなる回路を考える．

長方形の正方形分割から次のようにして特殊回路を作る．分割図において極大な水平線分を頂点とする有向グラフ H を考える．分割に現れる各正方形を辺とし，外枠の長方形を辺 e_0 とする．ただし上位にある水平線分から下位にある水平線分に向かって辺を向き付ける．図 36.5 に有向グラフ H の例を示す．明らかにグラフ H は平面的である．辺 e に対して自然な実数の対応付け $f(e)$ を考える．すなわち $f(e)$ を正方形の 1 辺の長さとし，$f(e_0)$ を長方形の横幅とする．f は H のサイクルになる，つまり極大な水平線分に上から接している正方形の長さの総和と下から接している正方形の長さの総和は等しくなる．特殊辺 e_0 がないものとすると f はコバウンダリになる．つまり，各頂点（水平線分）x について，x と長方形の上側の水平線分との距離を $h(x)$ とおくと，各 $e \neq e_0$ について $f(e)$ は $h(e$ の終点$) - h(e$ の始点$)$ に等しくなる[5]．$s(e_0)$ を長方形の高さとし，g を H のコバウンダリとすると，f と g は $g = -s + Rf$ を満たす電流と電圧になっている．

逆に有向グラフの平面描画に対応する特殊回路から長方形の正方形分割

[4] ［訳注］112×112 の正方形を 1 辺の長さが 2, 4, 6, 7, 8, 9, 11, 15, 16, 17, 18, 19, 24, 25, 27, 29, 33, 35, 37, 42, 50 の 21 個の異なる大きさの正方形で分割する例である．

[5] ［訳注］このため H の単純閉路に沿った前向き（図の下向き）の辺での f 値の総和は後ろ向きの辺での f 値の総和に等しくなる．

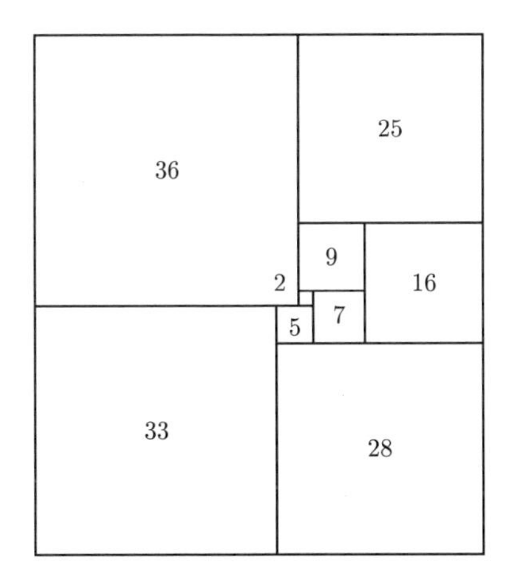

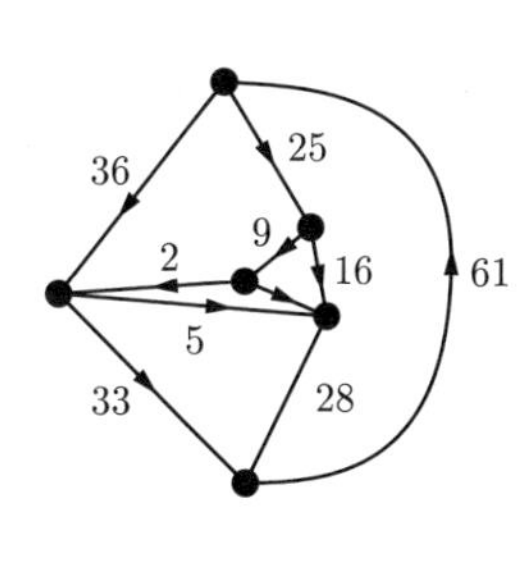

図 36.5

を得ることもできる．証明は割愛するが，長方形の幅と高さの比は電気回路における電流 $f(e_0)$ と電圧 $-g(e_0)$ の比になるはずである．（計算の結果，いくつかの辺に負の電流が割り振られるかもしれないが，そのときにはこれらの辺の向きを入れ換えて正の値にすればよい．電流 0 の辺は除去あるいは縮約すればよい．）こうして正方形分割は抵抗 $1\,\Omega$ の抵抗器からなる平面的な回路に対応する．

問題 36F　図 36.6 の特殊回路を思考錯誤により計算して，対応する長方形の正方形分割を描け．双対グラフも特殊回路と見なすことができる．これに対応する長方形の正方形分割は何か？

N を有向グラフ D の結合行列とし，Δ を $E(D)$ でラベル付けられた対角行列で $\Delta(e,e) = r(e) > 0$，つまり (e,e) 成分が e の抵抗を表すものとする．$C := N\Delta^{-1}N^{\mathrm{T}}$ とおく．D の頂点 y から別の頂点 x への辺 e_0 を新たに加え，そこに十分な電圧をかけて電流 $f(e_0)$ が流れるようにする．キルヒホッフの法則から，頂点 a と頂点 b を結ぶ辺 e における電位差 $g(e)$ は

$$g(e) = \frac{f(e_0)}{\tau(D)}(xy.ab) \tag{36.3}$$

になる．ここで $(xy.ab)$ は $C = (c_{ij})$ の成分 c_{xa} での余因子における成分

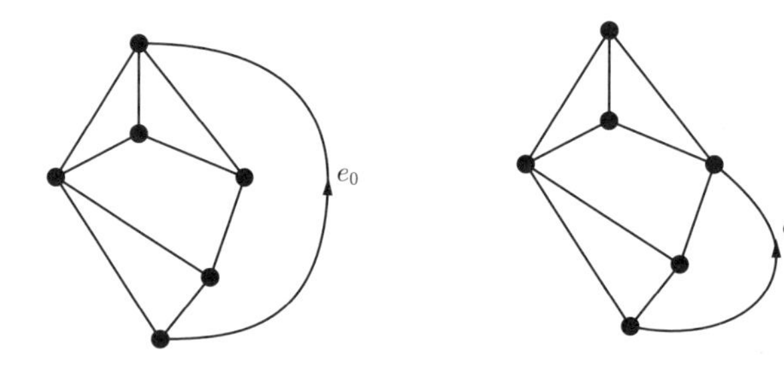

図 36.6

c_{yb} の余因子を表し，$\tau(D)$ は D の全域木の個数を表している（$\tau(D)$ は D の複雑性を表す尺度である）．詳細は Jeans (1908) を参照されたい．

上のことから次の定理を得る．

定理 36.4　特殊回路のグラフ G について，特殊辺 e_0 での起電力 $s(e_0)$ が e_0 を含む全域木の総数に等しいとする．このときすべての電流 $f(a)$ は整数値になり，$f(e_0)$ は e_0 を含まない全域木の総数に等しくなる．

証明　定理の直前の記述において，D を G'_{e_0} の向き付けとし[6]，Δ を単位行列とする．電流 $f(e_0)$ が $\tau(D) = \tau(G'_{e_0})$ に等しければ，式 (36.3) より，すべての $f(a) = g(a)$ は整数になる．あとは辺 e_0 を含む全域木の総数が $-g(e_0)$ に等しいことを示せばよい．

式 (36.3) より，$g(e_0) = (xy.yx) = -(xy.xy)$．定義より，$N$ から x 行と y 行を除いて得られる行列を N'' とおくと，$(xy.xy)$ は $N''N''^{\mathrm{T}}$ の行列式になる．Cauchy–Binet の定理より，これは

$$\sum_S (\det(N''_S))^2$$

に等しくなる．ここで和は辺集合の $(n-2)$ 元部分集合全体を動くとし，N''_S は N'' の S の要素でラベル付けられた行を集めてできる N'' の正方部分行列を表すものとする．

$S \cup \{e_0\}$ が G のある全域木の辺集合になれば $\det(N''_S)$ は ± 1 で，そうで

6　［訳注］G'_{e_0} は G から辺 e_0 を除去して得られるグラフ．第 33 章を参照のこと．

なければ0になることを示せば証明が終わる．その証明は式(36.2)の証明に似ているので読者の演習問題とする． □

定理36.4は，e_0以外の辺の抵抗をすべて1とするときe_0の抵抗が$\tau(G''_{e_0})/\tau(G'_{e_0})$に等しいことを示している．グラフ$G$が多角形やボンドの場合に，この事実が電気回路の基礎知識と合致していることを確かめるとよい．平面グラフGと$\tau(G''_{e_0}) = \tau(G'_{e_0})$を満たす特殊辺$e_0$が見つかれば正方形の正方形分割が得られる．ただし，この主張が正方形の正方形分割の探索に役立つかというと必ずしもそうではないので注意が必要である（少なくとも電子工学系の人は抵抗器の無駄遣いだと感じるだろう）．所望のグラフは極めてまれにしか存在しないように思われる．

ノート

長方形を異なる大きさの正方形で分割する問題を初めて扱ったのはM. Dehn (1903)のようである．

C. J. Bouwkamp, A. J. W. Duijvestijn, P. Madema (1960)では正方形の正方形分割の例が初めて大掛かりな表にまとめられた．

W. T. Tutte (1917–2002)はグラフ理論の分野に多大な功績を残した．彼は，世界的にもまれな「組合せ論」が学部名に採用されているウォータールー大学の組合せ論・最適化学部の名誉教授である[7]．

定理36.3の証明についてはDe Bruijn, Van Aardenne-Ehrenfest (1951)を参照されたい．

上で述べたケンブリッジ大学の学生の一人C. A. B. Smithは，“Did Erdős save Western Civilization?”（Graham–Nešetřil (1997)参照）と題する論文の中で，彼らの仕事やその当時の背景などについてわかりやすく解説している．これによると，Erdősは正方形のより小さい正方形への分割は少なくとも二つの同じ大きさの正方形を含まなければならないと予想していた[8]．いろいろな事が起こって，Tutteは入隊することなくブレッチリー・

[7] ［訳注］原著が出版されて数年後にW. T. Tutteは亡くなっている．
[8] ［訳注］記述集合論のNikolai Luzinが同じ予想を提示したとする文献もある．

パーク[9]で職を得たとある．そこで彼はエニグマ暗号の解読に向けて重要な手掛かりを見つけたと噂されている．Smith の論文のタイトルはこれらのエピソードに由来している．

参考文献

[1] N. G. de Bruijn, T. van Aardenne-Ehrenfest (1951), Circuits and trees in oriented linear graphs, *Simon Stevin* **28**, 203–217.

[2] C. J. Bouwkamp, A. J. W. Duijvestijn, P. Madema (1960), *Tables relating to simple squared rectangles of order nine through fifteen*, T. H. Eindhoven.

[3] A. J. W. Duijvestijn (1978), Simple perfect squared square of lowest order, *J. Combin. Theory Ser. B* **25**, 555–558.

[4] M. Dehn (1903), Zerlegung von Rechtecke in Rechtecken, *Math. Ann.* **57**, 314–332.

[5] R. L. Graham, J. Nešetřil (1997), *The Mathematics of P. Erdős*, Springer.

[6] J. H. Jeans (1908), *The Mathematical Theory of Electricity and Magnetism*, Cambridge University Press.

[7] W. T. Tutte (1948), The dissection of equilateral triangles into equilateral triangles, *Proc. Cambr. Phil. Soc.* **44**, 463–482.

[8] W. T. Tutte (1961), Squaring the square, in: M. Gardner, *The 2nd Scientific American Book of Mathematical Puzzles and Diversions*, Simon and Schuster.

[9] W. T. Tutte (1965), The quest of the perfect square, *Amer. Math. Monthly* **72**, 29–35.

[9] ［訳注］第二次世界大戦中に政府の暗号学校が設置されていた邸宅．

第37章　数え上げに関するポリアの理論

本章では再び数え上げの問題を扱う．数え上げの問題といってもさまざまだが，ここでは対象そのものの数え上げではなく，適当な同値関係に関する同値類の数え上げに興味がある．これらの同値関係をある置換群から自然に作り出すのはめずらしいことではない．

問1　2色のビーズをn個使って「本質的に異なる」ネックレスを作る作り方の総数はいくつか？　たとえば$n=6$の場合に状況を精査すると，その数が13だとわかる．

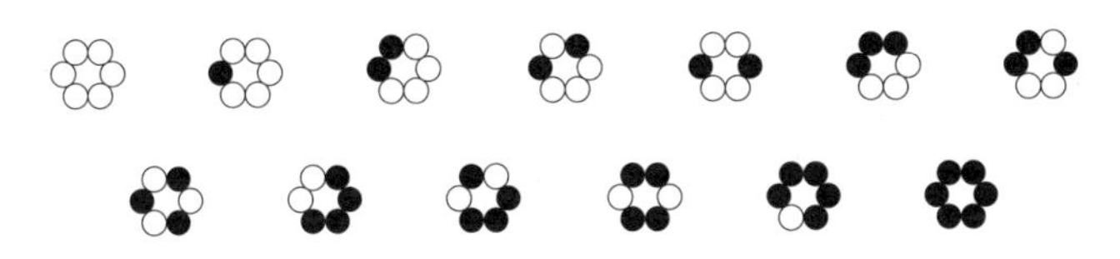

二つのネックレス

$$\text{と} \tag{37.1}$$

は縦軸に関して折り返すことで（さっとひっくり返すことで）写り合うため同じネックレスだと思うことにする．「本質的に異なる」という感覚の根底にあるのは，正n角形の自己同型からなる二面体群D_nである．

問2　頂点数nの非同型な単純グラフはいくつ存在するか？　たとえば$n=4$のときには非同型な単純グラフが11個存在する．

問 3　立方体の面（あるいは辺や頂点）を n 色で塗り分ける塗り分け方の総数はいくつか？

問 4　白球が3個，黒球が1個与えられたとき，これらを二つの角括弧と一つの丸括弧に分ける分け方の総数は？

[○○○●] [] ()	[○○○] [●] ()	[○○] [○●] ()	[○○●] [○] ()
[○○○] [] (●)	[○○] [○] (●)	[○○●] [] (○)	[○○] [●] (○)
[○●] [○] (○)	[○●] [] (○○)	[○] [●] (○○)	[○○] [] (○●)
[○] [○] (○●)	[●] [] (○○○)	[○] [] (○○●)	[] [] (○○○●)

A, B を有限集合とし，G を A 上の置換群（より一般に G は A 上に作用する有限群）とする．B の各要素を**色**とよぶ．写像 $f : A \to B$ 全体の集合を B^A として，$\sigma \in G$ と $f \in B^A$ について

$$(\sigma(f))(x) := f(\sigma^{-1}(x))$$

と定めれば，これは群 G の B^A への作用になる．私達が数え上げるのは集合 B^A に作用する群 G の軌道の個数である．

（σ ではなく σ^{-1} となっているのは誤りではない．群作用になるためには $\sigma(\tau(f)) = (\sigma\tau)(f)$ でなければならない．形式的には，（群作用は）G から B^A 上の対称群への準同型として定義することができる．）

ネックレスの問題では，正 n 角形の頂点集合を A，頂点集合上の置換群としての全自己同型群（平面上の合同変換群としての位数 $2n$ の二面体群 D_n）を G としたい．問題設定を少しだけ変えて，たとえばビーズを平らにつぶして裏返しを許さないことにすれば，図 (37.1) の二つのネックレスは互いに異なるネックレスになる．この場合，位数 n の巡回群の正則表現を考えて，G をそれ自身置換群と見なす（例 10.5 参照）．

素朴な疑問として写像の軌道の数え上げ問題があるだろう．また「重み付き」の軌道の個数を数えるのも面白そうである．これには，白いビーズを k 個含むような長さ n のネックレスの数え上げや，頂点数 n で辺数 k の単純グラフの数え上げなどが関係している．あるいは，集合 B 上の置換群 H も考えて，より一般的な同値関係のもとで**コンフィギュレーション** (configuration) の個数を数えるのもよいかもしれない.

まずは Burnside の補題（定理 10.5）を復習しよう．これは，集合 X に作用する群 G の軌道の個数が固定点の個数の算術平均

$$\frac{1}{|G|}\sum_{\sigma\in G}\psi(\sigma) \tag{37.2}$$

（$\psi(\sigma)$ は置換 σ で固定される X の点の個数を表す）に等しいことを主張する結果であった．この事実を以前に証明したときには，$\sigma(x)=x$ を満たす組 $(x,\sigma)\in X\times G$ を数え上げたことを思い出してほしい.

定理 37.1　A, B を有限集合とし，群 G の A への作用を考える．k 個のサイクルに分解されるような G の置換の個数を $c_k(G)$ とおく．このとき写像 $f: A\to B$ 全体の集合 B^A の G 軌道の個数は

$$\frac{1}{|G|}\sum_{k=1}^{\infty}c_k(G)|B|^k$$

で表される.

証明　Burnside の補題から，所望の軌道の個数は式 (37.2) で与えられる．ただし $\psi(\sigma)$ は，$\sigma(f)=f$ すなわち任意の $a\in A$ について $f(a)=f(\sigma^{-1}(a))$ が成り立つような写像 $f: A\to B$ の個数を表している．写像 f が σ 不変であることと f が σ の各サイクル上で定数関数になることは等価である（その確認は読者に委ねる）．そのような写像は B の各要素を σ の各サイクルに割り当てることで得られる．したがって σ が k 個のサイクルに分解されるとき，σ で固定される写像 f の個数は $|B|^k$ に等しくなる．□

読者には，ここで小休止をかねて，定理 37.1 を問 1（ネックレスの問題）に適用し，その答えが 13 になることを確かめてみてほしい.

ここから何度も用いることになる置換群の**循環指標**[1] (cycle index) の概念を導入しよう．まずは自然数 n が k_i 個の i に分割されているとき（ただし $i=1,2,\ldots,n$），これを便宜的に $(1^{k_1}2^{k_2}\ldots n^{k_n})$ と表すことにする．これ

1　［訳注］輪指標，巡回指数などの訳語もよく用いられる.

は単なる表記であって，各自然数の冪を掛け合わせているのではない．

集合 A 上の置換 σ について，σ の長さ i のサイクルの個数を $z_i(\sigma)$ とおく．$n = |A|$ の分割 $(1^{z_1(\sigma)}2^{z_2(\sigma)}\ldots)$ を σ の型[2](type) とよぶ．群 G が A に作用するとき，不定元 X_1, X_2, …, X_n の多項式

$$Z_G(X_1, X_2, \ldots, X_n) := \frac{1}{|G|}\sum_{\sigma \in G} X_1^{z_1(\sigma)} \cdots X_n^{z_n(\sigma)}$$

を G の循環指標とよぶ．

定理 37.1 は B^A の G 軌道の個数が

$$Z_G(b, b, \ldots, b) = \frac{1}{|G|}\sum_{\sigma \in G} b^{z_1(\sigma)+z_2(\sigma)+\cdots+z_n(\sigma)}$$

で与えられることを主張している．ここで $b := |B|$ とおいた．

例 37.1　n の各約数 d について位数 n の巡回群 C_n には位数 d の元が $\phi(d)$ 個含まれている．C_n を正則表現を介して置換群と見なすとき，位数 d の元は長さ d の n/d 個のサイクルに分解される．したがって，C_n の正則表現に対して，

$$Z_{C_n}(X_1, \ldots, X_n) := \frac{1}{n}\sum_{d|n} \phi(d) X_d^{n/d}$$

が成り立つ．さて，2 色のビーズ n 個からなる「裏返しなし」のネックレスの個数を数えてみよう．その答えは $Z_{C_n}(2, 2, \ldots, 2) = \frac{1}{n}\sum_{d|n}\phi(d)2^{n/d}$ である（式 (10.12) を見よ）．たとえば $n = 6$ のとき，所望のネックレスの個数は 14 で，二面体群による同値類の個数よりも一つ多くなっていることがわかる（図 (37.1) の二つのネックレスを同一視しない）．$n = 10$ の場合，答えは 108 になる．

例 37.2　二面体群 D_n の（正 n 角形の）n 頂点への自然な作用において D_n の循環指標を求めるには，位数 n の巡回部分群に含まれない置換（鏡

[2] ［訳注］サイクル型という訳語もある．

映）を考慮しなければならない．n の偶奇に応じて，

$$Z_{D_n} = \begin{cases} \dfrac{1}{2n}\left(\displaystyle\sum_{d|n} \phi(d) X_d^{n/d} + nX_1 X_2^{\frac{n-1}{2}}\right) & n\text{ が奇数のとき}, \\ \dfrac{1}{2n}\left(\displaystyle\sum_{d|n} \phi(d) X_d^{n/d} + \dfrac{n}{2} X_1^2 X_2^{\frac{n}{2}-1} + \dfrac{n}{2} X_2^{\frac{n}{2}}\right) & n\text{ が偶数のとき} \end{cases}$$

の二つの場合が考えられる．2 色のビーズ n 個からなる「裏返しあり」のネックレスの個数は $Z_{D_n}(2,2,\ldots,2)$ で表される．たとえば $n = 6$ のときは 13 個のネックレスがある（問 1）．$n = 10$ のときには 78 個のネックレスがある．

問題 37A　立方体の（六つの面の置換で表現される）回転変換からなる群の循環指標を求めよ．（立方体を自分自身に写す回転変換は恒等変換を含めて全部で 24 個あるが，それらで写り合う面の着色は同一視される．）立方体の面を 2 色で塗り分けるとき異なる塗り分け方の総数はいくつか？ 3 色で塗り分けるとどうなるか？ 一般に n 色ならどうか？

さらに話を進める前に，対称群の循環指標を書き出しておこう．式 (13.3) では型 $(1^{k_1}2^{k_2}\ldots n^{k_n})$ の分割の個数の公式を与えた．要素数 i のブロックについて $(i-1)!$ 通りの巡回置換が考えられるので，

$$Z_{S_n} = \sum_{(1^{k_1}2^{k_2}\ldots)} \frac{1}{1^{k_1}2^{k_2}\cdots n^{k_n} k_1! k_2! \cdots k_n!} X_1^{k_1} X_2^{k_2} \cdots X_n^{k_n}$$

が成り立つ．小さい n に対して具体例を挙げると

$$\begin{aligned} 1!Z_{S_1} &= X_1, \\ 2!Z_{S_2} &= X_1^2 + X_2, \\ 3!Z_{S_3} &= X_1^3 + 3X_1X_2 + 2X_3, \\ 4!Z_{S_4} &= X_1^4 + 6X_1^2X_2 + 3X_2^2 + 8X_1X_3 + 6X_4, \\ 5!Z_{S_5} &= X_1^5 + 10X_1^3X_2 + 15X_1X_2^2 + 20X_1^2X_3 + 20X_2X_3 \\ &\quad + 30X_1X_4 + 24X_5, \end{aligned}$$

$$6!Z_{S_6} = X_1^6 + 15X_1^4X_2 + 45X_1^2X_2^2 + 40X_3^2 + 40X_1^3X_3 + 15X_2^3 + 120X_1X_2X_3 + 90X_1^2X_4 + 90X_2X_4 + 144X_1X_5 + 120X_6$$

となる．

例 37.3　定理 37.1 はグラフの数え上げにも用いられる．V を n 個の頂点からなる集合，E を V の 2 元部分集合全体からなる集合とする．V を頂点集合とする単純グラフは写像 $f : E \to \{0,1\}$ と見なすことができる．すなわち $f^{-1}(1) = \{e \mid f(e) = 1\}$ を辺集合とするグラフに写像 f を対応させるのである．

V を頂点集合とする二つのグラフが同型であることと，一方のグラフの辺集合がもう一方のグラフの辺集合に写るような V 上の置換が存在することは等価である．このことを，後で定理 37.1 を用いるのに適した形で記述するために，V 上の対称群を S_n とし，S_n から誘導される E 上の置換

$$\sigma^{(2)} : \{x,y\} \to \{\sigma(x), \sigma(y)\}$$

の全体がなす（S_n と同型な）群 $S_n^{(2)}$ を考える．$S_n^{(2)}$ は $\{0,1\}^E$ 上に作用し，$f, g : E \to \{0,1\}$ が互いに同型なグラフに対応することとそれらが $\{0,1\}^E$ の同じ $S^{(2)}$ 軌道に属することが等価なことがわかる．

$S_n^{(2)}$ のすべての置換の型を計算するのは大変な作業である．たとえば，$\sigma \in S_5$ の型を (2^13^1) とすると，K_5 の 10 本の辺上の置換 $\sigma^{(2)}$ の型は $(1^13^16^1)$ になる．$S_5^{(2)}$ の循環指標は

$$\frac{1}{120}(X_1^{10} + 10X_1^4X_2^3 + 15X_1^2X_2^4 + 20X_1X_3^3 + 20X_1X_3X_6 + 30X_2X_4^2 + 24X_5^2).$$

一般には，n の分割をすべて考えて和をとることで循環指標を計算することになる．上の多項式のすべての不定元に 2 を代入すると，頂点数 5 の非同型なグラフが 34 個あることがわかる．

さて，定理 37.1 に「重み」を付けて一般化しよう．A を要素数 n の集合，B を「色」の有限集合とし，群 G の A への作用を考える．R を有理数体を含む可換環とし，各色 $b \in B$ に**重み** $w(b) \in R$ を割り当てる関数 $w : B \to$

R を考える．写像 $f: A \to B$ について

$$W(f) := \prod_{a \in A} w(f(a)) \in R$$

とおき，これを f の重みとよぶことにする．同じ G 軌道に属する B^A の二つの写像の重みは等しくなる，すなわちすべての $\sigma \in G$ に対して $W(\sigma(f)) = W(f)$ が成り立つ．軌道全体の個別代表系 $\mathcal{R}$ が与えられたとき，和

$$\sum_{f \in \mathcal{R}} W(f)$$

を**コンフィギュレーション級数** (configuration counting series) とよぶ．（軌道を configuration とよぶことが多い．重みが単項式の場合は「級数」のネーミングがしっくりくるだろう．）次の定理は，すべての重み $w(b)$ が 1 のときには，定理 37.1 に帰着される．

定理 37.2　以上の表記のもと，コンフィギュレーション級数は

$$\sum W(f) = Z_G\left(\sum_{b \in B} w(b), \sum_{b \in B} [w(b)]^2, \ldots, \sum_{b \in B} [w(b)]^n\right)$$

で与えられる．

証明　$\sigma(f) = f$ を満たすような $\sigma \in G$, $f \in B^A$ のすべての組 (σ, f) について和 $N = \sum W(f)$ を考える．次式が成り立つ

$$N = \sum_{f \in B^A} W(f)|G_f|.$$

（ただし G_f の f の安定化部分群を表す．）B^A の一つの G 軌道 $\mathcal{O}$ において，f の重みは一様に $W(f_0)|G|/|\mathcal{O}|$ に等しくなり（f_0 は軌道 $\mathcal{O}$ の一つの代表元である），これらの和をとると $|G|W(f_0)$ になる．明らかに N はコンフィギュレーション級数の $|G|$ 倍になっている．

一方で，

$$N = \sum_{\sigma \in G}\left(\sum_{\sigma(f)=f} W(f)\right).$$

Z_G の定義を思い出すと，仮に型 $(1^{k_1}2^{k_2}\cdots n^{k_n})$ の置換 σ について

$$\sum_{\sigma(f)=f} W(f) = \left(\sum_{b\in B} w(b)\right)^{k_1}\left(\sum_{b\in B}[w(b)]^2\right)^{k_2}\cdots\left(\sum_{b\in B}[w(b)]^n\right)^{k_n}$$

を示すことができれば，定理の証明が終わる．

写像 $f: A\to B$ が σ 不変であることと，A 上の置換 σ の各サイクル上での f の制限が定数関数になることは等価である．

$$C_1,\ C_2,\ \ldots,\ C_k \quad (k := k_1 + k_2 + \cdots + k_n)$$

を σ のサイクルとする．σ 不変な $f \in B^A$ は B の要素からなるベクトル $(b_1, b_2, \ldots, b_k)$ と 1 対 1 に対応する（対応するのは C_i のすべての要素に b_i を割り付ける写像である）．$(b_1,\ldots,b_k)$ に対応する写像 f の重みは

$$W(f) = \prod_{i=1}^{k}[w(b_i)]^{|C_i|}$$

で，これを $(b_1,\ldots,b_k)$ 全体を動かしながら足し合わせると

$$\begin{aligned}\sum_{\sigma(f)=f} W(f) &= \sum_{b_1,b_2,\ldots,b_k}[w(b_1)]^{|C_1|}[w(b_2)]^{|C_2|}\cdots[w(b_k)]^{|C_k|}\\ &= \left(\sum_{b_1}[w(b_1)]^{|C_1|}\right)\left(\sum_{b_2}[w(b_2)]^{|C_2|}\right)\cdots\\ &= \prod_{c=1}^{n}\left(\sum_{b}[w(b)]^c\right)^{k_c}\end{aligned}$$

となって，定理の証明が終わる．　□

例 37.4　巡回群で同値関係を入れたネックレスの数え上げ問題を考えよう．$G = C_n$, $B = \{\,黒, 白\,\}$ とする．R は多項式環 $Q[X]$ として，$w(黒) = 1$, $w(白) = X$ と定める．すると着色 $f: A\to B$ の重みは

$$W(f) = X^k$$

で与えられる（k は白の個数とする）．

よって，白が k 個含まれている長さ n の異なるネックレスの個数はコンフィギュレーション級数

$$
\begin{aligned}
&Z_{C_n}(1+X, 1+X^2, 1+X^3, \ldots, 1+X^n) \\
&\quad = \frac{1}{n}\sum_{d|n} \phi(d)[1+X^d]^{n/d} \\
&\quad = \frac{1}{n}\sum_{d|n} \phi(d) \sum_{r=0}^{n/d} \binom{n/d}{r} X^{rd}
\end{aligned}
$$

の X^k の係数に等しく，これは

$$
\frac{1}{n}\sum_{d|(k,n)} \phi(d) \binom{n/d}{k/d}
$$

と計算される．

この数は，k と n が互いに素ならば，$\frac{1}{n}\binom{n}{k}$ に等しくなる．そうでないとき，たとえば $n = 12, k = 4$ の場合，$\frac{1}{12}\left(\phi(1)\binom{12}{4} + \phi(2)\binom{6}{2} + \phi(4)\binom{3}{1}\right) = 43$ 個の異なるネックレスが存在することがわかる．

問題 37B　赤色の面が一つ，青色の面が二つ，そして緑色の面が三つあるように立方体の面を塗り分けるとき，本質的に異なる塗り分け方は何通りあるか？ 定理 37.2 を用いる方法と手作業（こちらの方が簡単かもしれない）の 2 通りの方法で求め，その答えを比較せよ．

A, B を有限集合とし，$|A| = n$ とおく．G, H を有限群とし，G の A への作用と H の B への作用を考える．$f \in B^A$ および $(\sigma, \tau) \in G \times H$ について

$$
((\sigma, \tau)(f))(a) = \tau(f(\sigma^{-1}(a)))
$$

は直積群 $G \times H$ から B^A への作用になる．

定理 37.3　B^A の $G \times H$ 軌道の個数は

$$\frac{1}{|H|}\sum_{\tau\in H} Z_G(m_1(\tau), m_2(\tau), \ldots, m_n(\tau))$$

で表される．ただし

$$m_i(\tau) := \sum_{j|i} jz_j(\tau) \quad (i = 1, 2, \ldots, n)$$

とする．

証明　Burnsideの補題より，軌道の個数は

$$\frac{1}{|G||H|}\sum_{\sigma\in G, \tau\in H} \psi(\sigma, \tau)$$

で与えられる．ここで $\psi(\sigma,\tau)$ は $(\sigma,\tau)(f) = f$ を満たすよう写像 $f \in B^A$ の個数を表す．定理の証明を完成させるには，各 $\tau \in H$ について

$$\frac{1}{|G|}\sum_{\sigma\in G} \psi(\sigma, \tau) = Z_G(m_1(\tau), m_2(\tau), \ldots, m_n(\tau)) \tag{37.3}$$

が成り立つことを示せばよい．

$\sigma \in G$ と $\tau \in H$ を固定し，

$$C_1,\ C_2,\ \ldots,\ C_k \quad (k := z_1(\sigma) + z_2(\sigma) + \cdots + z_n(\sigma))$$

を σ のサイクル分解とする．写像 $f : A \to B$ が (σ,τ) 不変であることと各制限写像 $f_i := f|_{C_i}$ $(1 \le i \le k)$ が定数関数として振る舞うことは等価である．よって $\psi(\sigma,\tau)$ は

$$f_i(\sigma(a)) = \tau(f_i(a)) \text{ がすべての } a \in C_i \text{ について成り立つ}$$

ような写像 $f_i : C_i \to B$ $(1 \le i \le k)$ の個数の積になる．

サイクル C_i の長さを ℓ とし，$a_o \in C_i$ を固定する．$f_i : C_i \to B$ が $(\sigma|_{C_i}, \tau)$ 不変で，かつ $f_i(a_o) = b$ であるとする．このとき $f_i(\sigma^t(a_o)) = \tau^t(b)$ が成り立つ．さらに，$b = f_i(a_o) = f_i(\sigma^\ell(a_o)) = \tau^\ell(b)$ が成り立ち，このた

め b を含む τ のサイクルの長さは ℓ'（ℓ の約数）でなければならない．

逆に，B の要素 b が長さが $\ell := |C_i|$ の約数になるような τ のサイクルに含まれるとき，C_i 上の写像 f_i を $f_i(\sigma^t(a_o)) := \tau^t(b)$ で定めることができる．この f_i は $(\sigma|_{C_i}, \tau)$ 不変である．

以上をまとめると，$|C_i| = \ell$ のときには，長さが ℓ の約数になるような τ のサイクルに含まれる B の要素の個数は不変写像 $f_i : C_i \to B$ と同じ数だけある．もちろん，そのような要素は

$$m_\ell(\tau) = \sum_{j|\ell} j z_j(\tau)$$

個存在する．このとき

$$\psi(\sigma, \tau) = \prod_{i=1}^{k} m_{|C_i|}(\tau) = [m_1(\tau)]^{z_1(\sigma)} [m_2(\tau)]^{z_2(\sigma)} \cdots [m_n(\tau)]^{z_n(\sigma)}$$

であり，ここから式 (37.3) がただちに得られる． □

例 37.5 1 個の丸い箱と 3 個の四角い箱に赤玉 2 個，黄色球 2 個，緑球 4 個を分けて入れる入れ方の総数はいくつか？

$$A = \{R_1, R_2, Y_1, Y_2, G_1, G_2, G_3, G_4\},$$
$$G = S_2 \times S_2 \times S_4, \quad B = \{r, s_1, s_2, s_3\}, \quad H = S_1 \times S_3$$

とおく．群 G の循環指標が，

$$\begin{aligned} Z_G &= Z_{S_2} \cdot Z_{S_2} \cdot Z_{S_4} \\ &= \frac{1}{2!2!4!}(X_1^2 + X_2^2)^2 (X_1^4 + 6X_1^2 X_2 + 3X_2^2 + 8X_1X_2 + 6X_4) \end{aligned} \tag{37.4}$$

のように対称群 S_2, S_2, S_4 の循環指標の積で表されることは容易にわかる．H には 3 種類の置換がある．τ が恒等置換ならば

$$m_1(\tau) = 4, \quad m_2(\tau) = 4, \quad m_3(\tau) = 4, \quad m_4(\tau) = 4,$$

τ が $\{s_1, s_2, s_3\}$ 上の互換ならば

$$m_1(\tau) = 2, \quad m_2(\tau) = 4, \quad m_3(\tau) = 2, \quad m_4(\tau) = 4,$$

τ の固定元が r のみからなるときは

$$m_1(\tau) = 1, \quad m_2(\tau) = 1, \quad m_3(\tau) = 4, \quad m_4(\tau) = 1$$

が成り立つ．定理 37.3 より，球の分け方の総数は

$$\begin{aligned}
&\frac{1}{3!}\frac{1}{2!2!4!}\bigl[(4^2+4)^2(4^4+6\cdot 4^2\cdot 4+2\cdot 4^2+8\cdot 4\cdot 4+6\cdot 4)\\
&\qquad +3(2^2+4)^2(2^4+6\cdot 2^2\cdot 4+3\cdot 4^2+8\cdot 2\cdot 2+6\cdot 4)\\
&\qquad +2(1^2+1)^2(1^4+6\cdot 1^2\cdot 1+3\cdot 1^2+8\cdot 1\cdot 4+6\cdot 1)\bigr]\\
&\quad = 656
\end{aligned}$$

となる（もちろん計算ミスがなければの話だが）．

問題 37C　G が A に作用し，H が B に作用しているとき，単射 $f : A \to B$ の軌道の個数を求める公式を与えよ．

ここでは証明は省くが，定理 37.3 の「重み付き版」も紹介しておく．証明は De Bruijn (1964) を参照されたい．定理の重みをすべて 1 にすれば定理 37.3 が得られる．

定理 37.4　G の A への作用，H の B への作用を考える．R を可換環とし，$w : B \to R$ とする．w は B の各 H 軌道上で定数関数として振る舞うとする．$W(f) := \prod_{a\in A} w[f(a)]$ とおく．このとき和 $\sum W(f)$（和は B^A の $(G\times H)$ 軌道全体の個別代表系を動く）は

$$\frac{1}{|H|}\sum_{\tau\in H} Z_G(M_1(\tau), M_2(\tau), \ldots, M_n(\tau))$$

に等しくなる．ただし，

$$M_i(\tau) = \sum_{\tau^i(b)=b} [w(b)]^i$$

とする.

例 37.6（例 **37.5** の続き）

$$w(r) = r, \quad w(s_1) = w(s_2) = w(s_3) = s$$

とおく．ただし $R = \mathbb{Q}[r, s]$ とする．式 (37.4) の多項式 Z_G を用いると，t 個の球を丸括弧に分け，残りの $8-t$ 個の球を角括弧に分ける分け方の個数は

$$\frac{1}{6}\big(Z_G(r+3s, r^2+3s^2, r^3+3s^3, r^4+3s^4)$$
$$+ 3Z_G(r+s, r^2+3s^2, r^3+s^3, r^4+3s^4) + 2Z_G(r, r^2, r^3+3s^3, r^4)\big)$$

の $r^t s^{8-t}$ の係数で表すことができる.

問題 37D　二つのネックレスは一方のビーズの色の反転で他方に写るとき，これらを双対（ネックレス）とよぶ.（色の区別はできるが，各ビーズがどちらの色なのかは気にしないことにする.）双対性に関して同一視されるネックレスはいくつあるか？（たとえば $n = 6$ のとき，双対性と二面体群の作用に関して不変なネックレスを同一視すると，本質的に異なるネックレスは 8 個ある.）自己双対なネックレスはいくつあるだろうか？

問題 37E　立方体の面を s 色で，頂点を t 色で塗り分けたい（t 個の色は（s 個の色も）異なるとしてよいが，ここでは重要ではない).（立方体の回転変換群に関して）異なる塗り分け方は何通りあるか？

* * *

この章の諸定理は種々の代数的恒等式の導出に役に立つ.

何かしらのオブジェクトを見た目の異なる器に振り分ける問題を考えよう.（第 13 章で似たような問題を扱ったことを思い出してほしい.）たとえば，23 個のリンゴを Fred, Jane, George の三人に分け与えたいとする．より一般に，n 個のリンゴからなる集合 A，x 人からなる集合 B で考えてもよい（A の要素は「類似物」と見なすのに対して，B の要素はそれぞれ「非類似物」だと思う)．このような分配方法は，$\sum_{b\in B} k_b = n$ を満たすよ

うな非負整数 k_b の族 $(k_b \mid b \in B)$ と対応がつく（「b さん」に与えられたリンゴの個数が k_b であると見ている）．

したがって，定理 13.3 で見たように，所望の分配方法の個数は

$$\binom{n+x-1}{n}$$

である．

しかし，そのような分配の定式化として最もよさそうなのは，所望の分配を写像 $f : A \to B$ の（A 上）の対称群に関する軌道に対応させる方法である．（二つの写像 $f, g \in B^A$ が同じ分配方法を与えることと，それらがリンゴの置換で「異なる」ことが等価であると考える．）k 個のサイクルに分解される置換の個数を $c_k(S_n)$ とおくと，定理 37.1 より，分配方法の総数は

$$\frac{1}{n!}\sum_{k=0}^{n} c_k(S_n)x^k$$

に等しくなる．第 13 章では，この $c_k(S_n)$ を（符号なし）第 1 種スターリング数とよび，$c(n,k)$ で表した．定理 37.2 より，すべての非負整数 x について

$$(x+n-1)_{(n)} = \sum_{k=0}^{n} c_k(S_n)x^k$$

であり，多項式の恒等式が得られる．これは式 (13.7) の別証明になっている．

G を S_n とし，要素数 n の集合 A への作用を考える．B を有限集合とし，B の要素を不定元とする多項式環 $\mathbb{Q}[B]$ を考える．写像 f の重みは単項式で，二つの写像が同値，すなわち同じコンフィギュレーションを表すことと，それらの重みが等しくなることは等価である．コンフィギュレーション級数

$$\sum W(f) = Z_{S_n}\left(\sum_{b\in B} b, \sum_{b\in B} b^2, \ldots, \sum_{b\in B} b^n\right) \tag{37.5}$$

は冪和対称多項式の多項式として表される．たとえば，$n = 3$ で $B = \{X, Y\}$ のときには，

$$6(X^3 + X^2Y + XY^2 + Y^3) = \\ (X+Y)^3 + 3(X+Y)(X^2+Y^2) + 2(X^3+Y^3).$$

あるいは $n = 4$ で $B = \{X, Y, Z\}$ のときには，式 (37.5) は

$$\sum_{i+j+k=4} X^i Y^j Z^k$$

のように

$$X+Y+Z, \quad X^2+Y^2+Z^2, \quad X^3+Y^3+Z^3, \quad X^4+Y^4+Z^4$$

に関する多項式になる．

ノート

$Z_{S_n}(X_1, \ldots, X_n)$ は，$(\mathbb{Q}[X_1, X_2, \ldots])[Y]$ の要素として

$$\exp\Big(X_1Y + \frac{1}{2}X_2Y^2 + \frac{1}{3}X_3Y^3 + \cdots\Big)$$

の Y^n の係数に等しくなる．

Pólya 理論が包除原理による数え上げよりも優れている点は，得られた数え上げ公式が -1 の冪を含んでいないことである．

G. Pólya (1887–1985) はハンガリーの数学者であり，1924 年に発表された G. Szegő との書 *Problems and Theorems in Analysis* は（複素関数論における）有名な作品である．この他にも有名な書に *How to Solve It* があり，ミリオンセラーの作品になっている．Pólya が発表した論文は，数論，複素解析，組合せ論，確率論，数理物理など幅広い分野にわたっている．

参考文献

[1] N. G. de Bruijn (1964), Pólya's theory of counting, in: E. F. Beckenbach (ed.), *Applied Conbinatorial Mathematics*, Wiley.

[2] F. Harary, E. D. Pulver (1966), The power group enumeration theorem, *J. Combin. Theory Ser. A* **1**, 157–173.

第38章　Baranyaiの定理

本章では組合せデザインのある問題にネットワークの整数流の理論を応用しよう．

例 38.1　たとえばビック・テンのフットボール10チーム[1]の対戦表を作成するよう依頼されたとしよう．ただし，対戦は10チームを5組に分けて毎週末に行われ，9週間後にどの2チームもちょうど1回ずつ対戦し終わるようにしたい．

そのような対戦表の例を与えよう．まず正9角形の頂点とその中心に10チームを好きなように配置する．図のような対戦組み合わせを出発点にして，角度 $2\pi/9$ ずつ回転させて別の対戦組み合わせを作る．

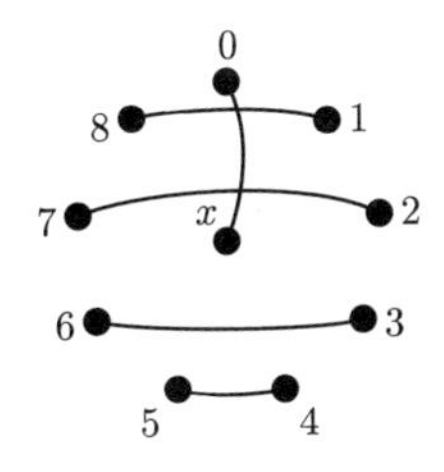

結果は次の表の通りである．

---

[1] ［訳注］ビック・テンは米国の大学スポーツのカンファレンスの一つ．1990年代初頭にペンシルベニア州立大学の加入後，チーム数は10ではなくなった．

x ●–● 0	x ●–● 1	x ●–● 2	x ●–● 3	x ●–● 4	x ●–● 5	x ●–● 6	x ●–● 7	x ●–● 8
1 ●–● 8	2 ●–● 0	3 ●–● 1	4 ●–● 2	5 ●–● 3	6 ●–● 4	7 ●–● 5	8 ●–● 6	0 ●–● 7
2 ●–● 7	3 ●–● 8	4 ●–● 0	5 ●–● 1	6 ●–● 2	7 ●–● 3	8 ●–● 4	0 ●–● 5	1 ●–● 6
3 ●–● 6	4 ●–● 7	5 ●–● 8	6 ●–● 0	7 ●–● 1	8 ●–● 2	0 ●–● 3	1 ●–● 4	2 ●–● 5
4 ●–● 5	5 ●–● 6	6 ●–● 7	7 ●–● 8	8 ●–● 0	0 ●–● 1	1 ●–● 2	2 ●–● 3	3 ●–● 4

所望の対戦表の設計方法は他にもたくさんある．たとえば次の対戦組み合わせを出発点にして対戦を組んでもよい．

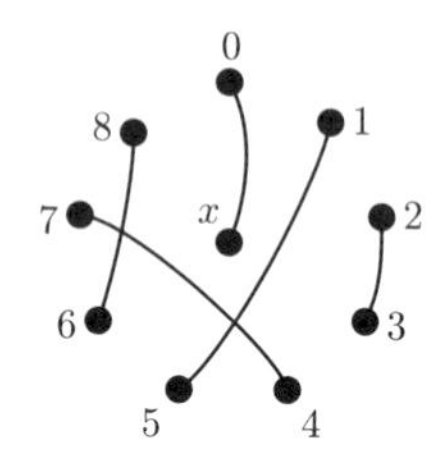

グラフの完全マッチングは**1因子**ともよばれる．グラフの辺集合がいくつかの1因子に分割されるとき，この辺分割を**1因子分解**とよぶ．上の例ではK_{10}の1因子分解を与えた．E. N. Gelling (1973) は計算機を用いて，K_{10}の非同型な1因子分解が396通り存在することを示した．詳細については Mendelsohn–Rosa (1985) なども参照されたい．

例 38.2　奇数位数の任意のアーベル群Γについて$\Gamma \cup \{\infty\}$上の完全グラフを考える．各$g \in \Gamma$に対して

$$\mathcal{M}_g := \big\{\{g, \infty\}\big\} \cup \big\{\{a, b\} \mid a + b = 2g,\ a \neq b\big\}$$

とおく．このとき$\{\mathcal{M}_g \mid g \in \Gamma\}$は完全グラフの1因子分解を与える[2]．

上の問題を次のように一般化しよう．まずn元集合Nを分割するようなk元部分集合の族を**平行類**とよぶ．このとき，「Nのすべてのk元部分集合を平行類に分解することは可能か？」という問題を考えよう．明らかにnはkで割り切れなければならない．所望の分解が可能なとき平行類の個数

[2] ［訳注］偶数位数のアーベル群Γ上の完全グラフの1因子分解の構成法も知られている．詳しくは次の文献を参照されたい．M. Buratti (2001), Abelian 1-factorizations of the complete graph, European J. Combin. **22**, 291–295.

は $\frac{k}{n}\binom{n}{k} = \binom{n-1}{k-1}$ になるはずである．

この問題は $k = 2$ のときにはさほど難しくなかった．$k = 3, 4$ の場合，問題は格段に難しくなるが，それぞれ R. Peltesohn, J. C. Bermond によって解決済みである（Bermond の仕事は未発表論文である）．たとえば $n = 9$, $k = 3$ のときに平行類の分解問題にチャレンジしたことがある読者なら，いかに難しい問題であるかおわかりだろう．上の一般化された問題に必ず解が存在するという事実はまったく非自明なことであり，それゆえに 1973 年に Zs. Baranyai が定理 38.1 を証明したことは驚くべきニュースであった．既存の証明はいずれも定理 7.2 あるいは定理 7.4 を用いている．以下に与える証明は A. E. Brouwer，A. Schrijver (1979) によるものである．

定理 38.1（Baranyai の定理） k が n を割り切るとき，任意の n 元集合の k 元部分集合全体は互いに排反な平行類 $\mathcal{A}_i$ $(i = 1, 2, \ldots, \binom{n-1}{k-1})$ に分割される．

証明 以下，集合 X の互いに排反な m 個の部分集合（ただし空集合が重複して現れてもよい）への分割を，X の $\boldsymbol{m}$ **分割**とよぶ．（通常「分割」というときには空集合は考えないが，ここでは重複度付きで空集合を認めることが肝になる．このとき分割に現れる部分集合の個数は常に m になる．）

証明をうまく帰納法にのせるために，一見すると定理の主張よりも強い主張を考える．すなわち，n と k が与えられたとき $m := n/k$, $M := \binom{n-1}{k-1}$ とおいて，任意の整数 $0 \leq \ell \leq n$ について各部分集合 $S \subseteq \{1, 2, \ldots, \ell\}$ がちょうど

$$\binom{n-\ell}{k-|S|} \tag{38.1}$$

個の m 分割 $\mathcal{A}_i$ に現れるような $\{1, 2, \ldots, \ell\}$ の m 分割の族

$$\mathcal{A}_1,\ \mathcal{A}_2,\ \ldots,\ \mathcal{A}_M$$

が存在することを示す．（上の二項係数は，$|S| > k$ のときには 0 で，$S = \emptyset$ のときには空集合を含む m 分割の個数の重複度付きの数え上げと解釈される．）

上の主張を ℓ に関する帰納法で示す．$\ell = 0$ のときは明らかで，この場合 $\mathcal{A}_i$ は空集合の m 個のコピーからなる．また $\ell = n$ のときは，式 (38.1) の二項係数が

$$\binom{0}{k-|S|} = \begin{cases} 1 & |S| = k \text{ のとき,} \\ 0 & \text{そうでないとき} \end{cases}$$

のように計算されることから，定理 38.1 を得る．

注　上のテクニカルな主張は，示したい主張の意味のある一般化にはなっておらず，定理 38.1 から簡単に導かれる事実である．実際，定理 38.1 の主張にある M 個の平行類が存在するならば，X の任意の ℓ 元部分集合 L に対して，各平行類と L の共通部分は所望の性質をもつ L の m 分割をなす．

さて，ある $\ell < n$ について所望の性質をもつ m 分割 $\mathcal{A}_1$，$\mathcal{A}_2$，…，$\mathcal{A}_M$ の存在性を仮定しよう．このとき次のようなネットワークを考える．σ をソース，$\mathcal{A}_i$ $(i = 1, 2, \ldots, M)$ を次の「層」の頂点，S $(S \subseteq \{1, 2, \ldots, \ell\})$ をさらに次の「層」の頂点とし，τ をシンクとする．σ から各 $\mathcal{A}_i$ への有向辺を考え，それぞれの容量を 1 とする．$\mathcal{A}_i$ からその要素（$\{1, 2, \ldots, \ell\}$ の部分集合 S）に有向辺を考え（$\mathcal{A}_i$ に $\emptyset$ が j 回現れるときは j 個の有向辺をとる），それぞれの容量を 1 以上の整数とする．そして各 S から τ への有向辺を考え，それぞれの容量を

$$\binom{n-\ell-1}{k-|S|-1}$$

とする．

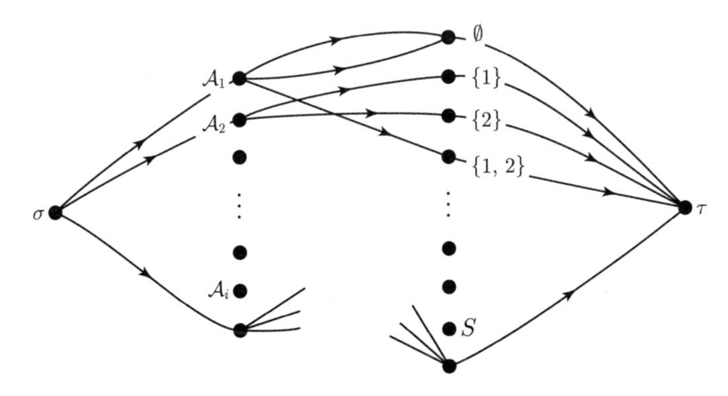

さらに次のようにフローを定める．σ から出ていく辺の流量を 1，$\mathcal{A}_i$ からその要素 S へ向かう辺の流量を $(k-|S|)/(n-\ell)$，そして S から τ へ向かう辺の流量を $\binom{n-\ell-1}{k-|S|-1}$ とする．これがフローになることは，$\mathcal{A}_i$ から出ていく辺の流量の総和が

$$\sum_{S\in\mathcal{A}_i}\frac{k-|S|}{n-\ell}=\frac{1}{n-\ell}\left(mk-\sum_{S\in\mathcal{A}_i}|S|\right)=\frac{1}{n-\ell}(mk-\ell)=1$$

で，S に入ってくる辺の流量の総和が

$$\sum_{i:S\in\mathcal{A}_i}\frac{k-|S|}{n-\ell}=\frac{k-|S|}{n-\ell}\binom{n-\ell}{k-|S|}=\binom{n-\ell-1}{k-|S|-1}$$

であることから確かめられる．σ から出ていく辺は飽和状態にあるから，これは最大流であり強さは M である．またこのフローにおいて τ に入ってくる辺も飽和状態にあり，同様のことは任意の最大流について成り立つ．

定理 7.2 より，このネットワークには最大の整数流 f が存在する．σ から出ていく辺はすべて飽和状態にあるから，各 i について $\mathcal{A}_i$ から出ていくある辺の流量は 1 で，それ以外の辺の流量は 0 になる．$\mathcal{A}_i$ を始点とする流量 1 の辺を S_i とおく．各部分集合 S について，$S_i=S$ となるような i の個数は $\binom{n-\ell-1}{k-|S|-1}$ になる．

（辺の容量を定めなくても，定理 7.4 を用いれば所望の整数流 f を得ることができる．この場合，上のネットワークに τ から σ に向かって流量 M の有向辺を付け加えて循環流にしておいて定理 7.4 を適用すればよい．）

最後に，各 S_i を $S_i \cup \{\ell+1\}$ $(i=1,\ldots,M)$ に，$\mathcal{A}_i$ を $\{1,2,\ldots,\ell+1\}$ の m 分割 $\mathcal{A}'_i$ に置き換えて，$\{1,2,\ldots,\ell+1\}$ の m 分割の族 $\mathcal{A}'_1,\ldots,\mathcal{A}'_M$ を構成する．このとき $\{1,2,\ldots,\ell+1\}$ の各部分集合 T がちょうど

$$\binom{n-(\ell+1)}{k-|T|}$$

個の $\mathcal{A}'_1,\ldots,\mathcal{A}'_M$ に含まれることがわかる．　□

問題 38A　$v \geq 2u$ を満たす自然数 u と偶数 v について，完全グラフ K_u が K_v の部分グラフになる状況を考える．同色の辺が頂点を共有しないように K_u の辺が $v-1$ 色で塗り分けられているとする．この辺着色を同色の辺が頂点を共有しないように K_v の辺着色に拡張せよ．（そのような $E(K_v)$ の着色は K_v の 1 因子分解と等価で，同色の辺全体が一つの 1 因子に対応する．）

ノート

Zsolt Baranyai (1948–1978) はハンガリーの数学者で，リコーダーのプロでもあった．彼は *Barkfark Consort* でハンガリーの各地を周っていたが，あるコンサートの帰りに国道で交通事故に遭い亡くなった．数学のめざましい業績の多くは完全一様超グラフに関するものであった．

完全グラフの 1 因子分解は「対称」なラテン方格と関係がある（第 17 章参照）．問題 38A の結果は Cruse (1974) によるものである．Baranyai–Brouwer (1977) には，その一般化が与えられている．

参考文献

[1] Zs. Baranyai, A. E. Brouwer (1977), Extension of colourings of the edges of a complete (uniform hyper) graph, *Math. Centrum Dep. Pure Math. ZW.* **91**, 10 pp.

[2] A. E. Brouwer, A. Schrijver (1979), Uniform hypergraphs, in: A. Schrijver (ed.), *Packing and Covering in Combinatorics*, Mathematical Centre Tracts **106**, Amsterdam.

[3] A. Cruse (1974), On embedding incomplete symmetric Latin squares, *J. Combin. Theory Ser. A* **16**, 18–22.

[4] E. N. Gelling (1997), On 1-factorizations of the complete graph and the relationship to round robin schedules, M.Sc. Thesis, University of Victoria.

[5] E. Mendelsohn, A. Rosa (1985), One-factorizations of the complete graph — a survey, *Journal of Graph Theory* **9**, 43–65.

[6] R. Peltesohn (1936), Das Turnierproblem f́ur Spiele zu je dreien, Dissertation Berlin, August Pries, Leipzig.

付録　問題のヒントとコメント

問題 21A　式 (21.4) と同様の議論で，ここでは不等式について考える．

問題 21B　整数条件を用いよ．また，第 4 章の参考文献 A. J. Hoffman and R. R. Singleton (1960) を参照せよ．

問題 21C　式 (19.2) を用いよ；問題 20F を参照せよ．二つのブロックが共有点をもたない場合，それら両方のブロックと共有点をそれぞれ二つもつブロックの数を数えよ．片方のブロックとしか共有点をもたないブロックはいくつか？ 同様な数え上げの議論（いくつかの区分しかない）は $\mu = 6$ を示すことにも使われる．

問題 21D　そのようなグラフが存在すると仮定せよ．頂点 x を選び集合 $\Gamma(x)$ と $\Delta(x)$ を考えよ．これらをデザインの点とブロックと考えることにする．これが 2-(9,4,3) デザインであることを示せ．次に，このデザインの一つのブロックを固定し，a_i をこのブロックとの共通部分が i 点のブロックの数とする．$a_0 \leq 1$（問題 19E を参照せよ）を示し，$\Delta(x)$ が次数 5 であることは a_0 が 5 以上であることを意味していることを示せ．

問題 21E　最初の二つの問いはそのまま解けばよい．三つ目の問いに関しては線形代数の教科書（interlace 定理を参照せよ）や，第 31 章を参考文献として挙げておく．ここで言及している定理は，対称行列 A の主小行列 B の固有値は，行列 A の最も大きい固有値と最も小さい固有値の間にあるということを述べている．これを示すには，任意のベクトル $\boldsymbol{x}$ について，$\boldsymbol{x}^{\mathrm{T}} A\boldsymbol{x}/\boldsymbol{x}^{\mathrm{T}}\boldsymbol{x}$ を考えるだけでよい．$\boldsymbol{x}$ に B の固有ベクトルに $000\cdots0$ を追加したベクトルを代入せよ．

問題 21F　定理 21.5 の証明を参考にせよ．$\Gamma(x) = \overline{K_{n-1,n-1}}$ を示せ．グランドクリークを位数 n のクリークと定義して，任意の辺はちょうど一つのグランドクリークに含まれていることを示せ．ちょうど $2n$ 個のグランドクリークが存在し，それらが n 個ずつの二つのクラスに同じクラスのグランドクリークが交わらないように分類できることを示せ．S. S. Shrikhande, The uniqueness of the L_2 association scheme, *Ann. Math. Stat.* **30** (1959), 781–798 を参照せよ．

問題 21G　旗と他の配置，たとえば，交わる 2 本の直線とそのうちの片方の直線上の一つの点などを数えよ．

問題 21H　v については問題 21E を参照せよ．k は自明．直線 L 上の 2 点を考える．両方の点と結合している点は，L 上にあるか，もしくは 2 点のうち 1 点を通る他の $R-1$ 本の直線のうちの一つの直線上にある．同様な議論で μ についてもわかる．r と s については式 (21.6) を参照せよ．

問題 21I　$\Gamma(x)$ 上で $\mu = 1$ であることを用いよ．それから $\{x\} \cup \Gamma(x)$ について考えよ．

問題 21J　式 (21.8) は k の代わりに t を使った式 (21.6) のような等式を導く．A は対称行列ではないが，固有値 $\neq k$ の固有ベクトルは $\boldsymbol{j}$ に直交する．

問題 21K　$(\lambda-\mu)^2 + 4(t-\mu)$ が平方数でないならば，固有値は重複度 1, f, g（ただし $f = g = \frac{1}{2}(v-1)$）をもつことを示せ．それから，$v = 4l+3$ のとき $A = A^{\mathrm{T}} = J - I$ と $AA^{\mathrm{T}} = lJ + (l+1)I$ を示せ．$Q := A - A^{\mathrm{T}}$ と定義せよ．

問題 21L　$d := \sqrt{(\lambda-\mu)^2 + 4(t-\mu)}$ とする．式 (21.8) を $\boldsymbol{j}$ に適用し，d が $(k-1)^2$ を割り切ることを示せ．$4k - 7 = d^2$ を用いて，d は 9 を割り切らなければならないことを証明せよ．$v = 18$ について，行列

$$\begin{pmatrix} cI & (c-1)I + J \\ (\overline{c}-1)I + J & \overline{c}I \end{pmatrix}$$

を用い，サイズ 18×18 の行列 A を得るために，c に例 21.11 の行列 C，d に C^2 を代入せよ．

問題 21M

1. 辺 (xy) について $\Gamma(x) \cap \Gamma(y)$ を考えよ．
2. $\overline{G}$ もまた近傍正則となっていることを証明せよ．

問題 21N

1. $\Gamma(x_1) = C \cup B$ は次数 a の正則グラフであるから $|CB| = a|C| - |CC|$ など．
2. (1) の関係式から $|BC|$ と $|BD|$ を消去せよ．
3. x_1 と x_2 を入れ替えよ．$d_1 \neq d_2$ を用いよ．
4. d_i を $k_i, a, \overline{a}$ と G の辺の数 n で表せ．そして，$k_1 + k_2 = 2n - 3\overline{a} - a - 5$ を証明せよ．

問題 21O

1. 簡単に示せる．たとえば，$\lambda = (n+3)/2$.
2. クリーク C の四つの 3-元部分集合が点 x を含んでいるならば，クリークのすべての 3-元部分集合は x を含まなければならない．

3. $n > 15$ ならば，三重系のグラフのサイズ $(n-1)/2$ のクリークは，三重系の点と 1 対 1 に対応する．

問題 21P 等号成立は $\mathrm{srg}(a^2+a+1, a+1, 1, 1)$ の存在を意味する．定理 21.1 を用いよ．$a=1$ のみが可能で，K_3 は明らかに四つの頂点上の閉路をもたない．

問題 21Q 友達関係のグラフ G は一つの頂点を共通してもつ三角形たちの和集合であるか，G は正則グラフである．定理 21.1 を用いよ．

問題 22A 計算によって，(n,n)-ネットのグラフの補グラフは $(n,1)$-ネットのグラフのパラメータをもつことを示せ．それから，それが $(n,1)$-ネットのグラフであること，すなわち頂点集合のサイズ n の n 点集合への分割で，どの二つの点も同一直線上にないものが存在することを示せ．（より一般的に，(n,r)-ネットのグラフの補グラフが $(n,n+1-r)$-ネットのグラフである場合に限り，(n,r)-ネットが $(n,n+1)$-ネットを生成する．）

問題 22B 問題の前に述べられていた体を用いた構成法を用いよ．たとえば奇数 q について $S(x,y) := (x+y)/2$ とせよ．

偶数 q については，A と S をテニスのミックスダブルスの試合の日程を決めるときに使うことができる．q 組の夫婦がいると仮定する——$i \in \mathbb{F}_q$ について，i さんと i 君がいるとしよう．i さんと j さんがラウンド $S(i,j)$ において，それぞれパートナー $A(i,j)$ 君，$A(j,i)$ 君と組んで試合をすることにする．S の非対角部分にある文字にラベル付けされた，$q-1$ ラウンドがあり，それぞれのラウンドで全員ちょうど 1 回の試合でプレーする．トーナメント全体で，誰も彼女または彼の配偶者とパートナーまたは対戦相手として出会うことはないが，それ以外の人とは対戦相手として一度だけ出会い，配偶者以外の異性の人とはパートナーとして一度だけ会うことがわかる．q が奇数の場合には，それぞれのラウンドで 1 組のカップルが休む q ラウンドが得られる．

問題 22C m, $m+1$, t, u がそれぞれすべての素数 $p < x$ について，p と互いに素であるか，もしくは p^x によって割り切れるという性質をもつことを示せ．

問題 22D どの二つも互いに直交するラテン方格の集合と，横断デザインとの間の関係性を復習せよ．

問題 22E 定理 22.6 を用いよ．

問題 22F A の列は 1 から k までの整数からなる．A と S のすべての列について，A の列にある整数 i と S の列の i 番目の要素を入れ替える．適切な列と一つの行を追加すれば，$OA(v, c+1)$ が完成する．

問題 22G 証明は定理 22.6 の証明と同様にできる．この問題では $(\mathcal{V}, \mathcal{K}, \mathcal{D})$ と $TD(v,k)$ も必要となる．

問題 22H 問題 22F を用いよ．

問題 22I 問題 22G を用いよ．

問題 22J 問題 22G を用いよ．

問題 23A　ヒントなし.

問題 23B　辺集合 S の閉包は，辺集合 S をもつ G のスパニング部分グラフの同じ連結成分に属する 2 頂点を結ぶすべての辺からなることに注意せよ.

問題 23C　$AG_r(2)$ の直線はサイズ 2 である.

問題 23D　まず，2 直線の和集合が点集合全体となる場合を解決せよ．次に，任意の 2 直線の点の間に 1 対 1 の対応関係を定めよ.

問題 23E　最も難しいのは，$\mathcal{F} = \{F_1 \cup F_2 \mid F_1 \in \mathcal{F}_1, F_2 \in \mathcal{F}_2\}$ の証明である．$\overline{F_1 \cup F_2}$ のランクは F_1 のランクと F_2 のランクの和であることを用いて，$\overline{F_1 \cup F_2} = F_1 \cup F_2$ を示せ.

組合せ幾何の連結性と幾何束の既約性の詳細については H. Crapo–G.-C. Rota (1970) を参照されたい.

問題 23F　$A \cap F = \emptyset$ と $\mathrm{rank}(A) + \mathrm{rank}(F) = \mathrm{rank}(\overline{A \cup F})$ を仮定する．このとき，x が $\overline{A \cup F}$ の要素でないとすると，A を $A' := \overline{A \cup \{x\}}$ に置き換えてもこれらの等式が成り立つことを示せ.

問題 23G　式 (23.4) を用いよ.

問題 23H　$PG_2(\mathbb{F})$ において，一般性を失うことなく，$L_1 = [1,0,0]$ および $L_2 = [0,1,0]$ と仮定する．このとき，$a_1 = \langle 0, \alpha_1, 1\rangle$, $b_1 = \langle 0, \beta_1, 1\rangle$, $c_1 = \langle 0, \gamma_1, 1\rangle$, $a_2 = \langle \alpha_2, 0, 1\rangle$, $b_2 = \langle \beta_2, 0, 1\rangle$, $c_2 = \langle \gamma_1, 0, 1\rangle$ が問題の構造をもつことを示せ.

問題 23I　第 13 章参照.

問題 23J　λ の定義を用いればよい.

問題 24A　第 13 章参照.

問題 24B　$e_i = i(m-k+i)$ が一つの解である．行簡約階段形のランク k の $k \times (n+m)$ 行列の全体を考える．これらのうち，最初の n 列に i 個の階段の頭の 1 をもつ行列はどれだけあるか？

問題 24C　x と y が部分空間 U のある剰余類に含まれることと $x-y$ が U に含まれることは同値である.

問題 24D　すべての $n \times n$ 行列の数を数えよ.

問題 24E　定理 6.4 参照.

問題 25A　r-次元部分空間 W の部分空間 U に対して，W との交わりがちょうど U である k-次元部分空間の数を $f(U)$ とし，式 (25.5) を用いよ.

問題 25B　ある部分空間 U に対して，ちょうど U のベクトルだけを固定する正則写像の数を $f(U)$ とし，少なくとも U のベクトルを固定する正則写像の数を $h(U)$ とすると，$h(U)$ の値は n, q と U の次元で容易に表すことができる．ここでは，$f(\{\mathbf{0}\})$ を求めたい.

問題 25C　ランク 1 または 2 の x について $\mu(0,x)$ を求めるには式 (25.2) を用いればよい.

問題 25D　$x \wedge a = 0_L$ を満たし，ただ一つのサイズ 2 のブロックと $n-2$ 個のサイズ 1 のブロックからなる $x \neq 0_L$ への分割の数は $n-1$ 個である．

問題 25E　$x < z < y$ なる z を用いて，x から z への長さ k の鎖を延長して，x から y への長さ $k+1$ の鎖を作れ．

問題 25F　定理 25.1 (3) 参照．V から S への単射を数えよ．そして，$|S|$ をいろいろ変えよ．

問題 26A　A と交わり，A に含まれない点 x を通る直線の数は x によらず一定である．

問題 26B　弧と排反な任意の直線を用いると，ブロック集合を平行類に分割し，直線上の各点がそれぞれ一つの平行類に含まれるようにすることができる．

問題 26C　点 $\langle 1,0,0\rangle$ と $\langle 0,1,0\rangle$ を通る直線と，点 $\langle 0,0,1\rangle$ と $\langle 1,1,1\rangle$ を通る直線の交点は，たとえば，$\langle 1,1,0\rangle$ である．

問題 26D　μ_i を i 番目の直線と S との共通部分の要素数とする．まず，$\mu_i \geq \sqrt{n}+1$ を満たす i が存在すれば，主張の不等式が成り立つのは容易にわかる．そうでない場合は，$\sum_i (\mu_i - 1)(\mu_i - \sqrt{n} - 1)$ を考えよ．

問題 26E　標数が偶数であろうと奇数であろうと，f が退化していることは $f(\boldsymbol{x}) = 0$ を満たすある $\boldsymbol{x}$ に対して，$\boldsymbol{x}(C + C^{\mathrm{T}}) = 0$ が成り立つことと同値である．f が退化しているとき，そのような $\boldsymbol{x}$ を見つけるには，ACA^{T} の最後の行と列がすべて 0 である正則行列 A の最後の行を取ればよい．そのような A の存在は，x_n が現れないある射影同値な二次形式があることからわかる．J. W. P. Hirschfeld (1979) も参照せよ．

問題 26F　$q = 2$, $n = 2m-1$ について，定理 26.6 を適用すると，$2m$ 個の変数をもつ非退化な二次形式は $2^{2m-1} - 2^{m-1}$ 個，または $2^{2m-1} + 2^{m-1}$ 個の解（零点）をもつ．ただし，零ベクトルを含める．したがって，そのような二次形式に対応する符号語（長さ 2^m のベクトル）の重みは $2^{2m-1} + 2^{m-1}$，または $2^{2m-1} - 2^{m-1}$ である．$\mathbb{F}_2$ 上で，$x_i^2 = x_i$ であるから，多項式 $f(\boldsymbol{x}) + a(\boldsymbol{x})$（あるいは定数項 1 をもつときはその補式）を二次形式とすると，これらの二次形式は非退化であることを示せ．

あるいは，$f(\boldsymbol{x}) + a(\boldsymbol{x})$ を $\mathbb{F}_2^{2m}$ 上の関数と見なして，$f(\boldsymbol{x}) + a(\boldsymbol{x})$ を $f(\boldsymbol{x})$ あるいは $f(\boldsymbol{x}) + 1$ に書き換える「可逆アフィン代入」（すなわち，いくつかの x_i を $x_i + 1$ に置き換える）が存在することを示せ．

問題 26G　Q' が W で非退化二次曲面であることを示すのはさほど難しくない．n が奇数のときは，これで終わりである．n が偶数の場合は，定理 26.5 を用いる．Q' が双曲型であれば，Q も双曲型であることを示すのは容易である．$PG_{n-1}(q)$ の双曲型二次曲面 Q の各点 p は射影次元 $n/2 - 1$ のフラット $F \subset Q$ に含まれる．そのようなフラットは T_p に含まれ，$F \cap W \subseteq Q'$ の次元は F の次元より 1 少ないことを示せ．

問題 26H　点 P が直線 l 上にないとき，P と l によって決まる平面を考えよ．

問題 26I　ヒントなし．

問題 26J　三角形の 3 点は 1 直線上にある．(3) については第 21 章を見よ．

問題 26K　射影平面の弧に関する議論参照．

問題 26L　3 点を考える．これらの点のうち i 点を含む補デザインのブロックの数を x_i とする．通常の数え上げにより，$x_0 + x_3 = \lambda$ を示せ．

問題 27A　偶数番目の命題が互いに同値であることを示すことは難しくはなく，奇数番目の命題についても同様のことがわかる．(3) と (4) が同値であることを示すために，たとえば結合行列 N を用いて，片方が行列の等式 $NN^{\mathrm{T}} = (k-\lambda)I + \lambda J$ と等しいことを示し，もう片方が $N^{\mathrm{T}}N = (k-\lambda)I + \lambda J$ と等しいことを示せばよい．

問題 27B　$(\mathbb{Z}_2)^4$ を体 $\mathbb{F}_2$ 上のベクトル空間と見なす．差集合が零ベクトルを含んでいると仮定してよい．差集合のベクトルは $(\mathbb{Z}_2)^4$ を張るので基底を含む．

問題 27C　$G \times H$ の 0 でない要素が $A \times (H \setminus B)$ の二つの元の差として表す回数と，$(G \setminus A) \times B$ の二つの元の差として表す回数と，これらの集合から一つずつとった元の差として表す回数をそれぞれ数えよ．

問題 27D　0 になることを示したい元の和に任意の平方数をかけよ．

問題 27E　証明の中で述べたように，この問題は記述されている λ_2 の計算と同様に示せる．

問題 27F　定理 27.5 を用いよ．（巡回差集合の表は L. D. Baumert, *Cyclic Difference Sets*, Lecture Notes in Math. **182**, Springer-Verlag, 1971 に上げられている.）

問題 27G　$\mathbb{F}_7$ 係数の多項式 $y^3 + 3y + 2$ の零元 ω は $\mathbb{F}_{7^3}$ の原始元である．

問題 27H　D の平行移動 $D + g$ と集合 $-D$ の共通部分の大きさは，g が D の和として現れる回数である．

問題 27I　異なる i と j について，差 $\boldsymbol{x} - \boldsymbol{y}$ ($\boldsymbol{x} \in U_i$, $\boldsymbol{y} \in U_j$) はそれぞれ V 内のすべてのベクトルをちょうど 1 回ずつ含む．

問題 28A　$\mathbb{F}_{p^t(n+1)}$ のフロベニウス自己同型写像は $\mathbb{F}_{p^t}$ 上の $\mathbb{F}_{p^t(n+1)}$ の 1 次元部分空間と n 次元部分空間の対称デザインの自己同型写像である．

問題 28B　$D = \{1, 2, 4\}$ として α が multiplier でないとき，補題 28.4 のように $S(x)$ をとれる．

問題 28C　たとえば，$n \equiv 0 \pmod{10}$ のとき，任意の $x \in D$ について，$\{x, 2x, 4x, 5x\} \subseteq D$ であることと差 x が $3x = 0$ のときを除いて 2 回起こることがわかる．すべての $x \in D$ について $3x = 0$ のとき，その群のすべての x について $3x = 0$ であり，$n^2 + n + 1$ は 3 の冪乗になる．$n^2 + n + 1$ は 9 では割り切れないことを示せ．

問題 28D　これらのパラメータをもつ正規化された差集合の数はそれぞれ，2, 2, 4, 2, 0, 4 である．

問題 28E 二つの正規化された $(15, 7, 3)$ 差集合がある．その一方は，もう一方の元にマイナスをかけた元からなり，それらは同値である．その他のパラメータについては正規化された差集合は存在しない．それぞれの場合についてこのことを証明するために，まず初めに定理 28.7 を使って multiplier を見つけよ．

たとえば，$(v, k, \lambda) = (25, 9, 3)$ について，例 28.3 は 2 が存在したと仮定している正規化された差集合 D の multiplier であることを示している．群が巡回群のとき，D は $\mathbb{Z}_{25}$ 上の $x \mapsto 2x$ のサイクル

$$\{0\},\ \{5, 10, 20, 15\} \text{ と } \mathbb{Z}_{25} \setminus \{0, 5, 10, 15, 20\}$$

の和集合となるが，これらのどの和集合も 9 個の元をもたない．群が基本アーベル群（指数 5）の場合，D は 0 と $\{x, 2x, 4x, 8x = 3x\}$ という形の二つのサイクルからなるはずであるが，差 x は 0 とそのようなサイクルの要素の間ですでに 5 回現れている．

問題 28F $D(x^{-1}) = D(x)$ と仮定して，$p = 2$ として補題 28.2 を用いよ．

問題 28G 問題 19G の次数 6 のラテン方格を用いたそれらのパラメータの対称デザインの構成法を参照せよ．

問題 28H $D(x^q) = D(x)$ と仮定せよ．$q^3 \equiv -1 \pmod{|H|}$ に注意せよ．$D(x^\alpha) \equiv 0 \pmod{q, |H|}$ を示し，$D(x^\alpha)$ の一つの係数は $q+1$ で，それ以外はすべて 1 であることを示せ．

問題 28I 最初の部分は問題 28H と同様である．次に $PG_3(q)$ において，一つの直線がサイズが q^2+1 の集合 S と $k \geq 3$ 点で交わるとき，その直線上の $q+1$ の平面のうちの一つが S の点を $q+1$ より多く含むことを示せ．

問題 29A 定理 20.6 の証明を参照せよ．

問題 29B 命題 29.5 の証明の後半を参照せよ．

問題 29C 答えは $(v, k, \lambda) = (4n-1, 2n-1, n-1)$ または $(4n-1, 2n, n)$ である．つまり，アダマール差集合またはアダマール差集合の補集合である．定理 29.7 を参照せよ．

問題 30A $A_1A_2 = 8A_1 + 8A_2 + 9A_3$ であり，$A_1^3 = 90A_0 + 83A_1 + 56A_2 + 36A_3$ である．

問題 30B 式 (30.3) より，$A_IA_j = \sum_{\alpha=0}^{k} P_i(\alpha)P_j(\alpha)E_\alpha$ である．したがって，式 (30.4) より，

$$NA_iA_j = \sum_{\alpha=0}^{k} P_i(\alpha)P_j(\alpha) \sum_{\beta=0}^{k} Q_\alpha(\beta)A_\beta$$

が成り立ち，$p_{ij}^{\ell} = \frac{1}{N}\sum_{\alpha=0}^{k} P_i(\alpha)P_j(\alpha)Q_\alpha(\ell)$ が得られる．第 2 固有行列 Q は P の逆行列を求めて得られる．（定理 30.2 も参照．）

問題 30C ラテン方格グラフについて，

$$P = \begin{pmatrix} 1 & (n-1)r & (n-1)(n-r+1) \\ 1 & n-r & -n+r-1 \\ 1 & -r & r-1 \end{pmatrix}$$

である．

問題 30D　P の第 1 行 $P_i(0)$ の各要素を調べるために，定理 30.2 の証明にあるように，式 (30.3) の両辺と E_0 との内積をとれ．

問題 30E　問題 30B の双対的な問題である．

問題 30F　$|A| = |B| = 3$ の場合に考えてみよ．

問題 30G　任意の自己同型写像 σ に対して，$|A \cap \sigma(B)| \le 1$ となることに注意せよ．そして，G の自己同型写像の数を数えよ．

問題 30H　距離正則グラフ G から得られる距離スキームが与えられたとき，A_1^i は正係数の $A_0, A_1, \ldots, A_i$ の線形結合であることに注意しよう．与えられた P-多項式に対して，x と y が 1 種アソシエイトであるとき，隣接している（辺で結ばれている）グラフ G を考え，2 点が i 種アソシエイトであることとその距離が G 上で距離 i であることが同値なことを示せ．

問題 30I　まず，問題 20I の方法で重み 8 の語を数えよ．そして，条件を満たす他の語を見つけよ．また，j を固定したとき，問題 20I の部分符号を用いよ．

問題 30J　そのような符号が存在するなら，その符号は次の生成行列をもつ符号と同値である．その生成行列は，第 1 行が $(1111100\ldots0)$ でその下が，$(A\,B)$ の形であり，B は長さ 8，次元 5，最小距離が 3 以上の符号の生成行列である．この符号に対して，$[7,4,3]$-ハミング符号は同型を除いて一意であることを用いよ．

問題 30K　(1) 距離は共通部分のサイズのみに依存する．これを用いて距離を調べよ．(2) このグラフの次数は 4 であり，ファノ平面に対応する二つの 3 元集合は 1 点を共有する．

問題 30L　$J(k,v)$ に対して，必要条件は，$1 + k(v-k)$ が $\binom{v}{k}$ を割り切ることであることを示せ．

問題 31A　A_1, A_2 の固有値 1 に対応する固有空間の共通部分を見よ．

問題 31B　グラフ G の隣接行列を A とおくと，G の補グラフ $\overline{G}$ の隣接行列は $J - I - A$ で表される．ゆえに $\overline{G}$ の固有値は G の固有値で表される．第 21 章の冒頭に登場したいくつかのグラフは（不等式の）等号を成り立たせる具体例になっている．

問題 31C　(1) Petersen グラフには 3-クロー（特定の 1 頂点と残りの 3 頂点がすべて結合している（それ以外に辺がない）誘導部分グラフ）が含まれている．線グラフには 3-クローが含まれない理由を説明せよ．(2) $N^T N$ は非負定値で，$2I + A$ の形で表される（ただし A は隣接行列であるとする）．

問題 31D　$\boldsymbol{x}$ を各成分が 1 のベクトルとすると，式 (31.1) より，グラフの最大固有値がグラフの最小次数で下から評価されることがわかる．補題 31.5 より，グラフ G の最大固有値は G の任意の誘導部分グラフ H の最小次数で下から抑えられる．$\chi(H)=\chi(G)$ で，かつ H から任意の頂点 x を除いて染色数が下がったとすると，$\deg(x)\geq\chi(H)-1$ でなければならない．

問題 31E 有向グラフ G において頂点 x から頂点 y への有向道が存在しないとする．x から z への有向道が存在するような G の頂点 z の集合を S とおく．このとき，任意の $a\in S, b\in V(G)\setminus S$ に対して $A(a,b)=0$ が成り立ち，A は既約行列ではない．逆が成り立つことも容易にわかる．

問題 31F (1) $\boldsymbol{u}_j=(1,\omega^j,\omega^{2j},\ldots,\omega^{(n-1)j})$ とおく．直接計算により $\boldsymbol{u}_jA=\lambda_j\boldsymbol{u}_j$ が成り立つことを示せ．(2) 各指標 χ，および $\boldsymbol{u}_\chi(g)=\chi(g)$ で定まる（各座標が G でラベル付けられた）ベクトル $\boldsymbol{u}_\chi$ に対して，$\boldsymbol{u}_\chi A=\lambda_\chi\boldsymbol{u}_\chi$ が成り立つことを示せ．

問題 31G 補題の証明には，$\boldsymbol{x}S=\boldsymbol{0}$ を満たす行ベクトル $\boldsymbol{x}$ について $\boldsymbol{x}\boldsymbol{a}=0$ が成り立つ事実を用いる．行列 $S=A+I$（A は隣接行列）を補題に適用する．なお，この補題は次の文献で示されたものである：B. Bagchi, N. S. Narasimha Sastry, Even order inversive planes, generalized quadrangles and codes, *Geometriae Dedicata* **22** (1987), 137–147. グラフの問題は *American Mathematical Monthly* **108** の問題 10851 で，D. Beckworth によるものである．

問題 31H 大部分は定理 31.9 の証明においてすでに示されている．すなわち，次数 d と μ_i $(i=1,2)$ を G の異なる固有値とすると，$(A-\mu_1 I)(A-\mu_2 I)=\frac{1}{v}(d-\mu_1)(d-\mu_2)J$ が成り立つ（A は G の隣接行列）．このことは A^2 が I, J, A で生成される $\mathbb{C}$ 代数の元であることを意味している．ゆえに G は強正則グラフである．

問題 31I G を $\mathrm{srg}(v,k,\lambda,\mu)$ とする．$\Delta(x)$ の固有値は G の固有値

$$k,r,r,\ldots,r,s,s,\ldots,s \quad (r>s\text{ とする})$$

とインターレースする．この数列とインターレースする任意の数列は，r よりも大きい項を高々一つ含んでいる．

ハーフケースを除外して，r，s は $rs=\mu-k$ を満たす整数であり，とくに $r\leq k-\mu$ を得る（ハーフケースであっても同様）．

問題 31J 固有値 1 に対応する A の固有空間と固有値 -1 に対応する B の固有空間の次元はともに 5 である．これらは各成分が 1 のベクトルで張られる部分空間の直交補空間に含まれるから，二つの固有空間の両方に属する非零ベクトル $\boldsymbol{u}$ が少なくとも一つ存在する．K が連結であると仮定すると定理 31.10 に矛盾することを示せ．

問題 31K (1) 定理 31.12 あるいはその証明からわかる．(2) 式 (31.6) に J をかけよ．(3)「無向辺」の個数は A^2 のトレースの半分になる．(4)「無向辺」どうし

が頂点を共有しないこと，どの二つの「無向辺」についても同時に結合する辺が存在しないことを示せ．

問題 32A　頂点数 2 のグラフが一つ，頂点数 3 のグラフが一つ，頂点数 4 のグラフが二つである．

問題 32B　s から $f(e) > 0$ を満たす辺 e をたどって到達可能な頂点の集合を X とし，それ以外の頂点の集合を Y とおく．$t \notin X$ とすると，式 (7.1) に矛盾する（それはなぜか？）．(2) の証明は k に関する帰納法を用いる．

問題 32C　D のすべての辺の容量を 1 とし，定理 7.1 を用いる．

問題 32D　(H, K) が ℓ 分離的で，かつ ℓ 個の頂点 $S := V(H) \cap V(K)$ を除去してもグラフの連結性が保たれるとすると，H, K の少なくとも一方の頂点集合が S に包含される．

問題 33A　辺 e を含む G の全域木が G''_e の全域木と 1 対 1 対応する理由を端的に述べよ．また，辺 e を含まない G の全域木が G'_e の全域木と 1 対 1 対応する理由を端的に述べよ．

問題 33B　$f(\lambda) + (-1)^n g(\lambda)$ の形の解を見つけよ．帰納法，式 (33.1)，例 33.1 を用いよ．

問題 33C　より強い主張として，$K_{3,3}$ の細分が Petersen グラフの部分グラフになることがわかる．

問題 33D　G''_S の頂点が相異なる辺 e_1, e_2, e_3 に結合するとしよう．そのような頂点は $G : S$ の特定の連結成分 C であり，各 e_i は C に端点をもつ（これらの端点は互いに異なる）．C の連結性を用いて，ある頂点 x とそこから x_1, x_2, x_3 への内素な道（それらは「退化」しているかもしれない）が存在する理由を考えよ．すなわち，すべての道の長さが ≥ 1 の場合は x_i をアーム (arm) の端点とする「Y 字」の細分と同型な部分グラフ C が存在し，そうでなければいくつかのアームが退化しているはずである．このことから問題の前半の答えがただちにわかる．

連結グラフ C の四つの頂点 x_i $(i = 1, 2, 3, 4)$ について，x_i をアームの端点とする「X 字」ないし「I 字」（いくつかのアームが退化しているかもしれない）と同型な部分グラフが存在することを示せ．

K_5 の頂点（1 とおく）を二つの頂点 1_L, 1_R とそれらを結ぶ辺で置き換え，1_L が 2 と 3 に，1_R が 3 と 4 にそれぞれ隣接するように頂点 1 の結合辺を分割すると，得られたグラフに $K_{3,3}$ が部分グラフとして現れることを確かめよ．このことと上の段落の気づきを合わせて問題の答えを得る．

問題 33E　オイラーの公式を用いる．プラトンの多面体に対応する組 $(3,3)$, $(3,4)$, $(3,5)$, $(4,3)$, $(5,3)$ を除いて，起こり得るケースは多角形グラフとボンドに対応する組 $(2, n)$ $(n \geq 2)$ に限られる．

問題 34A　頂点集合 $V(G)$ のすべての部分集合 X からなる $\mathbb{F}_2$ 上のベクトル空

間から G のカットセット空間への線形写像，すなわち $X \to \times(X, V(G) \setminus X)$ を考える．（この写像に対応する行列は結合行列 N である．）この写像の核空間に含まれる X は何か？ カットセット空間の次元は頂点数から核空間の次元を差し引いた値になる．

問題 34B 符号語の台の要素数に関する帰納法．

問題 34C G'_e のサーキットの集合は G の e を含まないサーキットの集合に一致する．H''_e のボンドは何か？

問題 34D 連結グラフ K の辺集合の部分集合 S について次の二つのことを示せばよい．(1) S が K の全域木の辺集合になるための必要十分条件は，K のどのようなサーキットも S に含まれず，さらに S がこの性質に関して極大になることである．(2) S が K の全域木の辺集合になるための必要十分条件は，K のすべてのボンドが S と少なくとも 1 点で交わり，さらに S がこの性質に関して極大になることである．

問題 34E まずは連結な三価グラフから橋を除去して得られる二つの連結成分がそれぞれ奇数個の頂点からなることを示してみるとよい．

問題 34F ボンドの作り方のレシピは以下の通り：G の全域木から勝手な一辺を取り除くと，二つの連結成分からなる部分グラフが残る．各成分に一つずつ端点をもつような辺全体はボンドになる．

問題 34G 連結グラフ G からボンド S の辺をすべて抜くと二つの成分からなるグラフが現れる．G'_S の定義において孤立点をすべて除外したことを思い出そう．(2) について，符号の同値性から，サーキットどうし，ボンドどうしの対応関係を保存するような H と G の辺集合間の 1 対 1 対応が得られる．(1) と，孤立点のないグラフが非分離的であることと任意の 2 辺があるサーキットに含まれることの等価性（定理 32.2）を用いよ．

問題 34H G における多角形 P が与えられたとき，二つの部分グラフ H, K を考えよう．ただし，$H = P$ で，かつ K は P に含まれない G の辺全体からなる（G の）全域部分グラフであるとする．

X と Y を $V(G)$ の分割とし，それぞれ G の連結な部分グラフを誘導するとしよう．X と Y に一つずつ端点をもつような辺からなる G のボンド B を考える．G は k-Tutte 連結であるが $|B| = \ell < k$ が成り立っていたと仮定する（背理法）．B の辺に結合している X の頂点の個数を ℓ_1 とおく．X の誘導部分グラフの辺の個数が少なくとも ℓ_1 ならば，ℓ_1 分離的な部分グラフの組を簡単に見つけることができる．この他の状況を考えよ．

問題 34I (2) から (1) を導くことができるし，最初の二つの主張を (3) から導くこともできるが，ここでは各問を独立に証明するためのヒントを与える．

(1) A, B をそれぞれ多角形 P, Q の辺集合として，辺 y からスタートして P 上を両方向に横断し，Q の頂点にぶつかり次第ストップする．

(2) A, B をそれぞれ符号語 $\boldsymbol{a}, \boldsymbol{b}$ の台とすると，$\boldsymbol{a}$ と $\boldsymbol{b}$ のある一次結合の台 S には y は含まれるが x は含まれない．$|S|$ に関する帰納法より，符号語の台 S は（それが何であれ）最小重みの符号語の台の和で表されることを示せ．

(3) 一般に，$z \in \overline{S}$ とすると，$z \in D \subseteq S \cup \{z\}$ を満たす極小な従属集合が存在することを示せ．（補題 23.2 を見直せ．）そして，y が $(A \cup B) \setminus \{x, y\}$ に属することを示せ．

問題 35A　K_n の頂点集合を $\mathbb{Z}_n$ とおく．$n = 5$ の場合は $[1, 2, 4, 3]$ のシフト（mod 5 で）を考えよ．

問題 35B　例 21.4 の（グラフの頂点の）ベクトル表示から最後の座標を落として，Clebsch グラフの頂点を $\mathbb{F}_2^4$ のベクトルで表す．ただし $\boldsymbol{x}+\boldsymbol{y}$ の重みが 3 か 4 であるときに $\boldsymbol{x}$ と $\boldsymbol{y}$ を隣接させる．歩道 w をうまく選んで，他の歩道が $\mathbb{F}_2^4$ の元による w のシフトで表されるようにせよ．

問題 35C　(1) は命題 33.5 に似ている．メッシュの一意性の証明に向けて，まず $V(K_7) = \{0, 1, \ldots, 6\}$ とおく．一般性を失うことなく，0 を横断する歩道は

$$[6, 0, 1],\ [1, 0, 2],\ [2, 0, 3],\ [3, 0, 4],\ [4, 0, 5],\ [5, 0, 6]$$

である．辺 $(6, 1)$ を横断する歩道は（頂点 6, 1 の次に）3 番目の頂点として 3 か 4 を通るが（そうでないと頂点 1 か 6 で頂点制約が破綻してしまう），いずれにせよその他の歩道も一意的に定まる．

問題 35D　グラフ $\mathcal{M}_x$ の頂点は x の結合辺である．これらの辺は G のボンドの辺集合をなし，それゆえに H のサーキットの辺集合になる．

問題 35E　頂点 x，x の結合辺 e，e の結合面 F の三重組 (x, e, F) を**旗**とよぶ．(x', e, F) が旗になるような（x 以外の）頂点 x'，(x, e', F) が旗になるような（e 以外の）辺 e'，(x, e, F') が旗になるような（F 以外の）面 F はそれぞれ一意的に定まる．したがって，これらは (x, e, F) を固定する自己同型 α で固定されるはずである．

問題 35F　定理 35.1 を用いる．各面が四角形になるように $K_{n,n}$ を向き付け可能な曲面に埋め込むための最小の $n > 2$ は $n = 6$ である．n は偶数でなければならず，それゆえに $K_{4,4}$ は T_0 に埋め込むことができない．この他にいくつか気づかなければならないことや場合分けが必要かもしれない．

問題 35G　各面のサイズは等しくなるはずである．辺 $(0, 1)$ を横断する歩道を考えよ．これに続く辺は $(1, 1-\omega), (1-\omega, 1-\omega+\omega^2), (1-\omega+\omega^2, 1-\omega+\omega^2-\omega^3)$, $\ldots$ といった具合になるはずである．たとえば $m \equiv 2 \pmod 4$ の場合，歩道の長さは $m/2$ になる．

問題 36A　（M の）すべての $n-1$ 次の主小行列式の和は M の特性多項式 $\det(xI - M)$ の x の係数の符号を調整したものである．

問題 36B　各 i について $f(i) < i$ が成り立つような任意の写像 $f : \{2, 3, \ldots, n\}$

$\to \{1, 2, \ldots, n-1\}$ に対して所望の有向全域木が一つ見つかる．

問題 36C 座標位置が $E(H)$ でラベル付けされたベクトル g について，任意の閉歩道 w に対して w の辺での g の値の「符号付きの和」が 0 になるとき，座標位置が $V(H)$ でラベル付けされたベクトル h を次のように定めよ．（便宜のため H は連結であると仮定しておく．そうでないと成分ごとに作業しなければならなくなる．）頂点 x を固定し，$h(x) := 0$ と定める．任意の頂点 y に対して，x から y への任意の歩道上の辺での g の値の「符号付きの和」を $h(x)$ とおく．h が矛盾なく定義されていることを確かめて，g が h のコバウンダリであることを示せ．

問題 36D $\mathcal{Z}$ をサイクル空間とし，$\mathcal{B}$ をコバウンダリ空間とする．一方は他方の直交補空間をなしており，これらの直和空間は $\mathbb{R}^m$（座標位置が $E(D)$ でラベル付けされたベクトル全体）になる．線形変換 R が $\mathcal{Z}$ 上で単射になること，また $\mathcal{Z}R \cap \mathcal{B} = \{0\}$ が成り立つことを示し，これらの部分空間の直和も $\mathbb{R}^m$ になることを示せ．

問題 36E 図 36.4 のすべての正方形のサイズは，指定された 3 種類の正方形のサイズ x, y, z の整数係数一次結合で表される．たとえば，最小の正方形のサイズは $z-x$ であり，次に小さい正方形のサイズは $x+z-y$ である．いくつかの正方形のサイズについては，x, y, z の一次結合による表現が 2 通り以上存在することがわかり，それゆえに x, y, z に関する一次式が得られるはずである．最終的に，任意の正方形のサイズは x の有理数倍で表されて，これらの有理数の最小公倍数が x に対してとるべき値になる．

問題 36F 問題 36E のように解くのが一番手っ取り早いかもしれない．たとえば 3 辺を流れる電流を x, y, z とおいてみる．解を見つけるために式 (36.3) のようにして行列式を評価するとよい．

問題 37A 恒等変換（1 個），対面の重心を結ぶ軸に関する 90, 180, 270 度回転（$3+3+3$ 個），向かい合う 2 辺の中心を結ぶ軸に関する 180 度回転（6 個），向かい合う 2 頂点を通る軸に関する 120, 240 度回転（$2+2+2+2$ 個）の計 24 個の回転がある．たとえば最後の八つの回転は循環指標の $8X_3^2$ に貢献している．

問題 37B 定理 37.2 と問題 37A を用いよ．

問題 37C (σ, τ) で固定される単射 f の個数が σ と τ のサイクルの構造（各 i に対して長さ i のサイクルの個数 z_i）のみに依存する理由を説明し，単射の個数を $z_i(\sigma)$ と $z_i(\tau)$ で表せ．

問題 37D G を二面体群，H を対称群 S_2 として定理 37.3 を用いよ．

問題 37E 立方体の回転 ρ が面集合上で a 個のサイクルからなり，頂点集合上で b 個のサイクルからなるとすると，ρ で固定される塗り方の総数は $t^a s^b$ で表される．Burnside の補題を用いよ．

問題 38A $m := v/2$ とおく．$M := v-1$ 色のうち色 i で塗られているすべての辺と色 i の辺に結合しない頂点 x に対する 1 点集合 $\{x\}$ をとり，さらに空集合のコピーで適当に調整することで，$V(G)$ の m 分割を得ることができる．式 (38.1) が成り立つことを確かめよ．定理 38.1 の証明を見直せ．

人名索引

● **S**

● **T**

● **V**

● **W**

● **Y**

事項索引

●英数字

●あ行

●か行

●さ行

●は行

●ま行

●や行

●ら行

著作者
J.H. ヴァン・リント（Jack H. van Lint）
R.M. ウィルソン（Richard M. Wilson）

監訳者
神保　雅一（じんぼう まさかず）
中部大学現代教育学部教授・名古屋大学名誉教授.

訳者
澤　正憲（さわ まさのり）
神戸大学大学院システム情報学研究科准教授.
萩田　真理子（はぎた まりこ）
お茶の水女子大学基幹研究院自然科学系教授.

ヴァン・リント＆ウィルソン　組合せ論　下

令和元年10月5日　発　行

著作者	J.H. ヴァン・リント R.M. ウィルソン
監訳者	神　保　雅　一
訳　者	澤　　正　憲 萩　田　真理子
発行者	池　田　和　博
発行所	丸善出版株式会社

〒101-0051 東京都千代田区神田神保町二丁目17番
編集：電話(03)3512-3266／FAX(03)3512-3272
営業：電話(03)3512-3256／FAX(03)3512-3270
https://www.maruzen-publishing.co.jp

組版印刷・大日本法令印刷株式会社／製本・株式会社 松岳社

ISBN 978-4-621-30412-9　C 3341　Printed in Japan